制造工艺丛书

锻压工艺及应用

谢水生　李强　周六如　编著

国防工业出版社

·北京·

内 容 简 介

本书内容分为锻造和冲压两大部分:第一部分为前8章,分别是锻造成形概述、锻前准备、锻造成形前加热、自由锻、模锻工艺、特种锻造、常用锻压设备、锻造过程信息化;第二部分为后5章,分别是冲压变形的基本原理、冲裁工艺及模具设计、弯曲工艺及模具设计、拉深工艺及拉深模具设计、其他成形工艺及模具。

本书内容侧重于实用性,加入必要的理论分析,并提供了一些典型的实例,适用性强。本书可供从事机械加工、锻压行业的技术人员阅读和参考,也可以作为普通高等院校的教材和大专院校有关专业师生的参考书。

图书在版编目(CIP)数据

锻压工艺及应用/ 谢水生,李强,周六如编著. —北京:
国防工业出版社,2011.1
(制造工艺丛书)
ISBN 978 - 7 - 118 - 07135 - 1

Ⅰ. ①锻… Ⅱ. ①谢… ②李… ③周… Ⅲ. ①锻压 - 工艺 Ⅳ. ①TG31

中国版本图书馆 CIP 数据核字(2010)第 226463 号

※

*国防工业出版社*出版发行
(北京市海淀区紫竹院南路23号 邮政编码100048)
三河市鑫马印刷厂
新华书店经售
*

开本 787×1092 1/16 印张 17¼ 字数 427 千字
2011 年 1 月第 1 版第 1 次印刷 印数 1—4000 册 定价 34.00 元

(本书如有印装错误,我社负责调换)

国防书店:(010)68428422 发行邮购:(010)68414474
发行传真:(010)68411535 发行业务:(010)68472764

前　言

锻压(锻造与冲压)工艺是将材料通过塑性变形的方式进行成形的材料成形工艺。锻压生产的优越性在于:它不但能获得机械零件所需要的形状,而且能改善材料的内部组织结构,提高力学性能。因此,锻压生产是向各工业部门提供高性能机械零件毛坯的重要途径之一。锻件的应用与开发对国民经济持续、高速发展具有重要意义,并在国防工业现代化中占有重要的地位。

随着我国工业的快速发展,大飞机项目的启动,汽车、造船行业的快速崛起,机械制造行业的稳步前进,对锻压成形的要求也越来越高。为此,新的锻压工艺和锻压设备不断涌现,锻压行业已成为工业领域中不可或缺的重要部门。

为了反映我国锻压技术的发展,满足锻压工程技术人员的需要,我们编写了此书以供从事锻压行业的人员学习和参考,也可以作为普通高等院校的教材。本书内容侧重于生产实践,也涉及一定的理论分析,适用性强。

本书内容分为锻造和冲压两大部分:第一部分讲锻造工艺,主要内容包括锻造成形概述、锻前准备、锻造成形前加热、自由锻、模锻工艺、特种锻造、常用锻压设备、锻造过程信息化;第二部分讲冲压工艺,主要内容包括冲压变形的基本原理、冲裁工艺及模具设计、弯曲工艺及模具设计、拉深工艺及拉深模具设计、其他成形工艺及模具。

第 1 章~第 8 章由沈阳工业大学李强撰写初稿,第 9 章~第 13 章由南昌大学周六如撰写初稿,全书由北京有色金属研究总院谢水生修改及统稿。最后,由谢水生、李强、周六如共同定稿。

本书在编写过程中,参阅了不少相关著作,在此向相关作者表示感谢。限于水平和经验,书中不妥之处在所难免,敬请各位读者不吝赐教。

编　者
2010 年 12 月

目　　录

第1章　锻造成形概述 ……………… 1

1.1　概述 …………………………… 1

　　1.1.1　锻造成形的特点 ……… 1

　　1.1.2　锻造发展趋势 ………… 2

1.2　锻造成形的基本原理 ………… 3

　　1.2.1　金属塑性变形机理 …… 3

　　1.2.2　塑性变形对组织和

　　　　　 性能的影响 …………… 5

　　1.2.3　回复和再结晶 ………… 6

1.3　锻造的基本分类 ……………… 6

1.4　锻造过程的摩擦与润滑 ……… 8

第2章　锻前准备 ………………… 17

2.1　锻造用料与模具 ……………… 17

　　2.1.1　锻造用材料 …………… 17

　　2.1.2　模具 …………………… 19

2.2　下料 …………………………… 25

第3章　锻造成形前加热 ………… 29

3.1　锻造加热的目的 ……………… 29

3.2　加热方法 ……………………… 29

　　3.2.1　燃料加热 ……………… 29

　　3.2.2　电加热 ………………… 30

3.3　加热过程的物理化学变化 …… 33

3.4　加热温度及范围的确定 ……… 36

　　3.4.1　始锻温度 ……………… 36

　　3.4.2　终锻温度 ……………… 37

　　3.4.3　加热规范 ……………… 38

3.5　加热时间确定 ………………… 44

3.6　锻造过程温度测量 …………… 47

　　3.6.1　接触式测温 …………… 48

　　3.6.2　非接触式测温 ………… 52

3.7　加热过程缺陷分析与预

　　　防技术 ……………………… 54

　　3.7.1　过热和过烧 …………… 54

　　3.7.2　氧化、脱碳和增碳 …… 56

　　3.7.3　裂纹 …………………… 58

　　3.7.4　其他缺陷 ……………… 58

第4章　自由锻 …………………… 60

4.1　概述 …………………………… 60

4.2　自由锻基本工序 ……………… 60

　　4.2.1　镦粗 …………………… 60

　　4.2.2　拔长 …………………… 64

　　4.2.3　冲孔 …………………… 69

　　4.2.4　扩孔 …………………… 71

　　4.2.5　弯曲 …………………… 72

4.3　自由锻工艺规程制定 ………… 72

　　4.3.1　工艺规程的制订

　　　　　 原则 …………………… 72

　　4.3.2　自由锻工艺过程的

　　　　　 内容 …………………… 73

　　4.3.3　自由锻造的基本工

　　　　　 艺参数及锻件图 ……… 73

4.4　合金钢和有色金属锻造 ……… 79

　　4.4.1　莱氏体高合金工具钢

　　　　　 的锻造 ………………… 79

　　4.4.2　不锈钢锻造 …………… 82

　　4.4.3　高温合金锻造 ………… 84

　　4.4.4　铝合金锻造 …………… 86

　　4.4.5　镁合金锻造 …………… 89

　　4.4.6　铜合金锻造 …………… 92

4.5　典型自由锻工艺举例 ………… 94

4.5.1 轴类零件的自由锻
工艺示例 ············· 94
4.5.2 水压机自由锻热轧辊
锻件工艺示例 ········· 99

第5章 模锻工艺 ············· 103

5.1 概述 ······················· 103
5.1.1 模锻的特点 ········· 103
5.1.2 模锻的分类 ········· 103
5.2 模锻图制定 ············· 106
5.3 自由锻锤上胎模锻 ······· 113
5.4 模锻锤上模锻 ············· 115
5.4.1 锤上模锻的特点
和要求 ··········· 115
5.4.2 模锻设备吨位的
确定 ············· 116
5.4.3 毛坯尺寸的确定 ····· 118
5.4.4 锻模结构设计 ······· 118
5.4.5 确定模锻工序 ······· 120
5.5 高速锤及对击锤上模锻 ··· 122
5.5.1 高速锤上模锻 ······· 122
5.5.2 对击锤上模锻 ······· 123
5.6 螺转压力机上模锻 ······· 124
5.7 热模锻机上模锻 ········· 126
5.8 平锻机上模锻 ············· 127
5.9 典型模锻工艺举例——壁薄
筋高叉形类锻件锻造工艺 ··· 129

第6章 特种锻造 ············· 134

6.1 精密模锻 ················· 134
6.1.1 精密模的特点及
工艺要点 ········· 134
6.1.2 精密模锻锻件及
模具设计 ········· 135
6.1.3 精密模锻工艺 ······· 137
6.2 等温锻造 ················· 138
6.2.1 等温锻造的特点及
分类 ············· 138

6.2.2 等温锻造工艺
及模具 ··········· 140
6.3 超塑性锻造 ············· 142
6.4 粉末锻造 ················· 144
6.4.1 粉末锻造特点
与工艺 ··········· 144
6.4.2 粉末锻造种类
及应用 ··········· 146
6.5 液态模锻 ················· 148
6.6 高速锤锻造 ············· 152
6.7 典型特种锻造工艺举例——
精密模锻某汽车差速器
行星齿轮 ················· 153

第7章 常用锻压设备 ········· 158

7.1 空气锤 ··················· 159
7.2 蒸汽锤—空气锤 ········· 161
7.3 液压机 ··················· 162
7.4 旋转锻压机 ············· 164
7.5 螺旋压力机 ············· 166
7.6 曲柄压力机 ············· 168
7.7 平锻机 ··················· 169

第8章 锻造过程信息化 ······· 172

8.1 锻造工艺计算机辅助设计
（CAD） ················· 172
8.1.1 锻造工艺设计CAD
相关国内外软件 ····· 172
8.1.2 零件造型及锻件
输入 ············· 173
8.2 有限元分析概述 ········· 176
8.3 金属塑性成形模拟 ······· 178
8.4 锻造工艺CAD/CAM ····· 180
8.4.1 模具CAD/CAM技术
的应用 ··········· 180
8.4.2 锻模CAD/CAM ····· 183
8.4.3 几种锻模CAD/CAM
系统 ············· 185

8.5　锻造工艺 CAE ············ 187

第9章　冲压变形的基本原理········ 189

9.1　冲压的定义及分类·········· 189
9.2　冲压变形的特点与应用········ 190
9.3　冲压变形毛坯的分区········· 191
9.4　板料冲压成形的性能试验····· 191
9.5　常用冲压材料及其力学
　　性能 ················· 193
9.6　冲压设备简介 ············ 195

第10章　冲裁工艺及模具设计········ 196

10.1　冲裁变形及受力分析 ······· 196
　　10.1.1　冲裁变形过程 ······ 196
　　10.1.2　冲裁变形区的
　　　　　受力分析 ······ 196
　　10.1.3　冲裁件断面的
　　　　　特征 ········· 197
10.2　冲裁模具间隙及凸模与
　　凹模刃口尺寸确定 ······· 198
　　10.2.1　冲裁模具间隙 ······ 198
　　10.2.2　凸模与凹模刃口
　　　　　尺寸确定 ······· 200
10.3　影响冲裁件质量的因素 ····· 203
10.4　冲裁力和压力中心的计算 ··· 204
　　10.4.1　冲裁力的计算 ······ 204
　　10.4.2　压力机公称压力
　　　　　的选取 ······· 204
　　10.4.3　压力中心的确定 ··· 204
　　10.4.4　降低冲裁力的
　　　　　措施 ········· 205
10.5　排样 ················· 206
10.6　冲裁模的结构设计 ········· 207
　　10.6.1　单工序冲裁模 ······ 207
　　10.6.2　复合冲裁模 ······· 209
　　10.6.3　级进冲裁模 ······· 209
10.7　冲裁模主要零部件的
　　结构设计 ············ 211

　　10.7.1　凸模与凸模组件的
　　　　　结构设计 ········· 211
　　10.7.2　凹模的结构设计 ··· 213
　　10.7.3　卸料与推件零件的
　　　　　设计 ··········· 215
　　10.7.4　模架 ·········· 216

第11章　弯曲工艺及模具设计········ 217

11.1　弯曲变形过程及特点 ········ 217
　　11.1.1　弯曲变形过程 ····· 217
　　11.1.2　板料弯曲的塑性
　　　　　变形特点 ······· 218
　　11.1.3　弯曲变形区的应力
　　　　　和应变状态 ······ 219
11.2　弯曲变形卸载后的回弹 ······ 220
　　11.2.1　回弹现象 ········ 220
　　11.2.2　影响回弹的主要
　　　　　因素 ·········· 220
　　11.2.3　回弹值的确定 ····· 221
　　11.2.4　减少回弹的措施 ··· 222
11.3　弯曲成形工艺设计 ········· 223
　　11.3.1　最小相对弯曲
　　　　　半径 r_{min}/t ······· 223
　　11.3.2　弯曲件坯料展开
　　　　　尺寸的计算 ······ 225
　　11.3.3　弯曲力的计算 ····· 227
11.4　弯曲模具设计 ············ 228
　　11.4.1　典型弯曲模结构 ··· 228
　　11.4.2　弯曲模工作部分
　　　　　尺寸的设计 ······· 229

第12章　拉深工艺及拉深模具设计 ··· 233

12.1　拉深变形过程及受力分析 ··· 233
　　12.1.1　拉深变形的过程
　　　　　及特点 ········· 233
　　12.1.2　拉深变形过程的
　　　　　受力分析 ········· 234
　　12.1.3　拉深成形的起皱

与拉裂 ·············· 237

12.2 圆筒形件拉深 ·········· 237

　12.2.1 拉深件毛坯尺寸
　　　　的确定 ·········· 238

　12.2.2 拉深系数及其
　　　　影响因素 ········ 239

　12.2.3 无凸缘件的拉深
　　　　次数和工序尺寸的
　　　　确定 ·········· 241

　12.2.4 有凸缘圆筒形零件
　　　　的拉深方法及工艺
　　　　计算 ·········· 242

　12.2.5 阶梯圆筒形件的
　　　　拉深 ·········· 244

12.3 盒形件的拉深 ········ 246

　12.3.1 盒形件的变形
　　　　特点 ·········· 246

　12.3.2 盒形零件拉深
　　　　毛坯形状与尺寸
　　　　的确定 ········ 247

　12.3.3 盒形件拉深的变形
　　　　程度 ·········· 249

　12.3.4 高盒形件多工序
　　　　拉深方法及工序
　　　　件尺寸的确定 ····· 249

12.4 拉深力及功的计算 ········ 250

12.5 拉深模具的设计 ········· 253

　12.5.1 拉深模具的分类
　　　　及典型结构 ······ 253

　12.5.2 拉深模工作部分
　　　　的结构和尺寸 ···· 254

第13章　其他成形工艺及模具 ········ 260

13.1 胀形 ·············· 260

　13.1.1 胀形变形特点 ······ 260

　13.1.2 局部胀形 ········· 260

　13.1.3 空心毛坯的胀形 ··· 261

13.2 翻边 ·············· 262

　13.2.1 内孔翻边 ········· 262

　13.2.2 外缘翻边 ········· 264

13.3 缩口 ·············· 265

参考文献 ················ 266

第1章　锻造成形概述

1.1　概　述

锻造是塑性加工的重要分支。塑性加工是利用材料的可塑性,借助外力(锻压机械的锤头、砧块、冲头或通过模具对坯料施加压力)的作用使其产生塑性变形,获得所需形状尺寸和一定组织性能锻件的材料加工方法。目前国际上习惯将塑性加工分为两大类:①生产板材、型材、棒材、管材等为主的加工称为一次塑性加工;②生产零件及其毛坯为主(包括锻件和冲压件)的加工称为二次塑性加工。大多数情况下,二次加工都是用经过一次塑性加工所提供的原材料进行再次塑性加工。但是,大型锻件多用铸锭为原材料,直接锻造成锻件。对于粉末锻造则是以粉末为原料。

锻造成形主要指二次塑性加工,即以一次塑性加工的棒材、板材、管材或铸件为毛坯生产零件及其毛坯。锻造成形又称为体积成形,受力状态主要是三向压应力状态。

1.1.1　锻造成形的特点

在锻造过程中,坯料发生明显的塑性变形,有较大量的塑性流动。

锻造是机械制造中常用的成形方法。通过锻造能消除金属的铸态疏松、焊合孔洞,锻件的力学性能一般优于同样材料的铸件。机械中负载高、工作条件严峻的重要零件,除形状较简单的可用轧制的板材、型材或焊接件外,多采用锻件。图1-1是锻造加工的基本工序。

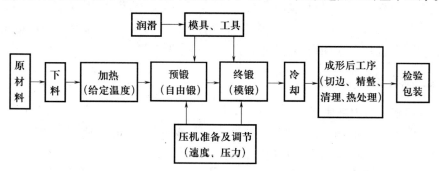

图1-1　锻造成形的基本工序

锻造加工的目的是为了获得符合图样要求的外形、尺寸及内部组织性能合格的锻件。锻造成形应满足两个基本条件:①在变形过程中材料能承受所需的变形量而不破坏;②施力条件,也就是设备通过模具向工件施加足够大的变形力,即特定的分布力。

1. 锻造工艺选择的原则

锻造工艺选择是灵活多样的,仅以成形工序为例,同一种模锻件可以用不同设备或不同方法来完成。在保证产品的外观和内部质量及生产率的前提下,选择成功工艺方案应考虑的基本出发点就是经济效益,具体说明如下。

（1）尽可能节约原材料。尽量采用近无余量成形或近静成形,减少切削加工。

（2）减少能耗。不能只看某一工序的能耗,而且要看总能耗,初看起来冷锻因省去加热工序,能耗下降,但还应该考虑冷锻前的软化处理及工序间的退火所消耗的能量。非调质钢及余热变形处理都是节能工艺。

（3）降低变形力。尽量采用省力的成形方法,这不仅可以减少设备吨位,减少初投资,还可以提高模具寿命。回转成形近年来获得广泛应用的原因也在于此。

（4）工艺稳定性好。一个好的工艺应表现在能实现长期连续生产,而不可以因追求某些单项指标高(如道次少,每道次变形量大),反而导致成品率低或折损模具。

2. 金属塑性加工的特点

金属塑性加工与金属铸造、切削、焊接等加工方法相比,有以下特点。

（1）金属塑性加工是在保持金属整体性的前提下,依靠塑性变形发生物质转移来实现工件形状和尺寸变化的,不会产生切屑,因而材料的利用率高。

（2）塑性加工过程中,除尺寸和形状发生改变外,金属的组织、性能也能得到改善和提高,尤其是对于采用铸造坯,经过塑性加工将使其结构致密、粗晶破碎细化和均匀,从而使性能提高。此外,塑性流动所产生的流线也能使其性能得到改善。

（3）塑性加工过程便于实现生产过程的连续化、自动化,适于大批量生产,如轧制、拉拔加工等,因而劳动生产率高。

（4）塑性加工产品的尺寸精度和表面质量高。

（5）设备较庞大,能耗较高。

金属塑性加工由于具有上述特点,不仅原材料消耗少、生产效率高、产品质量稳定,而且还能有效地改善金属的组织性能,使它成为金属加工中极其重要的手段之一,因而在国民经济中占有十分重要的地位。如在钢铁材料生产中,除了少部分采用铸造方法直接制成零件外,钢总产量的90%以上和有色金属总产量的70%以上,均需经过塑性加工成材,才能满足机械制造、交通运输、电力电信、化工、建材、仪器仪表、航空航天、国防军工、民用五金和家用电器等部门的需要;目前我国飞机上85%,汽车上约58%,农机上约70%的零部件是采用锻造工艺制造的。因此,金属塑性加工在国民经济中占有十分重要的地位。

1.1.2 锻造发展趋势

1. 提高锻压件的内在质量

主要是提高它们的力学性能(强度、塑性、韧性、疲劳强度)和可靠度。这需要更好地应用金属塑性变形的理论;应用内在质量更好的材料,如真空处理钢和真空冶炼钢;精确进行锻前加热和锻造热处理;更严格和更广泛地对锻压件进行无损探伤(见无损检测)。

2. 省力锻造工艺

锻件的优点就是组织致密而且比较均匀,性能优于焊接件和铸造件,但缺点就是需要较大的变形力,因此发展省力的锻造工艺一直是研究人员热衷的一个研究领域。目前省力的途径主要有3种:①减少拘束系数,实际生产中常用分流的办法来减少变形抗力;②减少流变应力的方法,实际生产中的超塑性成形和液态模锻均属于这种方法;③减少接触面积。

3. 精密锻造成形工艺

锻件不需要再进行机械加工就能满足公差要求,目前已经能将锻件精度控制在0.01mm~0.05mm以内。净成形和近净终形锻造均属于这类方法。少无切削加工是机械工业提高材料利用率、提高劳动生产率和降低能源消耗的最重要的措施和方向。

4. 采用复合工艺

锻造用坯料是使用喷射沉积或是半固态方法制备而成,然后这些坯料再经过锻造工艺制备零件的工艺过程。实际生产中坯料可以用多种其他成形工艺方法制备,最后经锻压而成形,此工艺可称为复合工艺。

5. 锻造过程的信息化

锻造过程 CAD、CAE、CAM 和 CAD/CAE/CAM 一体化,实现锻造全过程的虚拟生产、锻造后锻件组织性能预测与缺陷预测,人工智能、神经元网络和专家系统实现锻造过程在线质量检测与在线控制,锻造工艺过程、生产过程的信息管理,提升了生产过程的效率,信息化融入锻造全过程是时代的要求。

6. 微成形技术

通常指零件变形小于 0.5mm 的变形,这类变形所用材料晶格尺寸没发生多大变化。目前随着微电子工业的快速发展,对微成形技术的需求也越来越大。但微成形技术的一个难点就在于其尺寸效应。

7. 多点柔性成形

应用成组技术、快速换模等,使多品种、小批量的锻压生产能利用高效率和高自动化的锻压设备或生产线,使其生产率和经济性接近于大批量生产的水平。

8. 环境友好成形技术

环境友好成形技术包括锻造过程的绿色化、无害化,减少环境危害,同时锻造过程节约能源,促进节能减排,环境友好的成形工艺过程。

1.2　锻造成形的基本原理

图 1－2 是普通中碳钢试样的拉伸曲线。由图可见,当圆形试样受外力拉伸时,拉力 P 与试样长度变化量 Δl 成正比。当外力小于 P_e 时,卸载后,试样沿 oe 方向减少,最后恢复到原始尺寸,即 $\Delta l = 0$。这个阶段就是材料的弹性变形阶段。当载荷超过 P_e 屈服极限时,试样长度将变化到 c 点,卸载后,试样长度将沿 cd 方向变化($cd \parallel oe$)。金属的锻造过程就是利用金属材料的塑性而加工成一定形状尺寸的零件的工艺过程。

大多数金属材料都是多晶体,晶粒之间存在晶界,而晶粒内部还存在着亚晶粒和相界。因此在锻造过程中,多晶体材料的塑性变形机理较单晶体塑性变形复杂。而且在锻造中产生的现象也较单晶体复杂。

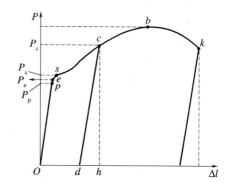

图 1－2　中碳钢试样的拉伸曲线示意图

1.2.1　金属塑性变形机理

单晶体受力后,外力在任何晶面上都可分解为正应力和切应力。正应力只能引起晶体的弹性变形及解理断裂,只有在切应力的作用下金属晶体才能产生塑性变形。对于多晶体来讲,同样是只有在切应力的作用下金属晶体才能产生塑性变形。

由于多晶体是由不同晶粒取向的晶粒构成的,不同晶粒之间存在着晶界,因此多晶体塑性变形主要包括晶粒内部变形和晶界变形。其中多晶体的晶内变形与单晶体的晶内变形机理是一致的。

1. 晶内变形

晶体晶内变形的主要方式是滑移和孪生。滑移指晶体的一部分沿一定的晶面和晶向相对于另一部分发生滑动位移的现象。滑移常沿晶体中原子密度最大的晶面和晶向发生。因为原子密度最大的晶面和晶向之间原子间距最大,结合力最弱,产生滑移所需切应力最小。孪生指晶体的一部分沿一定晶面和晶向相对于另一部分所发生的切变。发生切变的部分称孪生带或孪晶,发生孪生的晶面称孪生面,孪生的结果使孪生面两侧的晶体呈镜面对称。滑移跟孪生的区别在于滑移不改变晶体各部分的相对取向,而孪生发生部分和未发生部分则明显具有不同的位向。但它们都是由位错运动造成的。

通常在体心立方和面心立方晶格结构中,滑移变形对宏观变形起主导作用,孪晶起次要作用。而在密排六方晶体结构的材料中,孪晶也起到非常重要的作用,它能促使晶体转动,进而启动二次滑移。

一般来讲滑移系多的金属比滑移系少的金属塑性要好,滑移面对温度敏感,但温度升高时,原子振动幅度加大,促使原子密度次大的晶面也能参与滑移。滑移系只能说明金属晶体产生滑移的可能性,而要产生滑移,还必须要有沿滑移面滑移方向上一定大小的切应力。切应力大小取决于金属类型、晶体结构、变形温度、应变速率和预先变形程度等因素。滑移是通过滑移面上位错的运动来实现的,其典型示意图如图1-3所示。

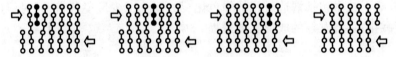

图1-3 刃型位错运动造成晶体滑移变形示意图

当晶体受力时,由于各个滑移系相对于外力的空间位置不同,因此各个晶粒上面所作用的切应力也各不相同,如图1-4所示。如由外力 P 作用在某一晶体引起的拉伸应力 σ,其滑移面的法线方向与拉伸轴的夹角为 ϕ,面上的滑移方向与拉伸轴夹角为 λ,则在次滑移方向上的切应力分量为

$$\tau = \sigma\cos\phi\cos\lambda \tag{1-1}$$

式中: $\cos\phi\cos\lambda = \mu$, μ 为取向因子,因此滑移系上所受切应力分量取决于取向因子。

孪生使晶格位向发生改变,其变形所需切应力比滑移大得多,变形速度极快,接近声速。孪生时相邻原子面的相对位移量小于一个原子间距。面心立方晶格结构孪生变形如图1-5所示。

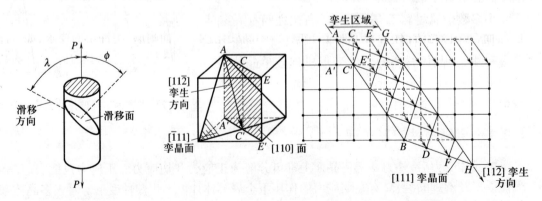

图1-4 晶体滑移时的应力分析　　　　图1-5 面心立方晶体孪生变形示意图

2. 晶间变形

晶间变形主要是晶粒之间相互滑动和转动,如图 1-6 所示。当晶粒受外力 P 作用变形时,沿晶粒边界产生可能切应力,当切应力足以克服晶粒之间相对滑动的阻力时,便发生了滑动。此外,当相邻两个晶粒之间产生力偶时,就会造成晶粒之间的相互转动。

多晶体中首先发生滑移的是滑移系与外力夹角等于或接近于 45° 的晶粒。当塞积位错前端的应力达到一定程度,加上相邻晶粒的转动,使相邻晶粒中原来处于不利位向滑移系上的位错开动,从而使滑移由一批晶粒传递到另一批晶粒,当有大量晶粒发生滑移后,金属便显示出明显的塑性变形。

在冷变形中,多晶体的塑性变形主要是晶内变形,晶间变形只起次要作用,而且还需要其他协调机制。当晶界发生变形时,容易引起晶界结构的破坏和产生显微裂纹。

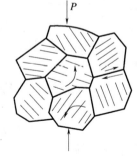

图 1-6　晶粒之间的
滑动和转动

1.2.2　塑性变形对组织和性能的影响

塑性变形不仅可以改变金属的外观尺寸和形状,而且可以改变金属内部的组织和性能。

1. 塑性变形对组织的影响

(1)显微组织的变化。金属材料经过塑性变形后,其显微组织发生了明显的改变,除了每个晶粒内部出现了大量滑移带和孪晶带之外,原始的晶粒将沿着其形变方向伸长,随着变形量的增加,逐渐形成纤维组织。

(2)亚结构的变化。晶体的塑性变形是借助位错在应力作用下运动和不断增殖的,随着变形量的增加,晶体内部的位错密度迅速升高至 $10^{15} \text{m}^{-2} \sim 10^{16} \text{m}^{-2}$。晶粒内部的亚结构直径将细化至 $10^{-6} \text{m} \sim 10^{-8} \text{m}$。

(3)变形织构。金属受外力作用时,多晶体会在外力作用下发生转动,当变形量很大时,任意取向的各个晶粒会逐渐调整其取向而逐渐彼此趋向一致,形成变形织构。随加工方式的不同,织构可分为丝织构和板织构。拉拔工艺会产生与拉拔方向平行的丝织构,而在轧制过程中会产生平行于轧制平面的板织构。

2. 塑性变形对性能的影响

(1)加工硬化。随着塑性加工变形量的增加,变形材料的变形抗力也随之上升,即成为加工硬化。影响加工硬化的因素主要有变形程度、变形温度、变形速度、初始晶粒度和合金元素。加工硬化的有益之处在于:可以通过冷加工控制产品的最终性能,如冷拉钢丝绳不仅可获得高强度,而且表面光洁;有些零件通过工作中的不断硬化达到表面耐磨、耐冲击的要求,如铁路用道岔由于经常受到车轮的冲击和摩擦,采用应变硬化速率高的高锰钢后,就可以达到冲击韧性和表面硬度要求。

(2)残余应力。金属塑性变形时,外力所做的功大部分转化为热,其余极小一部分保留在金属内部,形成残余应力和点阵畸变。残余应力主要由三部分组成:宏观内应力、微观内应力和点阵畸变。宏观应力是由于金属各部分不均匀变形所引起的。微观内应力是由晶粒和亚晶粒不均匀变形而引起的。塑性变形使金属产生大量的位错和空位,使晶格点阵中的一部分原子偏离其平衡位置,造成点阵畸变。通常残余应力对金属材料的性能是有害的,它会导致材料及工件的变形、开裂和产生应力腐蚀。

1.2.3 回复和再结晶

金属经冷塑性变形后,组织处于不稳定状态,有自发恢复到变形前组织状态的倾向。但在常温下,原子扩散能力小,不稳定状态可以维持相当长时间,而加热则使原子扩散能力增加。冷变形金属退火过程,大体上可分为回复、再结晶和晶粒长大3个阶段。

回复指在加热温度较低时,由于金属中的点缺陷及位错的近距离迁移而引起的晶内某些变化。如空位与其他缺陷合并、同一滑移面上的异号位错相遇合并而使缺陷数量减少等。由于位错运动使其由冷塑性变形时的无序状态变为垂直分布,形成亚晶界,这一过程称多边形化。在回复阶段,金属组织变化不明显,其强度、硬度略有下降,塑性略有提高,但内应力、电阻率等显著下降。工业上常利用回复现象将冷变形金属低温加热,既稳定组织又保留加工硬化,这种热处理方法称去应力退火。去应力退火可以使冷加工金属在基本保持加工硬化的状态下降低其内应力,以稳定和改善性能,减少变形和开裂,提高耐蚀性。

当变形金属被加热到较高温度时,由于原子活动能力增大,晶粒的形状开始发生变化,由破碎拉长的晶粒变为完整的等轴晶粒。这种冷变形组织在加热时重新彻底改组的过程称再结晶。再结晶也是一个晶核形成和长大的过程,但不是相变过程,再结晶前后新旧晶粒的晶格类型和成分完全相同。由于再结晶后组织的复原,因而金属的强度、硬度下降,塑性、韧性提高,加工硬化消失。图1-7为冷变形后的金属在退火时的晶粒大小和变化。

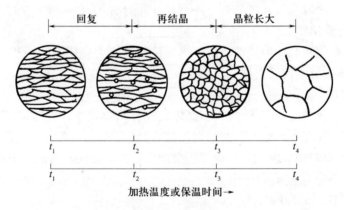

图 1-7 冷变形后的金属在退火时的晶粒大小和变化

影响变形金属再结晶的因素有:退火温度、变形程度、微量溶质原子或杂质、第二相、原始晶粒、加热速度和加热时间。退火温度影响形核和长大;变形程度增高,再结晶速度加快,再结晶温度降低,并逐步趋于一稳定值;微量溶质原子或杂质提高金属的再结晶温度,降低再结晶速度;第二相可能促进,也可能阻碍再结晶,主要取决于基体上第二相粒子的大小及其分布;原始晶粒,原始晶粒细小使再结晶速度增加,再结晶温度降低;极快的加热或加热速度过于缓慢时,再结晶速度降低,再结晶温度上升;在一定范围内延长加热时间会降低再结晶温度。

1.3 锻造的基本分类

通常,锻造主要按成形方式和变形温度进行分类。按成形方式分类,锻造可分为自由锻、模锻、冷镦、径向锻造、辊锻、旋锻、辗扩等,如表1-1和图1-8所示。坯料在压力下产生的变形基本不受外部限制的称自由锻,也称开式锻造;其他锻造方法的坯料变形都受到模具的限制,称为闭模式锻造。辊锻、旋锻、辗扩等的成形工具与坯料之间有相对的旋转运动,对坯料进行逐点、渐线的加压和成形,故又称为旋转锻造。

表1-1 锻造按照成形方式分类的主要分类示意图

分类与名称	自由锻造		模锻	辊锻	楔模轧	碾压
	镦粗	拔长				
图例	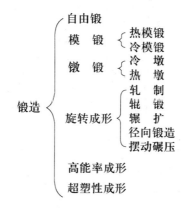					

图1-8 锻造成形的主要方式

根据坯料的移动方式,锻造可分为自由锻、镦粗、挤压、模锻、闭式模锻、闭式镦锻。闭式模锻和闭式镦锻由于没有飞边,材料的利用率高。用一道工序或几道工序就可能完成复杂锻件的精加工。由于没有飞边,锻件的受力面积减少,所需要的荷载也减少。但是,应注意不能使坯料完全受到限制,为此要严格控制坯料的体积,控制锻模的相对位置和对锻件进行测量,努力减少锻模的磨损。根据锻模的运动方式,锻造又可分为摆辗、摆旋锻、辊锻、楔横轧、辗环和斜轧等方式。摆辗、摆旋锻和辗环也可用精锻加工。为了提高材料的利用率,辊锻和楔横轧可用作细长材料的前道工序加工。与自由锻一样的旋转锻造也是局部成形的,它的优点是与锻件尺寸相比,锻造力较小情况下也可实现成形。包括自由锻在内的这种锻造方式,加工时材料从模具面附近向自由表面扩展,因此很难保证精度,所以,将锻模的运动方向和旋锻工序用计算机控制,就可用较低的锻造力获得形状复杂、精度高的产品。例如生产品种多、尺寸大的汽轮机叶片等锻件。

按变形温度锻造可分为热锻、冷锻、温锻和等温锻等。热锻是在金属再结晶温度以上进行的锻造。提高温度能改善金属的塑性,有利于提高工件的内在质量,使之不易开裂。高温度还能减小金属的变形抗力,降低所需锻压机械的吨位。但热锻工序多,工件精度差,表面不光洁,锻件容易产生氧化、脱碳和烧损。冷锻是在低于金属再结晶温度下进行的锻造,通常所说的冷锻多专指在常温下的锻造,而将在高于常温、且不超过再结晶温度下的锻造称为温锻。温锻的精度较高,表面较光洁而变形抗力不大。在常温下冷锻成形的工件,其形状和尺寸精度高,表面光洁,加工工序少,便于自动化生产。许多冷锻件可以直接用作零件或制品,而不再需要切削加工。但冷锻时,因金属的塑性低,变形时易产生开裂,变形抗力大,需要大吨位的锻压机械。等温锻是在整个成形过程中坯料温度保持恒定值。等温锻是为了充分利用某些金属在等一温度下所具有的高塑性,或是为了获得特定的组织和性能。等温锻需要将模具和坯料一起保持恒温,所需费用较高,仅用于特殊的锻压工艺,如超塑性成形。钢的再结晶温度约为460℃,但普遍采用800℃作为划分线,高于800℃的是热锻;在300℃~800℃之间称为温锻或半热锻。

当温度超过300℃~400℃(钢的蓝脆区),达到700℃~800℃时,变形阻力将急剧减小,变形能也得到很大改善。根据在不同的温度区域进行的锻造,针对锻件质量和锻造工艺要求的不同,可分为冷锻、温锻、热锻3个成型温度区域。原本这种温度区域的划分并无严格的界限,一般地讲,在有再结晶的温度区域的锻造叫热锻,不加热在室温下的锻造叫冷锻。

在低温锻造时,锻件的尺寸变化很小。在700℃以下锻造,氧化皮形成少,而且表面无脱碳现象。因此,只要变形能在成形能范围内,冷锻容易得到很好的尺寸精度和较低的表面粗糙度。只要控制好温度和润滑冷却,700℃以下的温锻也可以获得很好的精度。热锻时,由于变形能和变形阻力都很小,可以锻造形状复杂的大锻件。要得到高尺寸精度的锻件,可在900℃~1000℃温度域内用热锻加工。另外,要注意改善热锻的工作环境。锻模寿命(热锻2千个~5千个,温锻1万个~2万个,冷锻2万个~5万个)与其他温度域的锻造相比是较短的,但它的自由度大,成本低。

坯料在冷锻时要产生变形和加工硬化,使锻模承受高的载荷,因此,需要使用高强度的锻模和采用防止磨损和粘结的硬质润滑膜处理方法。另外,为防止坯料裂纹,需要时进行中间退火以保证需要的变形能力。为保持良好的润滑状态,可对坯料进行磷化处理。

1.4　锻造过程的摩擦与润滑

锻造过程中减少摩擦,不仅可以降低锻造力,节约能源消耗,还可以提高模具寿命。减少摩擦能使变形体的变形分布更加均匀,有助于提高产品的组织性能。减少摩擦的重要方法之一就是采用润滑。由于锻造过程的方式不同,以及工作温度差异,所选用的润滑剂也不同。玻璃润滑剂多用于高温合金及钛合金锻造;对于钢的热锻,水基石墨是应用很广泛的润滑剂;对于冷锻,由于压强很高,锻造前还需要进行磷酸盐或草酸盐处理。

1. 金属热成形时的摩擦

金属热成形时的摩擦指热态塑性变形的金属与工具、型槽表面之间的摩擦。它表现为两种不同金属之间的摩擦,如软硬金属之间的摩擦、两种金属表面氧化膜的接触摩擦,以及热变形时内层金属被挤出形成新生表面之间的摩擦。新生表面因时间短而未被氧化,吸附力大和实际接触面积增大而加剧摩擦。

热成形时,由于坯料的不均匀变形,在摩擦较大的部位会有润滑不良或缺乏润滑的状况。热成形一般希望减少摩擦,但有时为了使难成形部位能充满型槽,反而要增大其他部位的摩擦,以利于坯料的均匀变形。

金属塑性变形过程中,坯料和工具、模具接触表面之间的摩擦作用将导致如下结果。

(1)变形力增大10%~100%。

(2)锻件内部和表面质量下降。

(3)锻件尺寸精度降低。

（4）模具磨损加剧，寿命缩短。

塑性成形中的摩擦可分为内摩擦和外摩擦。内摩擦指整个变形体内各个质点间的相互作用。这种作用发生在晶粒界面或晶内的滑移面上，并阻碍变形金属的滑移变形。外摩擦表现为在两个物体的接触面上产生的阻碍其相对运动的摩擦。金属塑性成形中的内摩擦出现在晶内变形和晶间变形过程中，它直接和多晶体的塑性变形过程相联系，外摩擦则只出现在变形金属与工具相接触的部分。

外摩擦一般可分为以下几种。

（1）干摩擦。既无润滑又无湿气的摩擦叫干摩擦，实际上是指无润滑的摩擦。

（2）边界摩擦。两接触面之间存在一层极薄的润滑膜，其摩擦不取决于润滑剂的黏度，而取决于两表面的特征和润滑剂的特性。

（3）流体摩擦。由连续的流体层隔开的两物体表面的摩擦。

（4）混合摩擦。是干摩擦和流体摩擦或边界摩擦与流体摩擦的混合形式。

塑性变形中的摩擦特点如下。

（1）压力高，塑性变形中的摩擦不同于机械传动过程中的摩擦，它是一种高压下的摩擦。锻造成形时，与工具接触的工件表面所承受的压力高达 300MPa ~ 1000MPa。

（2）温度高，锻造塑性变形过程一般是在高温下进行。在高温下金属材料的组织和性能均发生变化。表面生成的氧化皮给塑性变形中的摩擦和润滑带来很大影响。如在热变形中表面生成的氧化皮一般比变形金属软，在摩擦表面上它能起到一定的润滑作用；当氧化皮插入变形金属中，便会造成金属表面质量的恶化。冷变形和温变形时，在摩擦表面生成的氧化皮往往比变形金属硬：此时，如果氧化皮脱落在工具和金属坯料表面上就会使摩擦加剧，工具磨损加快，金属表面质量恶化。

2. 润滑与保护

为了防止表面氧化、脱碳、合金元素贫化、渗氢、渗氧等现象，钢、高温合金、钛合金、铜合金、铝合金、镁合金、难熔金属等在锻造加热时，均可采用涂覆玻璃润滑剂等方法进行表面保护。

在金属热成形过程中，润滑剂是存在于金属与模具接触表面之间的一种介质，润滑剂可以是固体、粘滞性塑性物质、液体、气体或其混合物。它们在一定条件下可以部分或全部发挥润滑作用。

由于金属塑性变形时不断产生新的金属表面，而且在高温下还要承受很大的变形压力，所以防护润滑剂应具备如下条件。

（1）在金属表面能形成致密而连续的薄膜，能随变形金属一起流动并承受高温和高压。

（2）金属塑性变形时，接触压力、金属流动速度和静压力都在很宽的范围内变化（接触压力为 0.1MPa ~ 10^4MPa，金属流动速度为 $(0.01 \sim 9.0) \times 10^3$ m/s，静压力 $(0 \sim 50) \times 10^3$ MPa）。

（3）高温下不与变形金属和工具发生化学反应，不对金属和模具产生腐蚀作用。

（4）有一定绝热作用，以利于金属均匀变形，避免工作过热和锻件迅速冷却。

（5）满足不同变形工艺需要的特征（如防护润滑剂的可去除性，薄膜在多次变形中的不破坏性等）。

（6）能起脱模作用。

（7）涂覆工艺简单或能适应涂覆工艺机械化、自动化要求。

（8）应无毒或低毒，不产生烟雾或有害气体。

（9）供应方便，价格便宜。

防护润滑剂可按其室温状态和用途进行如下分类。

（1）按室温状态分类。模锻润滑剂按室温状态分类如图1-9所示。

（2）按用途分类。模锻润滑剂按用途分类如图1-10所示。

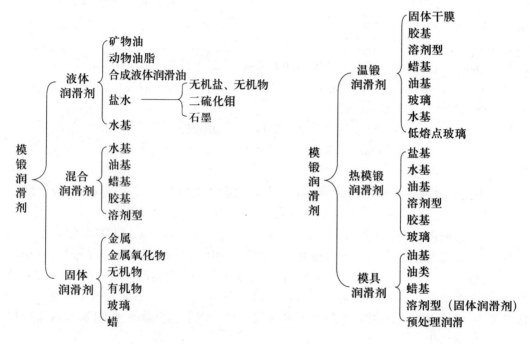

图1-9　模锻润滑剂种类　　　　　　图1-10　按用途划分模锻润滑剂种类

（3）按适用的工艺方法分类。润滑剂按适用工艺分类如图1-11所示。

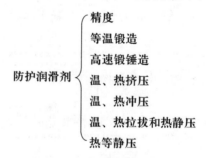

图1-11　润滑剂按适用工艺分类

3. 几种常用的润滑剂

（1）油基润滑剂。它属于液体润滑剂，它是目前应用较多的一种热模锻润滑剂，包括矿物润滑油、机油或汽缸油中加入添加剂而制成的矿物润滑脂、动物油（猪油、牛油等）、植物油（棕榈油、蓖麻子油、花生油、菜子油等）和植物脂（蓖麻脂等），以及按热模锻的要求在矿物润滑油、脂中加入添加剂（油性添加剂、极压添加剂、黏度指数添加剂、降凝添加剂、抗氧化添加剂等）自行调配而成的热模锻润滑油。

油基润滑剂的特征如下。

① 中温润滑特性好，高温（500℃以上）才失去润滑效果。着火点低，受热汽化燃烧温度

低。集中矿物油应用的末端预热温度范围如表1-2所列,超过预热温度,矿物油脂便会立刻稀释、流走或燃烧掉。

表1-2　使用矿物油脂的模锻预热温度范围

| 润滑油脂 | | 闪点 | 滴点≥ | 模具预热温度 |
名称	代号	/℃	/℃	范围/℃
5#高速机械油(锭子油)	HJ-5	110	—	—
10#机油	HJ-10	165	—	150~185
20#机油	HJ-20	170	—	150~185
30#机油	HJ-30	180	—	200~260
40#机油	HJ-40	190	—	200~260
90#机油	HJ-90	220	—	200~300
24#汽缸油	HG-24	240	—	290~300
52#汽缸油	HG-52	300	—	290~350
72#合成汽缸油	HG-72	340	—	290~350
1#复合钙基润滑脂	HZFG-1	—	180	200~300
1#复合钙基润滑脂	HZFG-4	—	240	290~350

② 流动性、黏附性(涂覆性)好,易形成均匀致密的薄膜。

③ 推出力较大,较易脱模。

④ 有一定的冷却模具作用。

⑤ 矿物油脂形成的气体压力较大,易导致型槽裂纹扩大,而且气体易阻塞在型槽较深部位,造成锻件充不满。

⑥ 粘污工作场地、设备和操作者。产生的烟雾影响视线、影响生产,而且污染空气。

(2)盐水。盐水是在汽车、拖拉机等机械制造行业中的热模锻时用得较多的一种润滑剂,食盐(NaCl)或硝盐(KNO_3)按水重的1/10~1/20配比配置成的盐水。食盐的分解温度约为800℃,所以一般在热模锻中并不分解。

用盐水做热模锻时的润滑剂有如下特征。

① 有一定的润滑作用。盐水喷在型槽表面,水吸收热量进而汽化,留下盐的微粒(颗粒较大),覆盖在型槽表面上起润滑作用。

② 冷却能力强,是较好的冷却剂。水汽化时吸收的热量是矿物油或合成体液润滑油的2倍~3倍。盐中的结晶水受束缚不像普通水那样在100℃汽化,而是在较高的温度下才分解,吸收热量较多,所以模具用盐水冷却效果好。

③ 脱模能力小。这是由于残留水分与受热分解出来的结晶水较少,产生的气体也很少所致。用盐水作润滑剂时,模锻件出模并不困难,其主要原因是在结晶水分解出来后,盐的晶体结构受到破坏,盐壳原来的位置留有空隙。

④ 型槽表面的盐壳因受高温作用而崩裂,使氧化皮疏松,并易于从模锻件上脱落。

⑤ 成本低,来源广,调配工艺简单,便于机械喷涂。

⑥ 盐的微粒有时在摩擦面上像磨料一样,加速型槽磨损,降低模具精度,缩短模具寿命。

⑦ 锈蚀性较强,因而模具、设备和工具锈蚀严重。

⑧ 由于冷却能力强、型槽表面因冷热变化剧烈,容易产生龟裂。

盐水一般用于结构钢锻件的生产。

（3）油基石墨润滑剂。油基石墨润滑剂又称油基胶体石墨，是将粉状石墨按比例搅拌于矿物油（低号机油、锭子油等黏度低的油料）中成胶状或半胶状的润滑剂。粉状石墨最好搅拌于经预热稀释的汽缸油或润滑脂中。

这种润滑剂的特点是，除具有油料润滑剂的特性外，由于石墨粉的加入，可大大提高中温（350℃～540℃）的润滑性能，所以是铝镁合金模锻时应用效果较好的热模锻润滑剂。但灰黑色的石墨对有色金属模锻件的表面、操作者和生产环境都有污染，因而影响其推广使用。

石墨粉的摩擦因数为 0.11～0.19。温度高于 371℃ 时，摩擦因数开始增大，而且在 540℃ 以下时，其化学性能保持稳定。这种润滑剂的导热性较好，所以它对型槽的隔热作用不大。只有配合其他物质后，才能改善其脱模和冷却模具的性能。油基石墨润滑剂配置的比例可根据工艺需要而定。使用效果较好的是 10%～20% 石墨粉 +80%～90% $10^{\#}$ 机油。

（4）水基石墨润滑剂。水基石墨润滑剂是近年来发展起来的一种模具润滑剂。它适用于 800℃～1200℃ 钢料的模锻。当钛合金在 800℃～1200℃ 的温度下模锻，模具温度为 200℃～450℃ 时，这种润滑剂具有良好的脱模、冷却模具、绝热浸润和成膜的性能，而且对环境没有污染。

水基石墨润滑剂是以水为基体或以石墨粉为固体基料外加黏结剂、脱模剂的一种悬浮液。固体基料为石墨粉。当其粒度为 2μm～4μm 时，润滑性能最好。另外，还添加少量的三氧化二硼、磷酸盐、水玻璃及某些无机聚合物（如聚氯化磷氮）等，这些材料在高温下成熔融状态，并且有一定的润滑和黏结作用。

在水基石墨润滑剂中可以添加某些铵盐、碳氢化合物或能在高温下分解产生气体的无机盐类物质作为脱模剂。添加悬浮剂是为了改善润滑剂的悬浮性能。

喷涂水基石墨润滑剂的厚度要恰当控制。当润滑剂的厚度小于 10μm 时，摩擦因数将增大到 0.2 以上，而润滑剂层厚度为 20μm～40μm 时，摩擦因数则可减小到 0.1 以下。

铝合金模锻时，石墨和水的混合液中还应加入皂类。模具形状复杂时，多余的石墨润滑剂必须用压缩空气吹净。镁合金锻压时，在模具温度较低时，可喷涂石墨的水悬浮剂；当模具温度较高时，则需要喷涂煤油混合悬浮液。

在模锻生产中采用水基石墨润滑剂，不但可以延长模具寿命、改善填充性和提高锻件精度，而且不产生烟尘和气味，可使生产现场的劳动条件得到改善。

（5）二硫化钼油料混合润滑剂。二硫化钼油料混合润滑剂是二硫化钼按比例搅拌于油基润滑剂而制成的。有时可加入石墨粉和氧化铝粉，并调配成胶状或半胶状的混合润滑剂。其典型配比如下。

5% MoS_2 +20% 石墨粉 +$10^{\#}$～$40^{\#}$ 机油。这种润滑剂可用于铝合金模锻件。

10% MoS_2 +20% 石墨粉 +5% PbO + 废机油或重油。这种润滑剂可用于碳钢、合金钢模锻，调配温度为 100℃ 左右。

当温度升高时，二硫化钼的润滑性能下降。二硫化钼与空气接触，在 400℃ 就开始氧化。它的颗粒越细，氧化越快。当温度高于 540℃ 时，氧化速度会急剧增加，氧和 MoS_2 作用生成的 MoO_3 会使摩擦因数增大。在二硫化钼还没有完全变成三氧化钼之前（525℃ 以下），它仍具有润滑性能。

二硫化钼的抗压能力强，模锻时不易被挤出。而且二硫化钼薄膜导热性差，可减轻模具的受热和相应增加模具的续冷时间，从而可防止模具过热并延长其使用寿命。

12

二硫化钼与有机润滑剂混合使用后,有一定的脱模作用,但脱模力较小。但二硫化钼沉淀和残余物沉积在型槽底部边缘时,易造成锻件局部充不满。

二硫化钼氧化释放出的硫离子和SO_2,其中一部分与摩擦面上的金属发生化学作用(从型槽表面就可看出),其余部分则被氧化而散布在空气中并与空气中的水分子作用生成亚硫酸。亚硫酸污染空气,刺激人的黏膜,影响食欲,所以二硫化钼产品不宜高配置使用。

二硫化钼及石墨粉均不溶于油,应按比例混合并用手工或机械搅拌均匀后方可使用。二硫化钼在油中会缓慢沉淀,因此使用前需搅拌均匀才能保证润滑质量。常用的二硫化钼润滑剂主要性能指标如表1-3所列。

表1-3 二硫化钼润滑剂主要性能指标

名　　称	代　号	滴点/℃	针入度/(1/10mm)
二硫化钼复合钙基润滑脂	1 号	230	260～300
	2 号	240	180～220
	3 号	220	240～280
	4 号	210	290～330
	5 号	180	290～330
二硫化钼复合钙基润滑脂	ZFG - 1E	180	310～350
	ZFG - 2E	200	260～300
	ZFG - 3E	220	210～250
	ZFG - 4E	240	160～200
二硫化钼复合铝基润滑脂	ZFU - 1E	180	310～350
	ZFU - 2E	200	260～300
	ZFU - 3E	220	210～250
	ZFU - 4E	240	160～200

(6) 玻璃防护润滑剂。玻璃是一种良好的高温防护润滑剂的固体基料,其特点如下。

① 能形成可靠的液态动能状态,因为玻璃防护润滑剂在高温下能在模具与金属材料的接触表面上呈现理想的零摩擦状态。

② 防护性好,能防止变形金属表面的氧化、合金元素的贫化、渗氢、脱碳等。

③ 高温下,玻璃与金属表面具有良好的浸润性能。

④ 对所涂覆的金属材料,玻璃具有很好的中性性能。玻璃的成分选择适宜时,可以对金属材料及模具不产生腐蚀作用。

⑤ 玻璃层的去除比较困难。在400℃～2200℃范围内都可以选择到适宜的玻璃作润滑剂。玻璃是良好的模锻防护润滑剂的固体材料。在不锈钢的热挤压和高温合金、钛合金、铝镁合金、铜合金、难熔金属等的模锻或挤压时,均可成功地使用玻璃做防护润滑剂。玻璃的成分不同,使用温度也不同。在1000℃以上的温度应用硅酸盐玻璃;中温(700℃～1000℃)范围主要用硼酸盐、硼硅酸盐、铅硼硅酸盐玻璃;在400℃～700℃范围内,建议采用磷酸盐玻璃。

（7）其他润滑剂。

① 煤粉和锯木屑，这两种润滑剂主要应用于普通碳钢和合金钢模锻件、大型钢模锻件及型槽深、难出模的锻件。优点就是，脱模容易，加水可改善冷却模具能力，添加油料可改善润滑性能，成本低，来源广泛，使用方便。缺点就是润滑作用较小，燃烧后产生的热量会影响模具的自然降温，而且烧剩下的灰粉如果阻塞了型槽，就会造成模锻件局部缺肉，其产生的烟雾会影响视线，降低生产效率和污染环境。

② 热模锻润滑油，由于高温高压和界面摩擦是模具磨损的一个主要问题。因此使用润滑剂的主要目的就是减少摩擦，在各种热模锻润滑剂中使用最多的是水基石墨，它与盐水、润滑油、油基石墨相比，一般使模具寿命提高 50% 左右。

FR 系列防护润滑剂，主要应用于钛合金、高温合金及不锈钢变形用的玻璃防护润滑剂。

表 1-4 ～ 表 1-6 为一些常用的润滑剂，及其使用特点和适用场合。

表 1-4　几种常用润滑油的牌号和性能

润滑油		运动黏度/(mm²/s)		凝固点≤	闪点≥	主要用途
名称	牌号	40℃	100℃	/℃	/℃	
全损耗系统用油	L-AN5	4.14~5.06		-10	80	适用于对润滑无特殊要求的锭子、轴承、齿轮和其他低负荷机械零部件的润滑，是配置各种润滑剂的基础油
	L-AN7	6.12~7.48		-10	110	
	L-AN10	9.00~11.00		-10	130	
	L-AN15	13.5~16.5		-10	150	
	L-AN22	19.8~24.2		-10	150	
	L-AN32	28.8~35.2		-10	150	
	L-AN46	41.4~50.6		-10	160	
	L-AN68	61.2~74.8		-10	160	
	L-AN100	90~110		0	180	
	L-AN150	135~165		0	180	
饱和汽缸油	11		9~13	5	215	
	24		20~28	15	245	
合成汽缸油	33		>34.1	5	300	
	65		>60.4	15	325	
	72		>64.4	15	340	
过热汽缸油	38		32~44	10	290	
	52		49~55	10	300	
	62		58~66	5	315	
乳化油	1	PB 值不小于 700N				防锈性好
	2					清洗性好
	3					锻压性好
	4					透明性好
合成锭子油		50℃ 12~14	20℃ ≤49	-45	163	全损耗系统用润滑油脂原料

14

润滑油		运动黏度/(mm²/s)		凝固点≤	闪点≥	主要用途
名称	牌号	40℃	100℃	/℃	/℃	
工业齿轮油		50℃时				
	50	45~55		-5	170	
	70	65~75		-5	170	
	90	80~100		-5	190	
	120	110~130		-5	190	
变压器油		50℃时				
	10	<9.6		-10	135	
	25	<9.6		-25	135	
	45	<9.6		-45	135	

注:PB值指在试验条件不发生卡咬的最大负荷,用N表示

表1-5 些润滑脂的牌号和性能

标准号	润滑脂		针入度/	滴点≥	组 成	用 途
	名称	牌号	(1/10mm)	/℃		
GB/T 492—1989	钠基润滑脂	ZN-2	265~295	160	脂肪酸钠皂稠化中黏度矿物油	耐高温、不抗水。使用温度:2号和3号脂不高于1100℃;4号不高于140℃
		ZN-3	220~250	160		
		ZN-4	175~205	150		
GB/T 11124—1989	1号高温润滑脂		170~225	280	钠皂稠化高黏度矿物油,混合石墨	用于高温摩擦覆润滑
SH 0370—1992	铁道润滑脂	ZN42-8	75~100 (75℃)	180	脂肪酸钠皂稠化N320汽缸油加少量极压添加剂而成的润滑脂	
		ZN42-9	50~75 (75℃)	180		
GJB 1239—1991	航空润滑脂(锂基)	ZL45-2	250~300	177		适用于较宽温度范围的高速高压摩擦界面的摩擦
SH 0370—1992	复合钙基润滑脂	ZFC-1	310~340	180	乙酸钙复合的脂肪酸钙皂稠化机械油制成的润滑脂	适用于较高温度及潮湿条件下的摩擦部分的润滑
		ZFC-2	265~295	200		
		ZFC-3	220~250	220		
		ZFC-4	175~205	240		
SH 0380—1992	合成锂基润滑脂	ZL-1H	310~340	170	合成脂肪酸馏分的锂皂稠化中等黏度的润滑油并添加抗氧化剂制成的一种用途较多的润滑脂	
		ZL-2H	265~295	175		
		ZL-3H	220~250	180		
		ZL-4H	175~205	185		

表1-6 热锻用玻璃润滑剂

合金种类	牌号	使用温度/℃	适用材料和工艺	生产单位
钛合金	FR-2	850~1000	钛合金热模锻	北京玻璃研究院
	FR-4		钛合金模锻、冲压 TC₄ 钛合金	
	FR-5		TC₉ 精锻及大型盘件模锻	
	FR-6		TC₄ 钛合金挤杆工艺等温锻	
	T-38	925±10	钛合金无余量精锻	
	T-40		钛合金无余量精锻	
	BR-14	900~1000	钛合金等温锻造	北京机电研究所
	WY-1	800~950	钛合金(α+β相)热模锻	
	WY-2	900~950	钛合金(β相)热模锻	
不锈钢	FR-41	900~1120	Cr12Ni2W2MoV 高速锤锻	北京玻璃研究院
	FR-42	900~1180	Cr11Ni2W2MoV,2Cr13 模锻	
	S171	1150	无余量精锻	
高温合金	FR-21	1000~1160	GH220、GH698、GH33、GH49、GH37、GH132、涡轮叶片和轮盘	
	FR-22	950~1160	GH220 模锻,涡轮叶片	
	FR-35	960~1160	模锻、平锻、冲压	

第2章 锻前准备

锻前准备主要包含两项内容:①选择锻造材料,它包括锻造材料和模具材料的选择;②毛坯准备,即按锻件大小将原材料切成一定长度的毛坯。目前,锻造用原材料主要包括碳素钢、合金铜、有色金属及其合金等,按加工状态分为钢锭、轧材、挤压棒材和锻坯等。大型锻件和某些合金钢的锻造一般直接用钢锭锻制,中小型锻件一般用轧材、挤压棒材和锻坯生产。

2.1 锻造用料与模具

2.1.1 锻造用材料

锻造用材按加工状态分为钢锭、轧材、挤压棒材和锻坯等。而锻件的质量与原材料的质量密切相关,为了便于进行锻件质量分析,先对坯料质量进行分析。

1. 大型锭材主要缺陷

大型锭材以钢锭为例子,钢锭内部组织结构,取决于浇注时钢液在锭模内的结晶条件,即结晶热力学和动力学条件。钢液在钢锭内各处的冷却与传热条件很不均匀,钢液由模壁向锭心、由底部向冒口逐渐冷凝选择结晶,从而造成钢锭的结晶组织、化学成分及夹杂物分布不均。一般来讲,钢锭表层为细小等轴结晶区(亦称激冷区),向里依次为柱状结晶区、树枝状结晶区和心部为粗大等轴结晶区。通常,钢锭心部上端聚集着轻质夹杂物和气体,并形成巨大的收缩孔,其周围还产生严重疏松;心部底端为沉积区,含有密度较大的夹杂物或合金元素。因此,钢锭的内部缺陷主要集中在冒口、底部及中心部分。其中冒口和底部作为废料应予以切除。如切除不彻底,就会遗留在锻件内部而使锻件成为废品。钢锭底部和冒口占钢锭质量的5%~7%和18%~25%。对于合金钢,切除的冒口占钢锭的25%~30%,底部占7%~10%。

钢锭的常见缺陷有:偏析、夹杂、气体、气泡、缩孔、疏松、裂纹和溅疤等。这些缺陷的形成与冶炼、浇注和结晶过程密切相关,并且不可避免。钢锭越大,缺陷越严重,这些缺陷往往是造成大型锻件报废的主要原因。为此,应当了解钢锭内部缺陷的性质、特征和分布规律,以便在锻造时选择合适的钢锭,制订合理的锻造工艺规范,并在锻造过程中消除内部缺陷和改善锻件的内部质量。

(1)偏析。偏析指各处成分与杂质分布不均匀的现象,包括枝晶偏析(指钢锭在晶体范围内化学成分的不均匀性)和区域偏析(指钢锭在宏观范围内的不均匀性)等。偏析是由于选择性结晶、溶解度变化、密度差异和流速不同造成的。偏析会造成力学性能不均和裂纹缺陷。钢锭中的枝晶偏析现象,可以通过锻造、再结晶、高温扩散和锻后热处理得到消除;而区域偏析,很难通过热处理方法消除。只有通过反复镦—拔变形工艺才能使其化学成分趋于均匀化。

(2)夹杂。不溶解于金属基体的非金属化合物叫做非金属夹杂物,简称夹杂。常见的非金属夹杂有硫化物、氧化物、硅酸盐等。夹杂分内在夹杂和外来夹杂两类。内在夹杂指冶炼和浇注时的化学反应产物;外来夹杂是冶炼和浇注过程中由外界带入的砂子、耐火材料及炉渣碎粒等杂质。

夹杂是一种异相质点,它的存在对热锻过程和锻件质量均有不良影响,它破坏金属的连续性。在应力作用下,夹杂处将产生应力集中,会引起显微裂纹,成为锻件疲劳破坏的疲劳源。如低熔点夹杂物过多地分布于晶界上,在锻造时会引起热脆现象。可见,夹杂的存在会降低材料的锻造性能和锻件的力学性能。

(3)气体。钢渣中溶解有大量的气体,在凝固过程中,大量的气体会析出,但总有一些仍然残留在钢锭内部或皮下形成气泡。钢锭内部的气泡只要不是敞开的,或虽敞开但内壁未被氧化,均可以通过锻造锻合,但皮下气泡却常常容易引起裂纹。

在钢锭中常见的残存气体有氧、氮、氢等。其中氧和氮在钢锭里最终以氧化物和氮化物存在,形成钢锭内的夹杂。氢是钢中危害性最大的气体,它在钢中的含量超过一定极限值(2.25~5.625)cm³/100g 时,在锻后冷却过程中,会在锻件内部产生白点和氢脆缺陷,使钢的塑性显著下降。

(4)缩孔和疏松。从钢液冷凝成为钢锭,将发生物理收缩现象,如果没有钢液补充,钢锭内部某些地方将形成空洞。缩孔是在冒口区形成的,此区凝固最迟,由于没有钢液补充而造成不可避免的缺陷。缩孔的大小与位置和锭模结构及浇注工艺有关。如果锭模不适当,冒口保温不佳等,有可能深入到锭身形成二次缩孔(即缩管)。一般情况下,锻造时将缩孔与冒口一并切除,否则因缩孔不能锻合而造成内部裂缝,导致锻件报废。

疏松是由于钢液最后凝固收缩造成的晶间空隙和钢液凝固过程中析出气体构成的显微孔隙,这些孔隙在区域偏析处较大者变为疏松,在树枝晶间处较小的孔隙则变为针孔。疏松使钢锭组织致密程度下降,破坏了金属的连续性,影响锻件的力学性能。因此,要求在锻造中对钢锭进行大变形,以便锻透钢锭,将疏松消除。

(5)溅疤。当钢锭采用上注法浇注时,钢液将冲击钢锭模底而飞溅起来附着在模壁上,溅珠和钢锭不能凝固成一体,冷却后就形成溅疤。钢锭上的溅疤在锻造前必须铲除,否则会在锻件上形成严重的夹层。

一般来说,钢锭越大,产生上述缺陷的可能性就越多,缺陷性质也就越严重。

2. 加工坯材的常见缺陷

铸锭经过轧制、挤压或锻造加工后,组织结构得到改善,性能相应提高。通常变形越充分,残存的铸造缺陷就越少,材料质量提高的幅度也越大。但在轧、挤、锻过程中,材料有可能产生新的缺陷。常见的缺陷如下:

(1)划痕(划伤)。金属在轧制过程中,由于各种意外原因在其表面划出伤痕,深度常达0.2mm~0.5mm。

(2)折叠。轧制时,轧材表面金属被翻入内层并被拉长,折缝内由于有氧化物而不能被锻合,结果形成折叠。

(3)发裂。钢锭皮下气泡被轧扁拉长破裂形成发状裂纹,深度约为0.5mm~1.5mm。在高碳钢和合金钢中容易产生这种缺陷。

(4)结疤。浇注时,钢液飞溅而凝固在钢锭表面,在轧制过程中被辗轧成薄膜而附于轧材表面,其厚度约为1.5mm。

(5)碳化物偏析。通常在含碳量高的合金钢中容易出现这种缺陷。其原因是钢中的莱氏体共晶碳化物和二次网状碳化物在开坯和轧制时未被打碎和不均匀分布。碳化物偏析会降低钢的锻造性能,容易引起锻件开裂,热处理淬火时容易局部过热、过烧和淬裂,制成的刀具在使用时刃口易崩裂。为了消除碳化物偏析所引起的不良影响,最有效的办法是采用反复镦—拔工艺,彻底打碎碳化物,使之均匀分布,并为其后的热处理作好组织准备。

(6) 白点。白点是隐藏在钢坯内部的一种缺陷。它是在钢坯的纵向断口上呈圆形或椭圆形的银白色斑点,在横向断口上呈细小裂纹,显著降低钢的韧性。白点的大小不一,长度为1mm~20mm 不等或更长。一般认为白点是由于钢中存在一定量的氢和各种内应力(组织应力、温度应力、塑性变形后的残余应力等),并在其共同作用下产生的。当钢中含氢量较多和热加工后冷却太快时容易产生白点。

氢在钢中的溶解度是随温度下降而减小的,氢来不及逸出钢坯时,将聚集在钢中空隙处而结合成分子状态的氢,并形成巨大压力,导致产生白点。对钢锭来说,由于其内部有许多空隙,所析出的氢不会形成很大的压力,故对白点不敏感。铁素体钢和奥氏体钢因冷却时无相变发生,也不易形成白点。氢在莱氏体钢中能形成稳定的氢化物和由于复杂碳化物的阻碍,也不产生白点。尺寸较大的珠光体钢坯、马氏体钢坯,则容易形成白点。

为避免产生白点,首先应提高钢的冶炼质量,尽可能降低氢的含量;其次在热加工后采用缓慢冷却的方法,让氢充分析出和减小各种内应力。

(7) 非金属夹杂。在钢中,通常存在着硅酸盐、硫化物和氧化物等非金属夹杂物,这些夹杂物在轧制时被辗轧成条带状。夹杂物破坏了基体金属的连续性,严重时会引起锻造开裂。

(8) 粗晶环。铝合金、镁合金挤压棒材,在其横断面的外层环形区域,常出现粗大晶粒,故称为粗晶环。粗晶环的产生原因与很多因素有关,其中主要是由于挤压过程中金属与挤压筒之间的摩擦过大。表层温降过快,破碎的晶粒未能再结晶,在其后淬火加热时再结晶合并长大所致。有粗晶环的棒料,锻造时容易开裂,如粗晶环留在锻件表层,将会降低锻件的性能。因此,锻造前通常将粗晶环车去。

以上所述中,划痕、折叠、发裂、结疤和粗晶环等均属于材料表面缺陷,锻前应去除,以免在锻造过程中继续扩展或残留在锻件表面上,降低锻件质量或导致锻件报废。

碳化物偏析、非金属夹杂、白点等属于材料内部缺陷,严重时将显著降低锻造性能和锻件质量。因此,在锻造前应加强质量检验,不合格材料不应投入生产。

2.1.2 模具

1. 锻造模具用材料选用原则

锻模是模锻生产的重要工具,锻模在工作过程中单位面积上承受巨大的压力,同时还承受很大的冲击力。而且由于金属的高速流动,模具极易磨损,有时由于氧化皮清理不彻底,也加速了模具的磨损。在工作中,模具需要在连续反复受热和受冷的条件下工作,工作温度往往在400℃~500℃左右,对某些模腔复杂的模锻模,工作温度甚至可达600℃~700℃。由于模具受到反复的冷热交变变化,会导致模腔产生热疲劳裂纹。为了保证锻模的使用性能和寿命,热锻模钢应具有以下性能。

(1) 在模锻使用的工作温度下,具有较高的强度、硬度和良好的冲击韧性,以便能承受金属塑性变形时较大的变形抗力,同时还具有很好的耐磨性能。

(2) 具有良好的导热性,使模腔表面的热量能迅速扩散而不至于过分集中。

(3) 具有良好的耐热疲劳性能,使锻模在冷热交变应力的作用下仍具有较高的寿命。

(4) 具有良好的淬透性,以保证锻模整体具有均匀的力学性能。

(5) 在较高的工作温度下,应有较好的回火稳定性,使锻模不致因为受热导致硬度下降而引起模腔变形。

（6）要有良好的机械加工性能和热处理工艺性能（淬火后回火脆性低）。

为了保证模具的使用寿命，选用模具时应使模具材料的流线方向与锤头打击方向相垂直，切忌流线方向与打击方向一致（平行）。在制模时，材料流线被切割的越少越好。在保证流线方向与打击方向相垂直的前提下，流线方向与键槽中心线一致时，对提高燕尾根部强度是有利的，这一点对除长轴类锻件外的其他类型锻件特别有利。

2. 常用的工模具材料

根据具体适用条件和性能要求选取模具材料，表2-1～表2-6为常用热作模具钢的牌号和性能指标。

表2-1　锤锻模用钢及其硬度

锻模种类	锻模或模具零件名称（及设备吨位）	锻模钢牌号		锻模硬度			
		主要材料	代用材料	型槽表面		燕尾部分	
				HBS	HRC	HBS	HRC
锻钢锻模	小型锻模（<1t）	5CrNiMo 5CrMnMoV	5W2CrSiV 3W4Cr2V 5CrMnMo	387～444① 364～415②	42～47① 39～44②	321～364	35～39
	中小型锻模（1t～2t）			364～415① 340～387②	39～44① 37～42②	302～340	32～37
	中型锻模（3t～5t）			321～364	35～39	286～321	30～35
	大型锻模（>5t）			302～340	32～37	269～321	25～28
	校正模			390～460	42～47	302～340	32～37
镶块锻模	模体	ZG50Cr	ZG40Cr	硬度要求与锻钢锻模相同	硬度要求与锻钢锻模相同	硬度要求与锻钢锻模相同	硬度要求与锻钢锻模相同
	镶块	5CrNiMo 5CrMnSiMoV 3Cr2W8V	5CrMnMo 5CrMnSi				
铸钢堆焊锻模	模体	ZG45Mn2		硬度要求与锻钢锻模相同	硬度要求与锻钢锻模相同	硬度要求与锻钢锻模相同	硬度要求与锻钢锻模相同
	堆焊材料	5CrNiMo 5CrMnMo					

① 用于模膛浅而且形状简单的锻模；
② 用于模膛深而且形状复杂的锻模

表2-2　热模锻压力机锻模用钢及硬度

锻模零件名称	钢号		硬度/HBS
	主要材料	代用材料	
终锻模膛镶块 预锻模膛镶块	5CrNiMo、5CrNiSiW 5CrNiW、5CrMnSiMoV 3Cr3Mo3V、4Cr5W2VSi 4Cr5MoVSi、 4Cr3W4Mo2VTiNb	5CrNiSi、5CrNiTi 5CrMnMo、5SiMnMoV	368～415 352～388
锻件顶杆	3Cr2W8V、4Cr5MoVSi 4Cr5W2VSi	GCr15	477～555

20

锻模零件名称	钢 号		硬度
	主要材料	代用材料	/HBS
顶出板、顶杆	45	40Cr	368~415
垫板	45	40Cr	444~514
镶块固紧零件	45 40Cr	40Cr	341~388 368~450

表 2-3 螺旋压力机锻模用钢及硬度

锻模零件名称	钢 号		硬度
	主要材料	代用材料	/HBS
凸模镶块	4Cr5W2VSi、3Cr2W8V	5CrNiMo、5CrMnMo、	390~490
凹模镶块	4Cr5MoVSi、3Cr3Mo3V 35Cr3Mo3W2V	5CrMnSiMoV	390~440
凸、凹模模体	45Cr	45	349~390
整体凸、凹模	5CrMnMo	8Cr3	369~422
上、下压紧圈	45	40、35	349~390
上、下垫板	T7	T8	369~422
上、下顶杆	T7	T8	369~422
导柱、导套	T8	T7	56HRC~58HRC

表 2-4 平锻模用钢及硬度

模具或零件名称		钢 号		硬 度	
		主要材料	代用材料	HBS	HRC
整体凹模	<800t	8Cr3 5CrMnSiMoV	5CrMnMo 5CrNiMo	354~390	39~42
	>800t			322~364	35~40
凹模镶块	中小型镶块	6CrW2Si 5CrMnSiMoV	5CrMnMo 5CrNiMo	354~390	39~42
	大型镶块			322~364	35~40
	切边凹模镶块	8Cr3 5CrMnSiMoV	7Cr3 5CrMnMo 5CrNiMo	364~417	40~44
	冲口凹模镶块			354~390	39~42
整体凸模	小型凸模	8Cr3 5CrMnSiMoV	7Cr3 5CrMnMo 5CrNiMo	354~390	39~42
	大型凸模			322~364	35~40
凸模镶块	小型镶块	8Cr3 5CrMnSiMoV	6CrW2Si 3Cr2W8V	354~390	39~42
	大型镶块			322~364	35~40
	冲头镶块	3Cr2W8V 5Cr4W5Mo2V	7Cr3 6CrW2Si	354~390	39~42
基体	凹模体	40Cr	40	322~364	35~40
	凸模体	40Cr	45		
	切边凹模体	45			

模具或零件名称	钢 号		硬 度	
	主要材料	代用材料	HBS	HRC
凹模固定器	8Cr3		302～340	33～39
切口	4Cr5W2VSi 8Cr3	7Cr3 5CrNiMo	364～417	40～45
夹钳口	7Cr3		340～370	39～42

表2-5 高速锤锻模用钢及硬度

材 料	硬度/HRC	备 注
5CrNiMo	43～48	
3Cr2W8V	48～52	
4Cr5W2VSi	48～52	推荐使用的磨具材料
W6Mo5Cr4V2Al	52～54	

表2-6 切边模用钢及其硬度

模具零件名称	钢 号		硬度
	主要材料	代用材料	
热切边模	8Cr3 5Cr4W5MoV 4CrMoVSi	5CrMnSiMoV、 5CrNiMo、5CrNiSi T8A	368HBS～415HBS
冷切边模	Cr12MoV Cr12Si	T10A、T9A	444HBW～514HBW
热切边凸模	T8、T10A 4CrMoVSi 5Cr4W5MoV	5CrMnMo 8Cr3 5CrMnSiMoV	368HBS～415HBS
冷切边凸模	9CrWMn、9CrV、9SiCr	9Mn2V、8CrV	444HBW～514HBW
热冲孔凹模	8Cr3	7Cr3、5CrNiSi	321HBS～368HBS
冷冲孔凹模	T10A	T9A	56HRC～58HRC
热冲孔凸模	8Cr3	3CrW8V、6CrW2Si	368HBS～415HBS
冷冲孔凸模	Cr12MoV、Cr12V	T10A、T9A	56HRC～60HRC

3. 锻造模具结构设计

模具设计是确保锻件质量的重要环节。航空锻件对工艺和质量控制等方面要求高,对模具设计也相应提出了严格的要求。模具设计人员除了应具备模具设计方面的专业知识外,对锻件设计、锻造工艺和设备等方面也应有较深的理解。

模具设计要贯彻先进、安全和经济性三项基本原则,同时,要从工厂的现实条件出发,结合现有设备。应从工艺水平和加工条件等实际情况作综合考虑,以便能设计出合理、实用的模具,保证获得外形尺寸、内部质量、表面质量都符合要求的锻件。

模具种类很多,其结构形式,设计方法与考虑的问题也不同。不同设备用的模具有不同的结构特点,模具的用途不同,结构也有差别。因此模具必须根据使用的要求来进行设计。

（1）模具设计的依据。

① 锻件图。锻件图是模具设计的主要依据。它是锻件材料、形状、尺寸、精度和表面粗糙度、工艺要求和锻件的组织与性能要求的综合体现。模具设计的任务,就在于如何使所设计的模具能保证获得符合锻件图要求的锻件。如发现锻件图样有不合理之处可与锻件图样设计者以及工艺部门协商对锻件图样作必要的修改。

② 锻件的产量。锻件的产量直接影响模具的结构形式。产量较小的锻件,应尽可能采用结构简单的模具,模具材料的要求也可降低。中批或大批量生产的锻件,应尽可能采用多槽模具或采用预锻模具及终锻模具,以提高生产效率。

③ 锻造工艺流程与工艺要求。模具设计必须与工艺密切联系和配合。锻造工艺流程同样是模具设计的重要依据。原则上应按工艺流程的要求进行设计。当设计中遇到与工艺流程矛盾时,可与工艺部门协商修改原订的工艺。根据工艺计算和确定的各种工艺参数(如锻造温度、变形程度,变形力和变形功的计算等)来选用模具材料。

有些锻件因形状复杂或材料的可锻性差,需采用一套或几套预锻模使毛坯预成形时,模具设计者便需从锻造工艺流程了解预锻工序的安排及工艺对预锻件形状和尺寸的要求,然后再进行预锻模的设计。

预锻型槽的形状和尺寸直接影响终锻型槽的充满和锻件质量,下列的几种锻件在模具设计时,一般应采用预锻型槽:①带有工字形截面的锻件;②需要劈开的叉形锻件;③具有枝芽的锻件;④具有高肋的锻件;⑤具有较深孔的锻件;⑥形状复杂难充满的锻件;⑦冷切边的锻件;⑧为了提高模具使用寿命,设计预锻型槽有时必须通过试验才能最后确定。

设计模具则必须考虑设备的刚性、精度、滑块的行程、闭合高度以及工作台面尺寸等参数。总之,模具设计应结合设备的具体条件来进行。同时,也应考虑工厂的制模条件与制模能力。

（2）收缩量的加放。锻件图样虽然是模具设计的主要依据,但锻件图样上的尺寸并不能直接用于模具图,必须加放锻件材料的收缩量,因为热模锻时模具终锻型槽的尺寸是锻件在加热状态的尺寸,只有加放了收缩量,才能确保热锻件冷却到室温后达到锻件图样的尺寸要求。通常都是在模具图内单独绘出热锻件图,用它来表示终锻型槽的尺寸。

锻件材料的收缩率:可根据要求计算的精确程度从下列 3 种公式中选用一种来确定。

$$Y = a_1 t_1 \times 100\% \qquad\qquad (2-1)$$

$$Y = (a_1 t_1 - a_2 t_2) \times 100\% \qquad\qquad (2-2)$$

$$Y = [a_1(t_1 - t_0) - a_2(t_2 - t_0)] \times 100\% \qquad\qquad (2-3)$$

式中:a_1 为终锻温度下锻件材料的平均线膨胀系数;t_1 为从模具中取出时的锻件温度;a_2 为模具钢加热温度下的线膨胀系数;t_2 为模锻过程中模具应保持的加热温度;t_0 为室温。

一般采用式(2-2)已相当精确,该式不仅考虑了锻件从终锻温度冷却到室温时的尺寸收缩,同时还考虑了模具被加热后型槽尺寸的增大这一因素。

工厂里常用查表法来确定锻件材料的收缩率。常用锻件材料的收缩率如表 2-7 所列。

表 2-7　常用锻件材料的收缩率

材料名称	碳钢、低合金钢	不锈钢	镍基高温合金	铝合金	钛合金	镍合金
收缩率/%	0.8~1.5	1.0~1.8	1.3~1.8	0.8~1.0	0.5~0.9	0.7~0.8

加放收缩量的原则,一般是"见尺寸就放"。但尺寸的位置对收缩率有一定影响。一般原则是外径尺寸采用较大的收缩率;内径尺寸采用较小的收缩率。截面尺寸较厚处采用较大的收缩率,较薄处采用较小的收缩率。无坐标中心的圆角半径不放收缩量。对叉形件的叉间宽度尺寸,加放收缩量时应按毛边的厚度来选定收缩率。对于需要利用终锻型槽来进行校正工序的锻件,其收缩率应按校正温度确定,并适当减小。

为了保证锻件获得良好的型面和均匀的余量,避免上、下模块相互错移,模具的型槽中心应尽可能同设备的打击中心(压力中心)重合。当锻件厚度一致并具有较均匀的毛边时,可把锻件的变形温度和变形抗力看成是均匀的,型槽中心就是打击平面上的几何重心,可用普通的吊线法确定。

当锻件形状复杂,各部位厚薄不一致时,应采取计算方法确定型槽中心,这种方法是以变形抗力不均匀为前提的。

变形力公式为

$$P = m\sigma F \qquad (2-4)$$

式中:P 为变形力(N);m 为锻件形状复杂程度系数(同宽厚比等因素有关);σ 为终锻时变形抗力(MPa);F 为锻件的投影面积(m^2)。

首先,在锻件平面图上选定计算的基准线,然后将锻件在长度方向分为若干小段,并计算出每一小段的投影面积 F_i 和复杂程度系数 C_i,根据公式计算出各小段的变形力。

$$P_i = m_i\sigma F_i \qquad (2-5)$$

根据各分力和的力矩应等于各分力矩的和的原理,将各小段的变形力代入下式,即可求出长度方向的 Z 距离值。

$$Z = \frac{\sum\limits_{i=1}^{n} P_i Z_i}{\sum\limits_{i=1}^{n} P_i} \qquad (2-6)$$

计算出 Z 值后,再按同样方法确定锻件宽度方向的 X 距离值,即将锻件沿横向分成若干小段,计算出每小段的投影面积 F'_i 及复杂程度系数 C'_i,根据公式计算出各小段的变形力。

$$P'_i = m'_i\sigma F'_i \qquad (2-7)$$

再将其带入到下式中可得 X 值。

$$X = \frac{\sum\limits_{i=1}^{n} P'_i X_i}{\sum\limits_{i=1}^{n} P'_i} \qquad (2-8)$$

当可能产生不均匀的毛边时,应将毛边的变形力也计算在内。

计算出 Z 和并值后,其交点即为合理的型槽中心。型槽中心的 Z 值和 X 值的确定方法如图 2-1 所示。

由于计算过程相当烦琐,设计人员也可根据以往同类锻件的经验积累,直接估计出近似的 Z 值和 X 值。

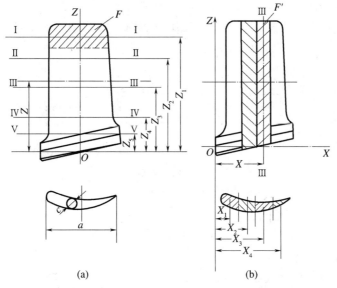

图2-1 型槽中心的Z值和X值的确定

2.2 下　料

原材料在锻造之前,一般须按锻件大小和锻造工艺要求分割成具有一定尺寸的单个坯料。当以铸锭为原材料时,由于其内部组织、成分不均匀,通常要用自由锻方法进行开坯,然后以剁割方式将锭料两端切除,并按一定尺寸将坯料分割开来。当以轧料、挤压棒材和锻坯为原材料时,其下料工作一般在锻工车间的下料工段进行。常用的下料方法有剪切法、锯切法、冷折法、砂轮切割法、气割法和车削法等,视材料性质、尺寸大小和对下料质量的要求进行选择。

1. 剪切法

剪切下料生产率高、操作简单、切口无金属损耗,因而得到广泛应用,剪切下料通常是在专用剪床上进行,也可以借助剪切模具在一般曲柄压力机、液压机和锻锤上进行。

图2-2表示剪切下料的工作原理。它是通过一对刀片作用给坯料以一定的压力P,在坯料内部产生剪断所需切应力而实现的。由于两刀片上的作用力P不在同一垂直线上,因而产生力矩$P \cdot a$,使坯料发生倾转,此力矩被另一力矩$T \cdot b$所平衡。为防止倾转过大而造成倾斜剪切,常采用压板施加压紧力Q,以减小坯料的倾角φ。

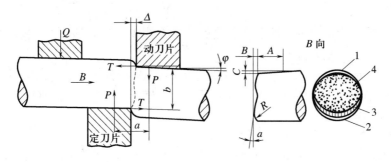

图2-2 剪切下料的工作原理

1—压缩区;2—拉伸区;3—塑剪区;4—断裂区。

剪切下料过程可分为3个阶段,如图2-3所示。剪切第一阶段,刀刃压进棒料,塑性变形区不大,由于加工硬化的作用,刃口端处首先出现裂纹。剪切第二阶段,裂纹随刀刃的深入而继续扩展。剪切第三阶段,在刀刃的压力作用下,上下裂纹同的金属被拉断,造成S形断面。

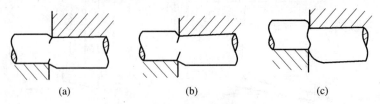

图2-3 剪切下料过程示意图

(a)出现裂纹;(b)裂纹扩展;(c)断裂。

剪切下料方法的缺点如下。

(1)坯料局部被压扁。

(2)坯料端面不平整。

(3)剪切面常有毛刺和裂纹。

剪切下料的质量与刀刃的利钝程度、刀片间隙大小 Δ、支承情况、材料性质及剪切速度等因素有关。刃口圆钝时,将扩大塑性变形区,刃尖处裂纹出现较晚,结果使剪切端面不平整。刃口间隙大,坯料容易产生弯曲,结果使断面与轴线不相垂直,对于软材料还会拉出端头毛刺。刃口间隙太小,不仅容易碰损刀刃,上下裂纹也不重合,断面则呈锯齿状。塑性差的材料,冷切时可能产生端面裂纹。若坯料支承不力,因弯曲使上下两裂纹方向不相平行。刃口锋利、间隙合理,断口集中,上下两边的裂纹方向一致,可获得平整的断口。

剪床上的剪切装置如图2-4所示。棒料2进剪床后,用压板3固紧,下料长度 L_0 由可调定位螺杆5定位,在上刀片4和下刀片1的剪切作用下将棒料2剪断成坯料6。

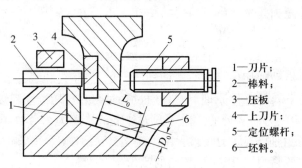

1—刀片;
2—棒料;
3—压板;
4—上刀片;
5—定位螺杆;
6—坯料。

图2-4 剪床下料

按剪切时坯料温度不同分为冷剪切和热剪切。冷剪切生产率高,但需要较大的剪切力,强度高塑性差的钢材,冷剪切时产生很大应力,可能导致切口出现裂纹,甚至发生崩裂,因此应采用热切法下料。截面大或直径大于120mm的中碳钢,应进行预热剪切。高碳钢及合金钢均应预热剪切。高碳钢和合金钢应按化学成分和尺寸大小确定预热温度,在400℃~700℃范围内选定。

2. 冷折法

冷折法先在待折断处开一个小缺口,在压力 F 作用下,在缺口处产生应力集中使坯料折断。冷折下料法生产率高,断口金属损耗小,所用工具简单,无须专门设备。冷折法的主要任务是选择适当的缺口尺寸,才能获得满意的断口质量。开缺口的方法可以用气割或锯割,但实践表明,电火花切割的缺口质量最好。

冷折法尤其适用于硬度较高的碳钢和高合金钢,不过要求预热到 100℃~300℃。

3. 锯切法

锯床下料极为普遍,虽然生产率较低,锯口损耗较大,但下料长度准确,锯割端面平整,在精锻工艺中,是一种主要的下料方法。各种钢、有色合金和高温合金均可在常温下锯切。

常用的下料锯床有圆盘锯、带锯、弓形锯等。

圆盘锯使用圆片状锯片,锯片的圆周速度为 0.5m/s~1.0m/s,比普通切削加工速度低,故锯切生产率较低,锯片厚度一般为 3mm~8mm,锯口损耗较大。圆盘锯可锯切的材料直径达 750mm,视锯床的规格而定。

弓形锯(又称往复锯床)由弓臂及可以获得往复运动的连杆机构等组成。弓形锯一般用于锯切直径 100mm 以内的坯料。锯片厚度为 2mm~5mm。

带锯有立式、卧式、可倾立式等。其生产率是普通锯床的 1.5 倍~2 倍,切口损耗为 2mm~2.2mm,主要用于锯切直径在 350mm 以内的棒料。如采用合适的夹具,锯床还可锯切各种异形截面的材料。

4. 砂轮片切割法

砂轮片切割法是利用切割机带动高速旋转的砂轮片同坯料的待切部分发生剧烈摩擦并产生高热使金属变软甚至局部熔化,在磨削作用下把金属切断的。这种下料方法适用于切割小截面棒料、管料以及异形截面材料。其优点是设备简单,操作方便,下料长度准确,切割端面平整,切割效率不受材料硬度限制,可以切割高温合金、钛合金等。主要缺点是砂轮片消耗量大,容易崩碎,切割噪声大。

5. 气割法

当其他下料方法受到设备功率或下料断面尺寸的限制时,可以采用气割下料。它是利用气割器或普通焊枪,把坯料局部加热至熔化温度,逐步使之熔断。

对于含碳量低于 0.7% 的碳素钢,可直接进行气割,含碳量为 1.0%~1.2% 的碳素钢或低合金钢均须预热至 700℃~850℃ 后才可以气割,高合金钢及有色金属不宜用气割法下料。

气割所用设备简单,便于野外作业,可切割各种截面材料,尤其适用于对厚板材料进行曲线切割。气割法的主要缺点是切割面不平整,精度差,断口金属损耗大,生产效率低等。

6. 其他下料方法

(1)摩擦锯切割。摩擦锯装置很简单,由电动机带动摩擦盘,使转速提高到 2000r/min~2500r/min,以保证圆周速度达到 125m/s 以上,这样在切割点上会产生很高的摩擦热,达到使金属熔化的程度,从而将毛坯切断。由于工作过程中,摩擦盘发出的噪声非常刺耳,所以在锻造生产中至今未能广泛采用。

(2)电机械锯割。电机械锯割的工作原理与摩擦锯割的性质相同,如图 2-5 所示。唯一区别是通过变压器使毛坯与锯片接上电源,使锯割时在接触点上产生电弧,将毛坯局部熔化,从而达到切割下料的目的。

电机械锯割的生产率较高,能量消耗比摩擦锯小,锯割端面质量比较高,不亚于一般锯床的锯割效果。电机械锯割的噪声与摩擦锯相比,要小得多。

(3)电火花切割。电火花切割工作原理如图 2-6 所示,直流电机通过电阻 R 和电容 C,使毛坯接上正极,锯片接上负极,在电解液(如煤油)中切割。切割时,锯片与毛坯之间产生电火花,将毛坯割断。产生电火花的脉冲电流强度很大,达到数百或数千安培;脉冲功率达到数万瓦。而切割处的接触面又很小,因而电流密度可能高达数十万安培每平方毫米。因此,毛坯局部温度很高,约为10000℃,促使金属熔化实现下料目的。

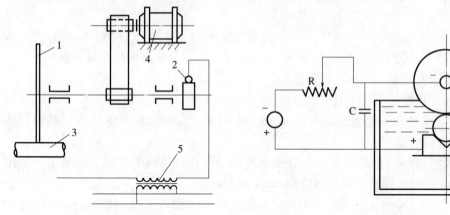

图2-5 电机械锯切割示意图
1—摩擦盘;2—电刷;3—毛坯;
4—电动机;5—电源变压器。

图2-6 电火花切割工作原理

当然,随着科学技术的发展,也给下料方法提供了许多新的途径。例如将激光技术应用于板料切割,割缝小,金属损失小,而且切割精度高,甚至可直接得到零件,如样板零件等。高压水射流切割是利用水作为携带能量的介质,在极小的喷嘴直径,较高的压力(数百兆帕)下以极高速度冲刷金属,从而达到切割目的。

第3章 锻造成形前加热

3.1 锻造加热的目的

通常金属材料的强度会随着自身温度的升高而下降,塑性提高。因此,通过加热可以提高锻造坯料的塑性,降低变形抗力,以改善其锻造的性能。而且,随着加热温度的升高,金属材料的抗力降低,可以用较小的锻打力使锻件获得较大的变形而不破裂,大大降低了设备吨位。但加热温度过高,也会使锻件质量下降,甚至造成废品。

金属材料的锻造性能是以其锻造时的塑性和变形抗力来综合衡量。其中以材料的塑性对锻件性能影响最大,塑性好且变形抗力小,则锻造性能好。钢的碳含量及合金元素含量越高,锻造性能越差。金属材料经过锻造后,不仅尺寸、形状发生变化,其内部组织也更加致密,内部的疏松组织以及气泡、微小裂痕等也被压实和压合。同时,晶粒得到细化,因而具有很好的力学性能。

加热主要是通过加热炉或者是加热线圈对工件进行热传导、对流和热辐射,促使工件吸收热量,使其温度升高到指定温度。

3.2 加 热 方 法

根据加热使用的能源,加热炉可以分为燃料炉和电加热炉两大类。燃料炉主要是利用燃料(煤、燃气、燃料油等)在炉内燃烧产生热量,直接对锻件进行加热。由于我国燃料供应充裕,因此该方法加热适用性广、成本低,但该方法劳动条件差、炉温控制复杂,而且生产过程常伴随污染;电加热炉是利用电流通过电阻产生热量,进而实现对工件进行加热的。常用设备有电阻加热炉、感应炉、接触加热装置。同燃料炉加热相比,电加热炉具有温度控制容易,污染小,劳动条件好,易于实现自动化等优点。

3.2.1 燃料加热

燃料加热是利用固体(煤、焦炭等)、液体(重油、柴油等)或气体(煤气、天然气等)燃料燃烧时所产生的热能对坯料进行加热。

燃料在燃料炉内燃烧产生高温炉气(火焰),通过炉气对流、炉围(护墙和炉顶)辐射和炉底热传导等方式,使金属坯料得到热量而被加热。在低温(650℃以下)炉中,金属加热主要依靠对流传热,在中温(650℃～1000℃)和高温(1000℃以上)炉中,金属加热则以辐射方式为主。通常,在高温锻造炉中,辐射传热量可占到总传热量的90%以上。

燃料加热炉的通用性强,投资少,建造比较容易,并且燃料可因地制宜,较易解决,燃料费用比较低,所以广为采用。中小型锻件生产多采用以油、煤气、天然气或煤作为燃料的室式炉、连续炉或转底炉等来加热钢料。大型毛坯或钢锭则常采用油、煤气和天然气作为燃料的车底室炉。燃料加热的缺点是劳动条件差,炉内气氛、炉温及加热质量较难控制等。

气体燃料主要是由 CO、H_2、C_nH_m、H_2S、CO_2、O_2、N_2、H_2O 等气体混合组成的,燃料的成分可用各项气体所占的体积百分数来表示。其中,CO、H_2、C_nH_m 和 H_2S 为可燃成分,其他为不可燃成分。液体燃料和固体燃料由复杂的有机化合物组成,其成分有两种表示方法:一是元素分析,给出 C、H、O、N、S 各元素的重量百分数;二是工业分析,给出固定碳、挥发分、灰分和水分的重量百分数。其中 C、H、固定碳、挥发成分是可燃的,其他是不可燃的。燃料中的 H_2S 或 S 是有害杂质,虽然可以燃烧,但对产品质量不利。常用燃料的成分和发热量如表 3 – 1 所列。

表 3 – 1 常 用 燃 料 的 成 分 和 发 热 量

燃料		褐煤	烟煤	无烟煤	焦炭	重油
元素分析	C/%	53 ~ 64	76 ~ 91	90 ~ 95	91 ~ 97	85 ~ 88
	H/%	5.0 ~ 6.6	3.8 ~ 6.0	1.0 ~ 4.5	1.1 ~ 1.7	10 ~ 13
	O/%	28 ~ 38	2.0 ~ 19	0.5 ~ 6.0	0.4 ~ 0.8	0.5 ~ 1.0
	N/%	1.5 ~ 3.0	0.5 ~ 2.2	0.5 ~ 1.3	0.6 ~ 0.8	0.5 ~ 1.0
	S/%	0 ~ 0.26	0.12 ~ 0.6	0.4 ~ 0.7	0.6 ~ 1.1	0.5 ~ 1.0
工业分析	挥发分/%	10 ~ 40	10 ~ 40	6.0 ~ 11	< 1.5	0.2 ~ 0.3
	灰分/%	7.0 ~ 31	7.0 ~ 31	6.0 ~ 16	9.7 ~ 11	< 0.3
	水分/%	3.0 ~ 16	3.0 ~ 16	1 ~ 3	2 ~ 8	< 0.2
低位发热值/(cal/kg)		4200 ~ 4700	5200 ~ 8000	6400 ~ 7800	7200 ~ 7600	9500 ~ 10000

注:1cal = 4.18J

燃料炉选择燃料的原则是:①满足炉子工艺和热加工过程对燃料性质(如成分、发热量、燃烧温度等)提出的要求;②考虑炉子工艺和热加工操作及自动化的要求;③根据燃料资源、燃料加工工业的发展水平,以及联合企业的燃料平衡情况,综合分析各类因素,确定选用燃料品种的最优方案。

工业生产中常用的燃料加热炉有手锻炉(烟囱式普通手锻炉、带顶手锻炉、可移动式简易手锻炉)、煤炉(上走烟燃煤反射炉、无烟反射炉)、重油和煤气炉(推杆式连续炉、传送带式连续炉、转底式连续炉、连续式斜底炉和室式重油加热炉、室式开隙式重油炉、双室式炉以及台车炉等)。

3.2.2 电加热

电加热是将电能转换为热能而对金属坯料进行加热的加热方法,电加热具有加热速度快、炉温控制准确、加热质量好、工件氧化少、劳动条件好、易于实现自动化操作等优点。但设备投资大,电费贵,加热成本高,在我国大量应用还受到一定限制。按电能转换为热能的方式可分为电阻加热和感应加热。

1. 电阻加热

根据产生电阻热的发热体不同,有电阻炉加热、接触电加热和盐浴炉加热等。

(1)电阻炉加热。电阻炉工作原理如图 3 – 1 所示。利用电流通过炉内电热体时产生的热量来加热金属。在电阻炉内,辐射传热是加热金属的主要方式,炉底间金属接触的传导传热次之。自然对流传热可忽略不计,但在空气循环电炉中,对流传热是加热金属的主要方式。

电热体具有很高的耐热性和高温强度,很低的电阻温度系数和良好的化学稳定性。常用的电热体有金属电热体(镍铬、铁铬铝、镍铬合金、铬铝合金、钨、钼、钽等),一般制成螺旋线、波形线、波形带和波形板等;非金属电热体(主要有碳化硅、二硅化钼、石墨和碳等),一般制成棒、管、板、带等形状。电阻炉的加热温度受到电热体材料的限制。和其他电加热法相比,电阻炉的热效率和加热速度较低,但对坯料尺寸的适应范围广,也可用保护气体进行少无氧化加热。

电阻炉与火焰炉相比,具有结构简单、炉温均匀、便于控制、加热质量好、无烟尘、无噪声等优点,但使用费较高。

工业用电阻炉分两类,周期式作业炉和连续式作业炉。周期式作业炉分为箱式炉、密封箱式炉、井式炉、钟罩炉、台车炉、倾倒式滚筒炉。连续式作业炉分为窑车式炉、推杆式炉、辊底炉、振底炉、转底炉、步进式炉、牵引式炉、连续式滚筒炉、传送带式炉等。其中传送带式炉可分为有网带式炉、冲压链板式炉、铸链板式炉等。

电阻炉的功率是根据电阻炉的热平衡原则确定的,通过热平衡计算,可以比较精确地算出电阻炉的功率。电炉所需的功率应包括炉子蓄热,工件加热需要的热量、工件保温需要的热量、气氛裂解所需的热量,热损失等。其中炉子蓄热由电炉的规格、构造和主要尺寸、炉衬厚度、材料导热系数决定。

一般地说,炉子越大,炉子蓄热越大,反之亦然。工件加热需要热量、工件保温需要的热量由炉子的产量、工件的性质和规格尺寸、工作温度、时间决定。炉子的产量越大,功率越大,反之亦然。气氛裂解所需的热量,由气氛的性质决定。热损失的热量,包括进料口部位、落料口部位的散热和其他部位的辐射损失等。炉子功率计算有利用热平衡原则的理论计算法、经验计算法。理论计算法,主要参数是产量、温度、升温时间。经验计算法常用方法有 3 种:根据炉膛容积和工作温度计算功率或根据炉膛内表面积和工作温度计算功率或根据相同品种的炉子产量的类比推算功率。一般计算功率,以一种方法为主,另一种或两种方法验算并进行修正。功率确定之后,根据电阻炉的分区情况,进行功率分配,选定加热元件的形式,选用材料,计算其参数,包括冷态电阻、电源电压、线径、长度。具体选材料要考虑材料的抗氧化性、抗高温性、抗渗碳性、加工工艺性、表面负荷等。带状加热元件承受的表面负荷比丝状加热元件大一点,最高可增加 50%。

(2)接触电加热。接触电加热的原理如图 3-2 所示,将被加热坯料直接接入电路,当电流通过坯料时,因坯料自身的电阻产生电阻热使坯料得到加热。由于坯料电阻值很小,要产生大量的电阻热,必须通入很大的电流。因此在接触电加热中采用低电压大电流,变压器的副端空载电压一般为 2V~15V。

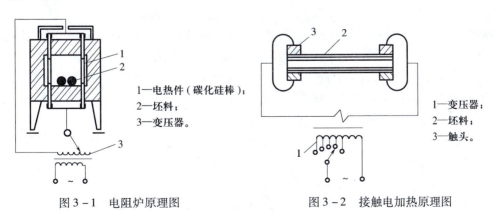

1—电热件(碳化硅棒);
2—坯料;
3—变压器。

1—变压器;
2—坯料;
3—触头。

图 3-1　电阻炉原理图　　　　图 3-2　接触电加热原理图

接触电加热除了具有电加热的共同优点外,由于它是直接在被加热的坯料上将电能转化为热能,因此还具有设备构造简单、热效率高(达75%~85%)、操作简单、耗电少、成本低等优点。特别适于细长棒料加热和棒料局部加热,加热细长棒料的效果比感应加热还好。但是它要求被加热的坯料表面光洁、下料规则、端面平整,而且加热温度的测量和控制也比较困难。

(3)盐浴炉加热。内热式电极盐浴炉工作原理如图3-3所示,在电极间通以低压交流电,利用盐液导电产生大量的电阻热,将盐液加热至要求的工作温度。通过高温盐液的对流和热传导,将埋在加热介质中的金属加热。盐浴炉加热速度比电阻炉快,加热温度均匀,因坯料与空气隔开,减少或防止了氧化脱碳现象,但盐液表面辐射热损失很大,辅助材料消耗大,劳动条件也差。

2. 感应加热

感应加热的原理如图3-4所示,在感应器通入交变电流产生的交变磁场作用下,置于交变磁场中的金属坯料内部便产生交变电势并形成交变涡流。由于金属毛坯电阻引起的涡流发热和磁滞损失发热,使坯料得到加热。由于感应加热时的趋肤效应,金属坯料表层的电流密度大,中心电流密度小,电流密度大的表层厚度即电流透入深度 a 为

$$a = 5030\sqrt{\frac{\rho}{\mu f}} \qquad\qquad (3-1)$$

式中:f 为电流频率;μ 为相对磁导率;ρ 为电阻率。

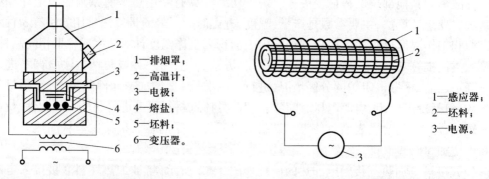

1—排烟罩;
2—高温计;
3—电极;
4—熔盐;
5—坯料;
6—变压器。

1—感应器;
2—坯料;
3—电源。

图3-3　电极盐浴炉原理图　　　　图3-4　感应加热示意图

由于趋肤效应,感应加热时热量主要产生于坯料表层,并向坯料心部进行热传导。对于大直径坯料,为了提高加热速度,应选用较低电频率,以增大电流透入深度。而对于小直径坯料,由于截面尺寸较小,可采用较高电流频率,这样能够提高加热效率。

按所用电流频率不同,感应加热通常被分为:工频加热($f = 50\,Hz$)、中频加热($f = (50 \sim 1000)\,Hz$)和高频加热($f > 1000\,Hz$)。锻造加热多采用中频加热。

感应加热速度非常快,不用保护气氛也可实现少氧化加热(烧损率一般小于0.5%),感应加热规范稳定,便于机械化自动化操作,宜装在生产流水线上。其缺点是:设备投资大,耗电量较大,一种规格感应器所能加热的坯料尺寸范围很窄。

加热方法的选择要根据具体的锻造要求及投资效益、能源情况、环境保护等多种因素确定。燃料加热目前应用比较广泛,电加热主要用于加热要求高的铝、镁、钛、铜和一些高温合金。为了适应特殊材料锻造工艺的需要,满足各种精密成形工艺的要求,今后电加热方法的应用必将日益扩大。表3-2是常用加热炉的特点和适用范围。

表 3 - 2　常用加热炉的特点和适用范围

设备类型		炉温/K	结 构 特 点	用 途
燃料加热炉	室式炉	1473～1673	室状炉膛,有炉门	小批锻件加热
	窄口式炉	1473～1673	室状炉膛,炉口低宽,无炉门	小批模锻件加热
	台车式炉	1473～1673	活动炉底,有牵引机构和炉门	钢锭和大锻件加热
	连续式炉	1423～1623	炉膛分段加热,排烟口在进料端,工件在炉内连续加热	批量锻件连续加热
	环形底转炉	1473～1673	旋转环形炉底,有进料口和出料口各1个	成批模锻件加热
	盘形底转炉	1473～1673	旋转盘形炉底,有进料口和出料口各1个	成批模锻件加热
	敞焰少氧化炉	1473～1673	下部为燃烧室,上部为预热室	精密锻件,少氧化加热
	振底式炉	1473～1673	振动炉底,突然停止或后退,利用惯性将工件振动前进	成批锻件连续加热
电加热炉	室式电炉	1273～1473	室状炉膛,电阻元件加热,有密封炉门	高温合金、钛合金加热
	空气双环电炉	723～823	电阻元件加热,有扇风机叶轮使空气循环,密封炉门	铝合金镁合金加热
	盐浴炉	1473～1573	盐浴电阻加热	小锻件,少氧化加热
	工频感应加热		无变频设备,有电容器组,感应圈加热	适合 $\phi150mm$ 以下棒材
	中频感应加热		有变频设备,感应圈加热,结构复杂	适合 $\phi20mm～\phi160mm$ 以下棒材
	高频感应加热		有变频设备,感应圈加热,结构复杂	适合 $\phi20mm$ 以下棒材
	接触加热		结构简单,加热快,耗电少	适合 $\phi80mm$ 以下棒材

3.3　加热过程的物理化学变化

进行材料加热计算时需要知道材料物理性质及力学性能方面的精确数据,主要有热导率 λ,平均比定压热容 c_p,密度 ρ,热扩散率 α,热惰性系数 b 及塑性指标 δ,流动应力 σ_s,抗拉强度 σ_b 等。这些参数在加热过程中是变化的,计算时需考虑瞬时具体情况。

1. 热导率

热导率表明金属传导热量的能力,其大小取决于金属内部电子自由行程的长度。电子自由行程越长,导热性能越好。此外,热导率随金属的化学成分而异。常温下碳素钢的热导率接下式计算:

$$\lambda = 69.8 - 10C - 16.85Mn - 33.73Si \tag{3-2}$$

氧化皮的热导率如表 3-3 所列。

表 3-3　氧化皮在不同温度下的热导率

温度/℃	900	1000	1100	1200
导热率 λ/[W/(m·K)]	1.454	1.628	1.861	2.093

2. 比定压热容 c_p

钢的热容量决定于本身的成分与温度,表 3-4 列出含碳量不同的钢(及铸铁)随温度而变的平均比定压热容值。

表 3 - 4 碳素钢与铸铁的平均定压比热容

温 度		碳素钢含碳量/% (质量分数)								铸铁/
℃	K	0.09	0.224	0.3	0.54	0.61	0.795	0.95	1.41	(kJ/kg·K)
100	373.15	0.465	0.465	0.469	0.473	0.477	0.481	0.494	0.486	0.526
200	473.15	0.477	0.477	0.481	0.481	0.486	0.486	0.502	0.494	0.544
300	573.15	0.494	0.498	0.502	0.507	0.511	0.515	0.519	0.515	0.565
400	673.15	0.515	0.515	0.515	0.523	0.523	0.528	0.536	0.528	0.574
500	773.15	0.532	0.532	0.536	0.536	0.540	0.544	0.553	0.544	0.586
600	873.15	0.565	0.565	0.565	0.574	0.574	0.574	0.582	0.578	0.603
700	973.15	0.599	0.599	0.603	0.603	0.607	0.607	0.615	0.607	0.653
800	1073.15	0.666	0.678	0.691	0.691	0.687	0.678	0.691	0.682	0.691
900	1173.15	0.708	0.703	0.699	0.691	0.687	0.678	0.670	0.674	0.712
1000	1273.15	0.708	0.703	0.699	0.691	0.687	0.678	0.653	0.674	0.716
1100	1373.15	0.708	0.703	0.699	0.691	0.691	0.682	0.662	0.678	0.720
1200	1473.15	0.708	0.708	0.703	0.695	0.691	0.687	0.662	0.678	0.724
1250	1523.15	0.708	0.708	0.699	0.695	0.695	0.687	0.662	0.678	

3. 密度 ρ

金属材料的密度与它的化学成分有直接关系,下面列出几种材料的密度。

$$纯铁 \rho = 7880 kg/m^3$$

$$铸造钢 \rho = 7500 \sim 7800 kg/m^3$$

$$压延钢 \rho = 7850 kg/m^3$$

$$合金钢 \rho = (7880 + \Delta \rho x) kg/m^3$$

式中:$\Delta \rho$ 为碳及合金元素含量每发生 1% (质量分数) 变化引起钢密度的增加或减少;x 为碳或合金元素质量分数(%)。

4. 热扩散率

材料的热扩散率表示该材料加热时,在一定条件下温度的变化速度,是决定加热过程的主要数据之一。

$$\alpha = \frac{\lambda}{\rho c_{p}}$$

以钢材为例,在 800℃ ~900℃ 之间,热扩散率随温度增高而下降;高于 900℃ 时,其值几乎保持不变。

5. 热惰性系数 b

热惰性系数是热导率、平均比定压热容和密度乘积的平方根值:$b = \sqrt{\lambda \rho c_{p}}$。

在加热计算中直接引用 b 值,比分别引用 α、c_p、ρ 值的优点是计算简易和准确性高。普通钢的热惰性系数在不同温度下的变化是微小的,可认为是一个常数值。

除了上述物理性能方面之外,当加热温度在 550℃ 以上,金属还会发出不同颜色的光线,即有火色变化。

在力学性能方面,总的趋势是金属塑性提高,变形抗力降低,残余应力逐步消失,但也可能产生新的内应力。过大的内应力会引起金属开裂。

在化学变化方面,金属表层与炉气或其他周边介质发生氧化、脱碳、吸氢等化学反应,结果生成氧化皮与脱碳层等。

锻坯少无氧化加热,是使锻坯表层没有或只有少量氧化皮的锻坯加热工艺。这种加热法特别适宜同少无切削加工和精密锻造配套使用。影响氧化的主要因素是炉气成分、加热温度和加热时间。

(1)炉气成分:炉气中的 O_2、CO_2、H_2O 等属于氧化气氛,易使金属氧化;CO、H_2、C_nH_m、N_2 等分别是还原气氛和惰性气体,可防止氧化。

(2)加热温度:温度越高,氧化也越激烈。钢在 500℃ 下氧化甚缓,600℃ ~700℃ 氧化加快,900℃ 以上急剧氧化。以 900℃ 的氧化指数为 1,则 1000℃ 时增加为 2,1100℃ 时为 3.5,1300℃ 时为 7。

(3)加热时间:在同样温度和气氛条件下,氧化与时间成正比增加。在合理的加热温度条件下,减少氧化的途径是:缩短坯料在炉内停留时间,勤装料、勤出料;尽量减少多余的空气,严格控制通风量,减少漏风,保持炉内还原性气氛。

少氧化和无氧化加热有多种方法。

(1)保护气氛下电阻炉加热。这是最方便的无氧化加热方法,但需要大的电源,热效率低,加热缓慢。

(2)保护气氛下马弗炉加热。在马弗式电阻炉中通入保护气氛加热,在没有充分的电源时,仍用火焰炉加热,但需将锻坯放在马弗罩中使之与氧化性的炉气隔离。炉气将马弗罩加热至高温,再由马弗辐射加热锻坯。马弗罩用碳化硅、刚玉等耐高温材料制成,寿命较短,限制了这个方法的应用。

(3)盐浴加热和玻璃浴加热。用熔融的金属盐(一般用氯化钡和氯化钠混合物)或玻璃将锻坯与空气隔离,用电阻加热盐浴。锻坯上的盐膜或玻璃还能保护金属出炉后不受二次氧化,但盐或玻璃可能留存在模腔内造成锻件缺陷和损坏模具。另外,这种方法的热效率也较低。盐浴需要好的通风装置以排除有害健康的盐蒸气(见盐浴炉)。

(4)浮动粒子炉加热。用石墨、石英砂、刚玉粒代替熔盐作加热介质,工作时粒子形成悬浮状态的流床,锻坯在其中加热。采用这种方法可避免盐浴加热的缺点,但需要有鼓风装置和保护气体。

(5)涂保护覆盖层后加热。在锻坯加热前用水玻璃、铝粉、镁砂、硼酸盐等涂料浸渍或涂刷,形成保护性覆盖层,然后在火焰炉中加热。这种方法简单,但保护不完全可靠。

(6)快速电感应加热和电接触加热。这类高速加热设备主要用在锻造生产线中,从坯料开始加热到锻成成品仅需几分钟;虽不用保护气体,氧化也较轻微。对于大批量生产的中、小型精密锻件,这是有更大发展前途的加热方法。它的主要缺点是不适用于多品种、小批量生产。

(7)敞焰少无氧化加热。敞焰少无氧化加热可用于大件生产,加热方法可以是间歇式的也可以是连续式的,且不需要大的电源,是一种最常用的少无氧化加热方法。加热时,将工件直接放在有还原性气氛的火焰炉中,当钢锻坯加热到 1200℃,炉气中 CO_2/CO 小于 0.3,H_2O/H_2 小于 0.8 时,氧化与还原作用平衡,可以获得少无氧化的气氛,钢坯不产生氧化或仅产生轻微氧化。敞焰少无氧化加热炉的原理是控制助燃空气使煤气燃烧不完全,以产生较多的 CO 和 H_2,使炉气成为少无氧化气氛。另在炉膛上部补充通入预热到 300℃ ~500℃ 的二次空气,煤气在炉膛上部二次燃烧,提高预热温度,使热量辐射给炉底的钢坯。较高的炉膛结构使上层的氧化性炉气不易到达钢坯加热区。这种加热方法的缺点是热效率较普通的火焰加热炉低,操作复杂。

金属在加热过程中发生的各种变化,直接影响金属的锻造性能和锻件质量,了解这些变化是制订加热规范的基础。

3.4 加热温度及范围的确定

金属的锻造温度范围指开始锻造温度(始锻温度)和结束锻造温度(终锻温度)之间的一段温度区间。

锻造温度范围的确定原则是:应能保证金属在锻造温度范围内具有较高的塑性和较小的变形抗力,并能使制定出的锻件获得所希望的组织和性能。在此前提下,锻造温度范围应尽可能取得宽一些,以便减少锻造火次,降低消耗,提高生产效率,并方便操作等。

确定锻造温度范围的基本方法是:运用合金相图、塑性图、抗力图及再结晶图等,从塑性、变形抗力和锻件的组织性能3个方面进行综合分析,确定出合理的锻造温度范围,并在生产实践中进行验证和修改。

合金相图能直观地表示出合金系中各种成分的合金在不同温度区间的相组成情况。一般单相组织比多相组织塑性好、抗力低。多相组织由于各相性能不同,使得变形不均匀,同时基体相往往被另一相机械地分割,故塑性低,变形抗力提高。锻造时应尽可能使合金处于单相状态以便提高工艺塑性和减小变形抗力,因此,首先应根据相图适当地选择锻造温度范围。

塑性图和抗力图是对某一具体牌号的金属,通过热拉伸、热弯曲或热镦粗等试验所测绘出的关于塑性、变形抗力随温度而变化的曲线图。为了更好地符合锻造生产实际,常用动载设备和静载设备进行热镦粗试验,这样可以反映出变形速度对再结晶、相变以及塑性、变形抗力的影响。

再结晶图表示变形温度、变形程度与锻件晶粒尺寸之间的关系,是通过试验测绘的。它对确定最后一道变形工序的锻造温度、变形程度具有重要参考价值。对于有晶粒度要求的锻件(例如高温合金锻件),其锻造温度常需要根据再结晶图来检查和修正。

一般来讲,碳钢的锻造温度范围,仅根据铁—碳相图就可确定。大部分合金结构钢和合金工具钢,因其合金元素含量较少,对铁—碳相图形式并无明显影响,因此也可参照铁—碳相图来初步确定锻造温度范围。对于铝合金、钛合金、铜合金、不锈钢及高温合金等,往往需要综合运用各种方法,才能确定出合理的锻造温度范围。

工件加热有一定的规范,否则会因加热不当产生严重氧化脱碳、过热、过烧、裂纹等缺陷。45 钢的始锻温度为 1150℃ ~1200℃。炉中加热温度可用测温仪测量,通常也可以从观察火色来判定。火色与温度对应关系如表 3 - 5 所列。

表 3 - 5 火色与加热温度对应关系

火色	黄白	淡黄	黄	橘黄	淡红	樱红	暗红	暗褐
加热温度/℃	1300	1200	1100	1000	900	800	700	600

3.4.1 始锻温度

坯料在加热炉内允许加热的最高温度称为始锻温度。从加热炉内取出毛坯送到锻压设备上开始锻造之前,根据毛坯的大小、运送毛坯的方法以及加热炉与锻压设备之间距离的远近,毛坯有几度到几十度的温降。因此,真正开始锻造的温度稍低,在始锻之前,应尽量减小毛坯的温降。

当加热温度超过始锻温度,晶粒会长大,部分区域会发生局部融化,进而产生裂纹。

始锻温度高,则金属的塑性高,抗力小,变形时消耗的能量少,可以采取更大变形量的工艺。但加热温度过高,不但氧化、脱碳严重,还会引起过热,过烧。在确定始锻温度时,首先应保证金属不产生过热、过烧,有时还要受高温析出相的限制等。对于碳钢,为了防止产生过热、过烧,其始锻温度一般比铁—碳相图的固相线低150℃~250℃,如图3-5所示。由图可知,随着含碳量增加,钢的熔点降低,其始锻温度也相应降低。

始锻温度还需要根据具体情况进行适当的调整。当采用高速锤锻造时,因高速变形产生的热效应温升有可能引起坯料过烧,此时的始锻温度应比通常始锻温度低100℃左右。对于铸锭,因铸态组织比较稳定,过热敏感性低,故始锻温度可比同种钢的钢坯高20℃~50℃。当变形工序时间短或变形量不大时,始锻温度可适当降低。

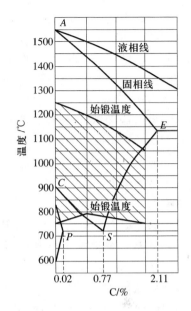

图3-5 钢材的始锻温度

3.4.2 终锻温度

终锻温度过高,停锻之后,锻件内部晶粒会继续长大,出现粗晶组织或析出第二相,降低锻件力学性能;若终锻温度低于再结晶温度,锻坯内部会出现加工硬化,使塑性降低,变形抗力急剧增加,容易使坯料在锻打过程中开裂,或在坯料内部产生较大的残余应力,致使锻件在冷却过程或后续工序中产生开裂。另外,不完全热变形还会造成锻件组织不均匀等。为了保证锻后锻件内部为再结晶组织,终锻温度一般要高于金属的再结晶温度50℃~100℃。金属的变形抗力图常常作为确定终锻温度的主要依据之一。

合金的再结晶温度与其成分有关。工业纯金属的最低再结晶温度近似等于熔点温度的0.4倍~0.5倍。纯金属加入合金元素后,增加了原子稳定性,再结晶温度比纯金属高,如纯铁再结晶温度为450℃,碳钢再结晶温度为600℃~650℃,高合金钢再结晶温度近似等于熔点温度的0.7倍~0.85倍。合金元素含量越多,再结晶温度越高,终锻温度也越高,锻造温度范围就越窄。

按照上述原则,碳钢的终锻温度约在铁—碳相图 Ar_1 线以上20℃~80℃。由相图可知,中碳钢的终锻温度处于单相奥氏体区,组织均一,塑性良好,完全满足终锻要求,低碳钢的终锻温度处于奥氏体和铁素体的双相区内,但两相塑性均较好,不会给锻造带来困难。高碳钢的终锻是处于奥氏体和渗碳体的双相区,在此温度区间锻造,可借助塑性变形将析出的渗碳体破碎呈弥散状,以免高于 Ac_m 线终锻而使锻后沿晶界析出网状渗碳体。

当亚共析钢在 A_3 和 A_1 温度区间锻造时,由于温度低于 A_3,所以铁素体从奥氏体中析出,在铁素体和奥氏体两相共存的情况下继续进行锻造变形时,将形成铁素体与奥氏体的带状组织,只是铁素体比奥氏体更细长,而奥氏体在进一步冷却时(低于 A_1 温度)转变为珠光体,所以室温下见到铁素体与珠光体沿主要伸长方向呈带状分布。这种带状组织可以通过重结晶退火(或正火)予以消除。

终锻温度也需要根据具体情况调整。钢锭在未完全热透之前，塑性较低，其终锻温度比锻坯高 30℃ ~50℃。对于无固态相变的合金，由于不能用热处理方法细化晶粒，只有依靠锻造来控制晶粒度，其终锻温度一般偏低。当锻后立即进行余热热处理时，终锻温度应满足余热热处理的要求。一般精整工序的终锻温度，允许比规定值低 50℃ ~80℃。

钢料在高温单相区具有良好的塑性。所以对于亚共析钢一般应在 A_3 以上 15℃ ~50℃ 范围内结束锻造，但对于低碳亚共析钢，通过试验可知，在 A_3 以下的两相区也有足够的塑性（因低碳钢中的铁素体与奥氏体性能相差不大），因此终锻温度可取在 A_3 线以下。铸锭在未完全转变为锻态之前，由于塑性较低，其终锻温度应比锻坯的高 30℃ ~50℃。

当终锻温度过高时，停锻之后，锻件内部晶粒会继续长大，形成粗晶组织。例如亚共析钢的终锻温度若比 A_3 高出太多，锻后奥氏体晶粒将再次粗化。在一定范围的冷却速度下，魏氏组织容易在粗大晶粒的奥氏体中产生，它是由在一定晶面析出的铁素体和珠光体构成的。魏氏组织是钢产生过热的组织特征，若魏氏组织特别严重时，仅用退火或正火也难以完全消除，必须用锻造予以矫正。

此外，锻件终锻温度与变形程度有关。若最后的锻造变形程度很小，变形量不大，不需要大的锻压力，即使终锻温度低一些也不会产生裂纹。故对精整工序、校正工序，终锻温度允许比规定值低 50℃ ~80℃。

通过长期生产实践和大量试验研究，现有金属材料的锻造温度范围已经确定，可从有关手册中查得。对于新的金属材料，则需要经过试验方法进行确定。

3.4.3　加热规范

金属在锻前加热时，应尽快达到所规定的始锻温度。但是，如果温度升得太快，由于温度应力过大，可能造成坯料开裂。相反，升温速度过于缓慢，会降低生产率，增加燃料消耗等。因此在实际生产中，金属坯料应按一定的加热规范进行加热。

加热规范（或加热制度）指金属坯料从装炉开始到加热完了整个过程，对炉子温度和坯料温度随时间变化的规定。为了方便应用和清晰起见，加热规范采用温度—时间的变化曲线来表示，而且通常是以炉温—时间的变化曲线（又称加热曲线或炉温曲线）来表示。根据金属材料的种类、特性及断面尺寸的不同，锻压生产中常见的加热规范有：一段、二段、三段、四段及五段加热规范。钢的加热曲线如图 3 - 6 所示。

加热过程中含有预热、加热、均热几个阶段。制订加热规范就是要确定加热过程不同阶段的炉温、升温速度和加热（保温）时间。预热阶段，主要是合理规定装料时的炉温；加热阶段，关键是正确选择升温加热速度；均热阶段，则应保证钢料温度均匀，确定保温时间。加热规范正确与否，对产品质量和各项技术经济指标影响很大。正确的加热规范应能保证：金属在加热过程中不产生裂纹，不过热、过烧，温度均匀、氧化脱碳少，加热时间短和节约能源等，即在保证加热质量的前提下，力求加热过程越快越好。

合金结构钢和合金工具钢的始锻温度主要受过热和过烧温度的限制。钢的过烧温度约比熔点低 100℃ ~150℃，过热温度又比过烧温度低约 50℃，所以钢的始锻温度一般应低于熔点（或低于状态图固相线温度）150℃ ~200℃。

1. 钢铁材料

碳钢的锻造温度范围如图 3 - 5（铁—碳状态图）中的阴影线所示。在铁碳合金中加入其他合金元素后，将使铁—碳状态图的形式发生改变。一些元素（如 Cr、V、W、Mo、Ti、Si 等）缩小

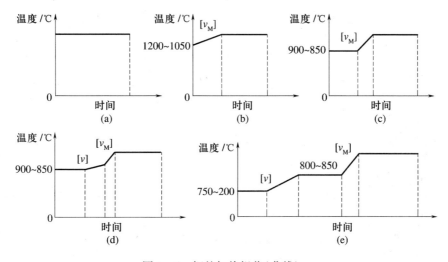

图 3-6 钢的加热规范(曲线)

(a) 一段加热; (b) 二段加热; (c) 三段加热; (d) 四段加热; (e) 五段加热。

γ 相区,升高 A_3 和 A_1 点;而另一些元素(如 Ni、Mn 等)扩大 γ 相区,降低 A_3 和 A_1 点。所有合金元素均使 S 点和 E 点左移。由此可见,合金结构钢和合金工具钢也可参照铁—碳状态图来初步确定锻造温度范围,但相变点(如熔点、A_3、A_1、Ac_m 等)则需改用各具体钢号的相变点。

碳含量对钢的锻造上限温度具有最重要的影响。对于碳钢,由铁—碳状态图可知,始锻温度随含碳量的增加而降低。对于合金结构钢和合金工模具钢,通常始锻温度随含碳量的增加降低得更多。

合金结构钢的含碳量一般在 0.12% ~ 0.5% 之间,其退火状态的金相组织分类属亚共析钢。合金工具钢的含碳量为 0.7% ~ 1.5%,是在碳素工具钢的基础上发展起来的,其退火组织一般属过共析钢。对于过共析钢温度降至 SE 线(Ac_m)以下即开始析出二次碳化物(对于合金钢则为合金碳化物),且沿晶界呈网状分布,为了打碎网状渗碳体,使之成为粒状或断续网状分布,应在 Ac_m 以下两相区继续锻打,当温度下降到一定程度时则因塑性显著下降而必须终止锻造。过共析钢的终锻温度一般应高于 A_1 线 50℃ ~ 100℃ 以上。

需要指出的是,根据状态图大致确定的锻造温度范围,还需要根据钢的塑性图、变形抗力图等资料加以精确化。这是因为状态图是在实验室中一个大气压及缓慢冷却的条件下获得的,状态图上的临界点与钢在锻造时的相变温度并不一致。

由于生产条件不同,各工厂所用的锻造温度范围也不完全相同。合金结构钢的锻造温度范围如表 3-6 所列;合金结构钢钢锭锻造温度范围如表 3-7 所列;合金工具钢、弹簧钢和滚珠轴承钢的锻造温度范围如表 3-8 所列;不同金属材料的锻造温度范围选择如表 3-9 所列。

表 3-6 常用合金结构钢的锻造温度和加热规范

钢的牌号	锻造温度/℃		加热温度 +30℃/-10℃	保温时间 /(min/mm)
	始锻	终锻		
10、15、20、25、30、35、40、45、50	1200	800	1200	0.25 ~ 0.7
12CrNi3A、12CrNi4A	1180	850	1180	0.3 ~ 0.8
14CrMnSiNi2MoA	1180	850	1180	0.3 ~ 0.8
15CrA	1200	800	1200	0.3 ~ 0.8

钢的牌号	锻造温度/℃		加热温度 +30℃/-10℃	保温时间 /(min/mm)
	始锻	终锻		
15Cr2MnNi2TiA	1180	850	1180	0.3~0.8
16Cr2MnTiA	1200	800	1200	0.3~0.8
18Cr2Ni4WA	1180	850	1180	0.3~0.8
13Ni5A、21Ni5A	1180	850	1180	0.3~0.8
20CrNi3A	1180	850	1180	0.3~0.8
25CrMnNiTiA	1180	850	1180	0.3~0.8
30CrMnSiA	1180	850	1180	0.3~0.8
30Cr2Ni2WA	1180	850	1180	0.3~0.8
30Cr2Ni2WVA	1180	850	1180	0.3~0.8
30CrMnSiNi2A	1180	850	1180	0.3~0.8
37CrNi3A	1180	850	1180	0.3~0.8
38CrA	1200	800	1200	0.3~0.8
38CrMoAlA	1180	850	1180	0.3~0.8
40CrVA	1180	850	1180	0.3~0.8
40CrNiMoA	1180	850	1180	0.3~0.8
40CrNiWA	1180	850	1180	0.3~0.8
40CrMnSiMoVA	1150	850	1150	0.3~0.8
50CrVA	1180	850	1180	0.3~0.8
20MnA	1200	800	1200	0.3~0.8
40CrMnA	1150	800	1150	0.3~0.8
12Cr2Ni4A	1180	850	1180	0.3~0.8
13CrNi5A、21CrNi5A	1180	850	1180	0.3~0.8
40CrA	1200	800	1200	0.3~0.8
20CrMnTiA	1200	800	1200	0.3~0.8

表 3-7　合金结构钢钢锭的锻造温度和加热规范

钢的牌号	装料炉温/℃	加热温度/℃		加热时间/h		锻造温度/℃	
		600kg	1200kg~ 1600kg	600kg	1200kg~ 1600kg	始锻	终锻
10~40、15~40Mn 45~55、45~50Mn	不限	1050~1260	1050~1280	3.5	6	1160	800
10~15Cr、10~50CrV 16~40CrMnTi、 15~35CrMnSi、40CrMnSiMoV	≤900	1120~1240	1120~1260	4	6.5	1160	800
35~38CrMoAl	≤900	1050~1200	1100~1200	4	6.5	1160	800
25~30Ni、12~37CrNi3、 12~20Cr2Ni4、40CrNiMo、 35CrNi3W、35CrNi3WV、 30~40CrNiW、45CrNiWV、 18~25Cr2Ni4W、14CrMnSiNi2Mo	≤850	1050~1200	1100~1220	≥4	≥6.5	1120	800

表 3-8 合金工具钢、弹簧钢和滚珠轴承钢的锻造温度

钢 类	钢 号	锻造温度/℃	
		始锻	终锻
碳素工具钢	T7、T7A、T8、T8A	1150	800
	T9、T9A、T10、T10A	1100	770
	T11、T11A、T12、T12A、T13、T13A	1050	750
合金工具钢	9Mn2、9Mn2V、MnSi、6MnSiV、5SiMnMoV、9SiCr、SiCr、Cr2	1100	800
	Cr、Cr06、8Cr	1050	850
	Cr12	1080	840
	CrMn、5CrMnMo	1100	800
	CrW、Cr12W	1150	850
	3Cr2W8V	1120	850
	CrWMn	1100	800
	9CrWMn、5CrW2Si、6CrW2Si、4CrW2Si	1100	850
	Cr12MoV	1100	840
	3CrAl、CrV	1050	850
	8CrV	1120	800
	5CrNiMo、W1、W2	1100	800
	5W2CrSiV、4W2CrSiV、3W2CrSiV、WCrV、W3CrV	1050	850
	3W4CrSiV、3W4Cr2V、V、CrMn2SiWMoV、Cr4W2MoV	1100	850
	8V	1100	800
	4Cr5W2SiV	1150	950
	SiMnMo	1000	850
	5CrMnSiMoV	1200	700
弹簧钢	65、70、75、85、60Mn、65Mn	1100	800
	55SiMn、60Si2Mn、60Si2MnA	1100	850
	50CrMn、50CrMnA、50CrVA、50CrMnVA	1150	850
滚珠轴承钢	GCr6、GCr9、GCr9SiMn、GCr15、GCr15SiMn	1080	800

表 3-9 不同金属材料的锻造温度范围选择

材 料	始锻温度/℃	终锻温度/℃	温度选择范围/℃
含碳量小于 0.3% 的碳钢	1200～1250	750～800	450
含碳量在 0.3%～0.5% 的碳钢	1150～1200	750～800	400
含碳量在 0.5%～0.9% 的碳钢	1100～1150	800	300～350
含碳量 > 0.9% 的碳钢	1050～1100	800	250～300
合金结构钢	1150～1200	800～850	350
低合金工具钢	1100～1150	850	250～300
高速钢	1100～1150	900	200～250
硬铝	470	380	90
铝铁青铜	850	700	150

钢锻造的温度范围与化学成分、冶炼方法、锻造温度、热变形量、锻后冷却速度及炉温均匀性等因素有关。始锻温度过高或加热时间过长引起的过热,虽然经锻造变形可以破碎过热粗晶,但往往受锻造变形量及变形均匀性的限制,对于较严重过热,锻造变形也不易完全消除。所以应确定安全的始锻温度,以防止产生过热。至于过烧,由于锻造加热温度更高,钢的晶粒极为粗大,且氧原子沿晶界侵入,形成网络状氧化物及易熔氧化物共晶,使晶粒间的结合力大大减弱,在随后热变形时极易产生开裂。

2. 有色金属

1)铝合金

铝合金的锻造温度范围选取如表 3 – 10 和表 3 – 11 所列。

表 3 – 10 铝合金锻造加热温度选择

合金种类	合金牌号	锻造温度/℃		加热温度 +10℃/ – 20℃	保温时间 /(min/mm)
		始锻	终锻		
锻铝	6A02	480	380	480	
	2A50、2B50、2A70、2A80、2A90	470	360	470	
	2A14	460	360	460	1.5
硬铝	2A01、2A11、2A16、2A17	470	360	470	
	2A02、2A12	460	360	460	
超硬铝	7A04、7A09	450	380	450	3.0
防锈铝	5A03	470	380	470	
	5A02、3A21	470	360	470	1.5
	5A06	470	400	400	

表 3 – 11 铝合金的(推荐用)锻造温度范围

铝合金	锻造温度/℃	铝合金	锻造温度/℃	铝合金	锻造温度/℃
1100	315 ~ 405	2618	410 ~ 455	7010	370 ~ 440
2014	420 ~ 460	3003	315 ~ 405	7039	382 ~ 438
2025	420 ~ 450	4032	415 ~ 460	7049	360 ~ 440
2218	405 ~ 450	5083	405 ~ 460	7075	382 ~ 482
2219	427 ~ 470	6061	432 ~ 482	7079	405 ~ 455

2)镁合金锻造温度范围

镁合金锻造温度范围确定的原则与铝合金相似,为了获得晶粒细小、组织均匀、力学性能合格的锻件,控制终锻温度十分重要。随着终锻温度的提高,合金的抗拉强度下降。为了得到最高的抗拉强度指标,同时考虑到终锻温度下的合金的塑性不至于太低,变形抗力不至于过大,终锻温度应该在270℃ ~ 290℃之间,镁合金的 MB2 和 MB5 的终锻温度与力学性能的关系如表 3 – 12 所列。

表 3-12　终锻温度对镁合金锻件力学性能的影响

终锻温度 /℃	AZ40M(MB2)		AZ61M(MB5)	
	σ_s/MPa	δ/%	σ_s/MPa	δ/%
225~230	323	9.2	381	7.6
270~280	304	10.8	341	9.6
290~300	291	11.2	330	9.7
320~330	264	12.4	315	10.2
380~400	255	18.2		

3）钛合金锻造温度范围

（1）开坯。钛合金的始锻（开坯）温度在 β 转变点以上 150℃~250℃，这时，铸造组织的塑性最好。开始时应轻击、快击使锭料变形，直到打碎初生粗晶粒组织为止。变形程度必须保持在 20%~30% 范围内。把锭料锻成所需截面，然后切成定尺寸毛坯。

铸造组织破碎后，塑性增加。聚集再结晶是随温度升高、保温时间加长和晶粒的细化而加剧的，为了防止产生聚集再结晶，必须随晶粒细化逐步降低锻造温度，加热保温时间也要严格加以控制。

（2）多向反复镦拔。它是在 β 转变点温度以上 80℃~120℃ 始锻，交替进行 2 次~3 次镦粗和拔长，同时交替改变轴线和棱边。这样使整个毛坯截面获得非常均匀，具有 β 区变形特征的再结晶细晶组织。如毛坯是在轧机上轧制，可不必进行此种多向镦拔。

（3）第二次多向反复镦拔。它与第一次多向反复镦拔方式一样，但始锻温度取决于锻后是半成品，即下一道工序的毛坯，还是交付产品。若是作下一道工序的毛坯，始锻温度可比 β 转变温度高 30℃~50℃；若是交付产品，始锻温度则在 β 转变温度以下 20℃~40℃。

由于钛的导热率低，在自由锻设备上镦粗或拔长坯料时，若工具预热温度过低，设备的打击速度低，变形程度又较大，往往在纵剖面或横截面上形成 X 形剪切带。水压机上非等温镦粗时尤其如此。这是因为工具温度低，坯料与工具接触造成金属坯料表层激冷，变形过程中，金属产生的变形热又来不及向四周热传导，从表层至中心形成较大的温度梯度，结果金属形成强烈流动的应变带。变形程度越大，剪切带越明显，最后在符号相反的拉应力作用下形成裂纹。因此，在自由锻造钛合金时，打击速度应快些，尽量缩短毛坯与工具的接触时间，并尽可能预热工具到较高的温度，同时还要适当控制一次行程内的变形程度。

锻造时，锻件棱角处冷却最快。因此拔长时必须多次翻转毛坯，并调节锤击力，以免产生锐角。锤上锻造时，开始阶段要轻打，变形程度不超过 5%~8%，随后可以逐步加大变形量。

（4）钛合金锻造的加热工艺。为了制定钛合金的加热工艺，首先需要解决钛合金加热的特点，其特点如下。

① 钛合金与铜、铝、铁和镍相比，钛的导热率低，加热的主要困难是：采用表面加热方法时，加热时间相当长。大型坯料加热时，截面温差大。与铜、铁、镍基合金不同，钛合金的导热率是随着温度的提高而增加。

② 钛合金加热的第二个特点是，当提高温度时它们会与空气发生强烈的反应。当在 650℃ 以上加热时，钛与氧强烈反应，而在 700℃ 以上时，则与氮也发生反应，同时形成被这两种气体所饱和的较深表面层。例如，当采用表面加热方式把直径 350mm 的钛坯料加热到 1100℃~1150℃ 时，就需要在钛与气体强烈反应的温度范围中保温 3h~4h 以上，则可能形成

厚度1mm以上的吸气层。这种吸气层会恶化合金的变形性能。

③在具有还原性气氛的油炉中加热时,吸氢特别强烈,氢能在加热过程中扩散到合金内部,降低合金的塑性。当在具有氧化性气氛的油炉中加热时,钛合金的吸氢过程显著减慢;在普通的箱式电炉中加热时,吸氢更慢。

由此可知,钛合金毛坯应在电炉中加热。当不得不采用火焰加热时,应使炉内气氛呈微氧化性,以免引起氢脆。无论在哪类炉子中加热,钛合金都不应与耐火材料发生作用,炉底上应垫放不锈钢板。不可采用含镍量超过50%的耐热合金板,以免坯料焊在板上。

为了使锻件和模锻件获得均匀的细晶组织和高的力学性能,加热时,必须保证毛坯在高温下的停留时间最短。因此,为解决加热过程中钛合金的导热率低和高温下吸气严重的问题,通常采用分段加热。在第一阶段,把坯料缓慢加热到650℃~700℃,然后快速加热到所要求的温度。因为钛在700℃以下吸气较少,分段加热氧在金属中总的渗透效果比一般加热时小得多。

采用分段加热可以缩短坯料在高温下的停留时间。虽然钛在低温时导热系数低,但在高温时导热系数与钢相近,因此,钛加热到700℃后,可比钢更快地加热到高温。

对于要求表面质量较高的精密锻件,或余量较小的重要锻件(如压气机叶片、盘等),坯料最好在保护气氛中加热(氩气或氦气),但这样投资大,成本高,且出炉后仍有被空气污染的危险,因此生产中常采用涂玻璃润滑剂保护涂层,然后在普通箱式电阻炉中加热的方法。玻璃润滑剂不仅可避免坯料表面形成氧化皮,还可减少α层厚度,并能在变形过程中起润滑作用。

工作时若短时间中断,应将装有坯料的炉子的温度降至850℃,待继续工作时,以炉子功率可能的速度将炉温重新升至始锻温度。当长时间中断工作时,坯料应出炉,并置于石棉板或干砂上冷却。

3.5　加热时间确定

1. 装料时的炉温

如前所述,金属坯料在低温阶段加热时,由于处于弹性变形状态,塑性低,很容易因为温度应力过大而引起开裂。对于导热性差及断面尺寸大的坯料,为了避免直接装入高温炉内的坯料因加热速度过快而引起断裂,坯料应先装入低温炉中加热,故需要确定坯料装料时的炉温。

可按坯料断面最大允许温差来确定装料炉温。根据对加热温度应力的理论分析,圆柱体坯料表面与中心的最大允许温差(℃)计算式如下:

$$[\Delta t] = \frac{1.4[\sigma]}{\beta E} \qquad (3-3)$$

式中:$[\sigma]$为材料的许用应力(MPa),可按相应温度下的强度极限计算;β为线膨胀系数($℃^{-1}$);E为弹性模量(MPa)。

由上式算出最大允许温差,再按不同热阻条件下最大允许温差与允许装料炉温的理论计算曲线,便可订出允许装料炉温。生产实践表明,上述理论计算方法所得的允许炉温偏低,还应参考有关经验资料与试验数据进行修正。

2. 加热速度

金属加热速度指加热时温度升高的快慢。通常指金属表面温度升高的速度,其单位为℃/h,也可用单位时间加热的厚度来表示,其单位为mm/min。

加热速度高则可以使坯料更快地达到所规定的始锻温度,使坯料在炉中停留时间缩短,从而可以提高炉子的单位生产率,减少金属氧化和提高热能利用效率。

将炉子本身可能选到的最大加热速度称为最大可能的加热速度;为保证坯料加热质量及完整性所允许的最大加热速度称为坯料允许的加热速度,前者取决于炉子结构、燃料种类及其燃烧情况、坯料的形状尺寸及其在炉中安放方法等。后者受加热时产生的温度应力的限制,与坯料的导温性、力学性能及坯料尺寸有关。

根据加热时坯料表面与中心的最大允许温差而确定的圆柱体坯料最大允许加热速度可按下式计算

$$[c] = \frac{5.6a[\sigma]}{\beta ER^2} \qquad (3-4)$$

式中:$[\sigma]$ 为许用应力(MPa),可用相应温度的强度极限计算;a 为导温系数($m^2 \cdot h^{-1}$);β 为线膨胀系数($℃^{-1}$);E 为弹性模量(MPa);R 为坯料半径(m)。

由上式可见,坯料的导温系数越大,强度极限越大,断面尺寸越小,则允许的加热速度越大。反之,允许的加热速度越小。

对导温性好,断面尺寸小的坯料,其允许的加热速度很大,即使炉子按最大可能的加热速度加热,也不可能达到坯料所允许的加热速度。因此对于这类坯料,如碳钢和有色金属,当直径小于200mm时,不必考虑坯料允许的加热速度,而以最大可能的加热速度加热。

导温性差、断面尺寸大的坯料,允许的加热速度较小。因此,当炉温低于800℃~850℃时,应按坯料允许的加热速度加热。在炉温超过800℃~850℃后,可按最大可能的加热速度加热。对于直径为200mm~350mm的碳素结构钢坯和合金结构钢坯,采用三段加热规范,其实质就是降低加热速度,这势必引起加热时间的延长。

在高温阶段,金属塑性已显著提高,可用最大可能的加热速度加热。当坯料表面加热至始锻温度时,如果炉子也停留在该温度下,则需较长的保温时间才能将坯料热透。保温时间越长,坯料表面氧化脱碳越严重,甚至还会产生过热、过烧。为避免产生这些缺陷,生产上常用提高温度头的办法来提高加热速度,以缩短加热时间。所谓温度头,是指炉温高出始锻温度的数值。

对于导温性好和截面尺寸较小的坯料,由于实际的加热温度远小于允许的加热速度,完全可以采用快速加热方法。在火焰炉中实行辐射快速加热时,一般把炉温升高到1400℃~1500℃,甚至达到1600℃,形成很大的温度头(200℃~300℃甚至更高)。因辐射传热量与炉温的4次方有关,从而可以大大提高加热速度,炉子生产率可提高3倍~4倍。

3. 均热保温时间

当采用多段加热规范时,如图3-6中的五段加热曲线,往往包括几次均热保温阶段。低温装炉温度下保温的目的是减小坯料断面温差,防止因温度应力而引起破坏,特别是在200℃~400℃时,钢很容易因蓝脆而发生破坏。800℃~850℃左右保温的目的是为了减小前段加热后钢料断面上的温差,减小温度应力,并可缩短坯料在锻造温度下的保温时间,对于有相变的钢种,更需要此阶段的均热保温,以防止产生组织应力裂纹。锻造温度下的保温,是为了防止坯料中心温度过低,引起锻造变形不均,并且还可以借高温扩散作用,使坯料组织均匀化,以提高塑性,减少变形不均,提高锻件质量。如铝合金在锻造温度下保温时间比一般钢长;以使强化相溶解、组织均匀、提高塑性。为了防止高温下强烈的氧化、脱碳、合金元素烧损和吸氢等,对大多数金属坯料都必须尽量缩短高温停留时间,以热透就锻为原则。对于过热倾向大,没有相变重结晶的铁素体不锈钢等,更应该如此。

保温时间的长短,要从锻件质量、生产效率等方面进行综合考虑。特别是始锻温度下的保温时间尤为重要。因此,对始锻温度下的保温时间规定有最小保温时间和最大保温时间。

最小保温时间指能够使坯料断面温差选到规定的均匀程度所需最短的保温时间。坯料加热终了,断面所要求的温度均匀程度因材料不同而不同,碳素钢及低合金钢的断面温差应小于50℃~100℃,高合金钢的断面温差要小于40℃。

最大保温时间是针对生产中可能发生的特殊情况而规定的。如生产设备出现故障或其他原因使钢料不能及时出炉,若钢料在高温下停留过久容易产生过热,为此规定了最大保温时间。最大保温时间可参考表3-13,应把炉温降低到700℃~800℃待锻或出炉。对GCr15等易过热的钢种更要注意。

表3-13 钢锭的最大保温时间

钢锭重量/t	钢锭尺寸/mm	保温时间/h
1.6~5	386~604	30
6~20	647~980	40
22~42	1029~1265	50
≥43	≥1357	60

各类金属材料的均热保温时间也可以在有关手册中查找。如高温合金在预热温度(750℃~800℃)下的保温时间按0.6min/mm~0.8min/mm计算,在始锻温度下的保温时间按0.4min/mm~0.8min/mm计算。

4. 加热时间

加热时间指坯料装炉后从开始加热到出炉所需要的时间,包括加热各阶段的升温时间和保温时间。加热时间可按传热学理论计算,但因计算复杂,与实际差距大,生产中很少采用。工厂中常用经验公式、经验数据、试验图线确定加热时间,虽有一定局限性,但很方便。

(1)有色金属的加热时间。有色金属多采用电阻炉加热。其加热时间从坯料入炉开始计算。

铝合金和镁合金按1.5min/mm~2min/mm,铜合金按0.75min/mm~1min/mm,钛合金按0.5min/mm~1min/mm。当坯料直径小于50mm时取下限,直径大于100mm时取上限。钛合金的低温导热性差,故对于铸锭和直径大于100mm的坯料,要求在850℃以前进行预热,预热时间可按1min/mm计算,在高温段的加热时间则按0.5min/mm计算。铝、镁、铜三类合金,导热性都很好,故不需要分段加热。

(2)钢材(或中小钢坯)的加热时间。在半连续炉中加热时,加热时间可按下式计算

$$\tau = \alpha D \qquad (3-5)$$

式中:D为坯料直径或厚度(mm);α为钢料化学成分影响系数(h/mm)。

对于碳素结构钢:$\alpha = 0.1 \sim 0.15$;对于合金结构钢:$\alpha = 0.15 \sim 0.20$;对于工具钢和高合金钢:$\alpha = 0.3 \sim 0.4$。

在室式炉中加热时,加热时间按下述方法确定。

直径小于200mm的钢坯加热时间,可按碳素钢圆材单个坯料在室式炉中的加热时间$\tau_{碳}$计算,考虑到实际加热时坯料装炉数量及方式、坯料尺寸及钢种的影响,加热时间τ应是单个坯料加热时间$\tau_{碳}$乘以相应的系数,即$\tau = K_1 \times K_2 \times K_3 \times \tau_{碳}$。

直径为 200mm ~ 350mm 的钢坯在室式炉中单件加热时间可参考表 3 – 14 中的经验数据确定。表中数据为坯料每 100mm 直径的平均加热时间(h/100mm)。

表 3 – 14　钢坯加热时间

钢　　种	装炉温度/℃	每100mm的平均加热时间/h
低碳钢、中碳钢、低合金钢	≤1250	0.6 ~ 0.77
高碳钢、合金结构钢	≤1150	1
碳素工具钢、合金工具钢、高合金钢	≤900	1.2 ~ 1.4

3.6　锻造过程温度测量

准确控制加热温度是保证能够顺利锻造出合格锻件的基础,因此工件在加热炉内的温度控制要严格。这就需要对温度进行监控。测量温度的方法很多,按照测量体是否与被测介质接触,可分为接触式测温法和非接触式测温法两大类。

接触式测温法的特点是测温元件直接与被测对象接触,两者之间进行充分的热交换,最后达到热平衡,这时感温元件的某一物理参数的量值就代表了被测对象的温度值。这种方法优点是直观可靠,缺点是感温元件影响被测温度场的分布,接触不良等都会带来测量误差,另外温度太高和腐蚀性介质对感温元件的性能和寿命会产生不利影响。

非接触式测温法的特点是感温元件不与被测对象相接触,而是通过辐射进行热交换,故可以避免接触式测温法的缺点,具有较高的测温上限。此外,非接触式测温法热惯性小,可达1/1000s,故便于测量运动物体的温度和快速变化的温度。由于受物体的发射率、被测对象到仪表之间的距离以及烟尘、水汽等其他的介质的影响,这种方法一般测温误差较大。表 3 – 15 为温度计的分类及其性能。

表 3 – 15　常用温度计的分类及其性能

类别	名称	工作原理	精度	使用温度	适用范围
接触式温度计	水银温度计	水银受热后体积膨胀	0.1K ~ 0.01K	193K ~ 773K	测量空气、蒸汽和液体温度
	双金属温度计	金属受热后长度发生膨胀	±1.5 ~ 2.5%	193K ~ 873K	
	压力表式温度计	体积不变,气体受热后,压力增加	±0.5%	193K ~ 773K	测量管道和容器中介质温度
	热电偶式温度计	金属或半导体受热后产生热电势	0.2K ~ 0.1K	223K ~ 2273K	测量空气、蒸汽、液体和熔融金属温度
	电阻温度计	金属或半导体受热后电阻发生变化	0.1K ~ 0.02K	73K ~ 1223K	测量气体、蒸汽和液体温度
非接触式温度计	光学高温计	物体发出的某一波长,辐射强度随温度变化	±13K ~ 37K	973K ~ 6273K	测量高温固体、液体温度
	光电高温计	物体的光谱辐射能量随温度变化,经光电转换进行测温	±14K ~ 19K	973K ~ 1773K	测量高温固体、液体温度
	红外比色温度计	物体发出两种不同波长的红外辐射能量之比,随温度变化	< ±1.5%	773K ~ 2073K	测量高温固体、液体温度
	红外辐射测温仪	物体发出的某一波长红外辐射能量随温度变化	±1%	291K ~ 1643K	测量各种固定和移动物体的温度

3.6.1 接触式测温

热电偶是温度测量仪表中常用的测温元件,它由两种不同成分的导体两端接合构成回路,当两接合点热电偶温度不同时,就会在回路内产生热电流。如果热电偶的工作端与参比端存有温差时,显示仪表将会指示出热电偶产生的热电势所对应的温度值。热电偶的热电动势将随着测量端温度升高而增长,它的大小只与热电偶材料和两端的温度有关,与热电极的长度、直径无关。各种热电偶的外形常因需要而极不相同,但是它们的基本结构却大致相同,通常由热电极、绝缘套保护管和接线盒等主要部分组成,通常与显示仪表、记录仪表和电子调节器配套使用。

1. 热电偶的特点

热电偶应具有以下特点。

(1)测量精度高。因热电偶直接与被测对象接触,不受中间介质的影响。

(2)测量范围广。常用的热电偶从50℃~1600℃均可连续测量,某些特殊热电偶最低可测到-269℃(如金铁镍铬),最高可达2800℃(如钨—铼)。

(3)构造简单,使用方便。热电偶通常是由两种不同的金属丝组成的,而且不受大小和位置的限制,外有保护套管,用起来非常方便。

2. 热电偶工作原理

将两种不同材料的导体或半导体A和B焊接起来,构成一个闭合回路,当导体A和B的两个执着点1和2之间存在温差时,两者之间便产生电动势,因而在回路中形成一定大小的电流,这种现象称为热电效应,热电偶就是利用这一效应来工作的。

3. 热电偶种类

常用热电偶可分为标准热电偶和非标准热电偶两大类。所谓标准热电偶指国家标准规定了其热电势与温度的关系、允许误差、并有统一的标准分度表的热电偶,它有与其配套的显示仪表可供选用。非标准化热电偶在使用范围或数量级上均不及标准化热电偶,一般也没有统一的分度表,主要用于某些特殊场合的测量。标准化热电偶:我国从1988年1月1日起,热电偶和热电阻全部按IEC国际标准生产,并指定S、B、E、K、R、J、T七种标准化热电偶为我国统一设计型热电偶。热电偶的结构形式:为了保证热电偶可靠、稳定地工作,对它的结构要求如下。

(1)组成热电偶的两个热电极的焊接必须牢固。

(2)两个热电极彼此之间应很好地绝缘,以防短路。

(3)补偿导线与热电偶自由端的连接要方便可靠。

(4)保护套管应能保证热电极与有害介质充分隔离。

根据测温环境不同,以及使用方法等不同,将热电偶分为装配式热电偶和铠装热电偶两大类。工业用装配式热电偶作为测量温度的变送器通常和显示仪表、记录仪表和电子调节器配套使用。它可以直接测量各种生产过程中从0℃~1800℃范围的液体、蒸汽和气体介质以及固体的表面温度。

热电偶公称压力:一般指在工作温度下保护管所能承受的静态外压。

热电偶最小插入深度:应不小于其保护套管外径的8倍~10倍(特列产品例外)。

绝缘电阻:当周围空气温度为15℃~35℃,相对湿度<80%时,绝缘电阻≥5MΩ(电压100V)。具有防溅式接线盒的热电偶,当相对温度为(93±3)℃时,绝缘电阻≥0.5MΩ(电压

100V)。高温下的绝缘电阻,热电偶在高温下,其热电极(包括双支式)与保护管以及双支热电极之间的绝缘电阻(按每米计)应大于表3-16规定的值。

表3-16 热电偶偏差

类　别	分度号	套管外径 /(d/mm)	常用温度 /℃	最高使用 温度/℃	允许偏差 Δt	
					测温范围/℃	允许值
镍铬—康铜 WREK	E	≥3	600	700	0～700	±2.5℃或 ±0.75%t
镍铬—镍硅 WRNK	K	≥3	800	950	0～900	±2.5℃或 ±0.75%t
铜—康铜 WRCK	T	≥3	350	400	<200	未作规定
					-40～350	±1℃或 ±0.75%t

4. 热电偶使用中应注意的问题

（1）按照所测介质温度,合理选用热电偶。常用热电偶的性能如表3-17所列。

表3-17 热电偶的性能

名　称	型　号	分度号	最高使用温度/K		精度
			长　期	短　期	
铂铑—铂铑	WRR	LL	1873	2073	±0.5%
铂铑—铂	WRP	LB—3	1573	1873	±0.5%
镍铬—镍硅	WRN	EU—2	1273	1573	±1%
镍铬—康铜	WRK	EA—2	873	1073	±1%
铁—康铜		TK	873	1143	±1%
铜—康铜		CK	473	573	±0.75%
钨铼—钨			>1973		

（2）热电偶的热端(两根偶丝的接点)必须很好绞合后焊接,避免接点因氧化而增大电阻,或因松脱而断路。

（3）热电偶两丝间应可靠绝缘。各种绝缘材料的使用温度如表3-18所列。

表3-18 绝缘材料的使用温度

使用温度/K	<373	<773	773～1473	1473～1873
绝缘材料	石棉橡胶、棉、丝、塑料	玻璃、石棉、陶瓷	高银、石英	高温陶瓷、氧化镁、氧化锆、

（4）热电偶应用保护套管与所测介质隔离,以免受腐蚀,因含铂的热电偶容易受H和CO等的作用而变质。保护套管材料与使用温度如表3-19所列。铠装热电偶因密封可靠、挠性好、强度高,可在真空中或高压下测量气体和液体的温度。

表 3-19　保护套管材料与使用温度

材　料	使用温度/K		材　料	使用温度/K	
	长　期	短　期		长　期	短　期
紫铜管	673		黏土管	1573	
碳素钢管	873		高温陶瓷管	1573	1673
1Cr18Ni9Ti	1173		纯氧化铝管	1873	2073
Cr25Si2	1273		碳化硅管	1873 ~ 1973	
GH39	1373		镁砂管	2073	
GH44	1473		硼化锆管	2073	2373
			氧化铍管	2473	

（5）热电偶工作时,常将热电偶的自由端移到离热源较远和环境温度较稳定的地方。连接时,热电偶的补偿导线的极性应一致,热电偶与补偿导线的识别如表 3-20 所列。

表 3-20　热电偶与补偿导线的识别

热电偶	热电偶		补偿导线	
	正　极	负　极	正　极	负　极
铂铑—铂铑	Pt70%,Rh30% 较硬	Pt94%,Rh6% 较软	Cu100% 红色	Cu100% 红色
铂铑—铂	Pt90%,Rh10% 较硬	Pt100% 较软	Cu100% 红色	Cu99.4%,Ni0.6% 绿色
镍铬—镍硅	Ni90%,Cr10% 无磁性	Ni97%,Si3% 稍有磁性	Cu100% 红色	Ni40%,Cu60% 棕色
镍铬—考铜	Ni90%,Cr10% 色较暗	Ni44%,Cu56% 银灰色	Ni90%,Cr10% 紫色	Ni44%,Cu56% 黄色
铁—康铜	Fe100%,强磁性	Ni40%,Cu60% 无磁性	Fe100% 白色	Ni40%,Cu60% 棕色

值得注意的是,铂铑—铂和镍铬—镍硅热电偶冷端的温度只有在低于 373K 时,才能有效地使用补偿导线,否则应加长热电偶,以使冷端远离热源。

（6）为消除热电偶导热的影响,热电偶的插入深度一般不小于套管直径的 10 倍或 150mm。

（7）热电偶尽可能垂直放置,高温时水平放置应设有支架。在管道中测温时,热电偶的热端应在管道轴线上。

（8）为减少热电偶的热惰性,保护套管的顶部直径应缩小,或将热电偶热端与套管紧密接触,甚至将热端直接伸出管外与被测介质相接触。

（9）为避免冷物体（如水冷构件）和热物体（火焰、加热体）对热电偶热端热辐射的影响,通常用屏蔽罩进行隔离。

（10）测量电炉温度时,应注意电磁场的干扰,热电偶应采用屏蔽和接地措施。

（11）热电偶使用前应用标准热电偶校正,如误差超出规定的精度时,可将热端切除一段,焊接后重新校正。

（12）应采用多支同种热电偶测温时,可用切换开关,分别接入二次仪表,不允许几支热电偶的负极合成一根导线接入二次仪表。正确的接线方法如图 3-7 所示。

（13）测量真空加热设备内的温度时,热电偶丝或铠装热电偶的套管与设备连接处应保持可靠的真空密封。

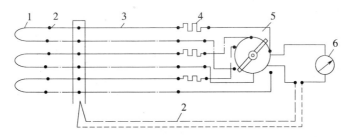

图 3 - 7 多支热电偶共用一台仪表接线法

1—热电偶;2—补偿导线;3—铜导线;

4—外线调整电阻;5—转换开关;6—高温毫伏计。

5. 热电偶—温度补偿

由于热电偶的材料一般都比较贵重(特别是采用贵金属时),而测温点到仪表的距离都很远,为了节省热电偶材料,降低成本,通常采用补偿导线把热电偶的冷端(自由端)延伸到温度比较稳定的控制室内,连接到仪表端子上。必须指出,热电偶补偿导线只起延伸热电极,使热电偶的冷端移动到控制室的仪表端子上的作用,它本身并不能消除冷端温度变化对测温的影响,不起补偿作用。因此,还需采用其他修正方法来补偿冷端温度 $t_0 \neq 0℃$ 时对测温的影响。在使用热电偶补偿导线时必须注意型号相配,极性不能接错,补偿导线与热电偶连接端的温度不能超过 100℃。

6. 热电偶和热电阻的区别

(1) 信号的性质,热电阻本身是电阻,温度的变化,使电阻产生正的或者是负的阻值变化;而热电偶是产生感应电压的变化,它随温度的改变而改变。虽然都是接触式测温仪表,但它们的测温范围不同,热电偶使用在温度较高的环境,如铂铑 30—铂铑 6(B 型)测量范围为 300℃~1600℃,短期可测 1800℃。S 型可测 - 20℃ ~1300℃(短期 1600℃),K 型可测 - 50℃~1000℃,短期 1200℃)。XK 型可测 - 50℃ ~600(800)℃,E 型可测 - 40℃ ~800 (900)℃。还有 J 型、T 型等。这类仪表一般用于 500℃以上的较高温度,低温区时输出热电势很小,当电势小时,对抗干扰措施和二次表的要求很高,否则测量不准。此外在较低的温度区域,冷端温度的变化和环境温度的变化所引起的相对误差就显得很突出,不易得到全补偿。这时在中低温度时,一般使用热电阻测温范围为 - 200℃ ~500℃,甚至还可测更低的温度(如用碳电阻可测到 1K 左右的低温)。现在正常使用铂热电阻 Pt100,(也有 Pt50、Pt100 和 Pt50 代表热电阻在 0℃时的阻值。在旧分度号中用 BA1,BA2 来表示,BA1 在 0℃时阻值为 46Ω,在工业上也有用铜电阻,分度号为 CU50 和 CU100,但测温范围较小,在 - 50℃ ~150℃ 之间,在一些特殊场合还有锰电阻等)。

(2) 两种传感器检测的温度范围不一样,热阻一般检测 0℃ ~150℃温度范围(当然可以检测负温度),热电偶可检测 0℃ ~1000℃的温度范围(甚至更高)。所以,前者是低温检测,后者是高温检测。

(3) 从材料上分,热阻是一种金属材料,具有温度敏感变化的金属材料,热电偶是双金属材料,即两种不同的金属,由于温度的变化,在两个不同金属丝的两端产生电势差。

(4) 工作中的现场判断,热电偶有正负极、补偿导线也有正负之分,首先应保证连接和配置正确。在运行中,常见的有短路、断路、接触不良(有万用表可判断)和变质(根据表面颜色来鉴别)。检查时,要使热电偶与二次表分开,用工具短接二次表上的补偿线,表指示室温再

51

短接热电偶接线端子,表指示热电偶所在的环境温度(不是补偿线有故障),再用万用表 mV 挡大体估量热电偶的热电势(如正常,请检查工艺)。

热电偶的安装要求及注意事项:对热电偶与热电阻的安装,应注意要有利于测温准确,安全可靠及维修方便,而且不影响设备运行和生产操作。要满足以上要求,在选择对热电偶和热电阻的安装部位和插入深度时要注意以下几点。

(1)为了使热电偶和热电阻的测量端与被测介质之间有充分的热交换,应合理选择测点位置,尽量避免在阀门、弯头及管道和设备的死角附近装设热电偶或热电阻。

(2)带有保护套管的热电偶和热电阻有传热和散热损失,为了减少测量误差,热电偶和热电阻应该有足够的插入深度。

3.6.2 非接触式测温

1. 光电高温计

光电高温计是利用物体的光谱辐射能量随温度变化的原理,将辐射能投到光电转换元件上,使光电元件输出电信号,信号经放大后驱动伺服电机,带动机械机构,一面改变反馈灯回路电阻使灯泡亮度变化,一面带动指示记录系统和控制系统,以便测量物体的表面温度,同时也可输出控制信号。光电高温计的主要技术特性如表 3-21 所列。

表 3-21　光电高温计的主要技术参数

型　号	WDH-1	显示仪表记录仪	宽250mm,长15m
测温范围/K	973～1773		
测温距离系数	$L/D > 30$	电源	50Hz　200V
测温距离/m	0.5～3	基本误差	±14K～19K
反应时间/s	<1.5～3.0		
使用环境	温度 273K 323K 相对湿度≤80%		

注:L——被测物体至变压器的距离;D——被测物体的有效直径

2. 红外比色测温计

红外比色测温计是利用两个不同波长的红外辐射能量之比来测量物体的温度。能避免由于烟雾、灰尘、水蒸气等造成的误差。其主要技术性能如表 3-22 所列。

表 3-22　红外比色测温计主要技术参数

名　称	WGH—71 红外比色测温计	用硅光二极管作检测元件
测温范围/K	Ⅰ挡 773～1273	1273～1573
	Ⅱ挡 1173～1673	
	Ⅲ挡 1573～2073	
测温波长/μm	1.6/2.3	0.7/1.0
测温误差	<±1.5%	1
反映时间/s	电路≤1	1
	表头≤2	
测量距离系数	$L/D = 370$	$L/D = 50$
测温距离/m	Ⅰ挡 1～∞,Ⅱ挡 0.5～1.5	0.5～5

名　　称	WGH—71 红外比色测温计	用硅光二极管作检测元件
使用环境	温度 278K～313K	温度 278K～313K
	相对湿度≤85%	相对湿度≤85%
红外检测元件	硫化铅	硅光电二极管
电　源	50Hz　220V	50Hz　220V

注:L——被测物体至仪表的距离;D——被测物体有效直径

3. 红外辐射温度计

红外辐射温度计,通过光学系统检测一定波长的红外辐射能量,经调制后聚焦于红外元件,然后转换成电信号,经处理后使比较灯泡发亮,灯泡的辐射能量反馈到红外元件,使内外光辐射平衡,从比较灯泡读出被测物体的温度。红外辐射温度计的技术性能如表 3-23 所列。

表 3-23　红外辐射温度计的技术性能

参　数	WFH-701 红外亮度测温仪	红外远程测温仪	AGA80 型热辐射仪
测温范围/K	固定量程 473～973	273～2273	243～1643
测温精度	±1%	±1%	±1K
反映时间/s	<1	2	
测温距离/m	1～10	4～50	距离系数30
使用环境/K	268～313	车间、野外	273～323
检测波长/μm	1.6～2.7	2～15	8～14
电　源	50Hz　220V	干电池	干电池、原电池

近 20 年来,非接触红外测温仪在技术上得到迅速发展,性能不断完善,功能不断增强,品种不断增多,适用范围也不断扩大,市场占有率逐年增长。比起接触式测温方法,红外测温有着响应速度快、非接触、使用安全及使用寿命长等优点。红外测温仪分为:便携式红外点温仪、在线式红外点温仪、便携式红外热像仪、在线式红外热像仪,并备有各种选件和计算机软件,每一系列中又有各种型号及规格。在不同规格的各种型号测温仪中,正确选择红外测温仪型号对用户来说是十分重要的。

红外检测技术主要是测温枪,它是一种在线监测(不停电)式高科技检测技术,它通过接收物体发出的红外线(红外辐射),将其热像显示在荧光屏上,从而准确判断物体表面的温度分布情况,具有准确、实时、快速等优点。任何物体由于其自身分子的运动,不停地向外辐射红外热能,从而在物体表面形成一定的温度场,俗称"热像"。红外诊断技术正是通过吸收这种红外辐射能量,测出设备表面的温度及温度场的分布,从而判断设备发热情况。

目前应用红外技术的测试设备比较多,如红外测温仪、红外热电视、红外热像仪等。像红外热电视、红外热像仪等设备利用热成像技术将这种看不见的"热像"转变成可见光图像,使测试效果直观,灵敏度高,能检测出设备细微的热状态变化,准确反映设备内部、外部的发热情况,可靠性高,对发现设备隐患非常有效。

利用热像仪检测在线电气设备的方法是红外温度记录法。红外温度记录法是工业上用来无损探测,检测设备性能和掌握其运行状态的一项新技术。与传统的测温方式(如热电偶、不同熔点的蜡片等放置在被测物表面或体内)相比,热像仪可在一定距离内实时、定量、在线检测发热点的温度,通过扫描,还可以绘出设备在运行中的温度梯度热像图,而且灵敏度高,不受电磁场干扰,便于现场使用。它可以在 −20℃ ~ 2000℃ 的宽量程内以 0.05℃ 的高分辨率检测电气设备的热致故障,揭示出如导线接头或线夹发热,以及电气设备中的局部过热点等。

3.7　加热过程缺陷分析与预防技术

加热不当所产生的缺陷可分为:①由于介质影响使坯料外层组织发生化学状态变化而引起的缺陷,如氧化、脱碳、增碳和渗硫、渗铜等;②由内部组织结构的异常变化引起的缺陷,如过热、过烧和未热透等;③由于温度在坯料内部分布不均,引起内应力(如温度应力、组织应力)过大而产生的坯料开裂等。

3.7.1　过热和过烧

1. 过热

金属由于加热温度过高、加热时间过长而引起晶粒过分长大的现象称为过热。晶粒开始急剧长大的温度叫做过热温度。金属的过热温度主要与它的化学成分有关,例如钢中的 C、Mn、S、P 等元素能增加钢的过热倾向。Ti、W、V、Nb 等元素能减小钢的过热倾向,一些钢的过热温度如表 3 − 24 所列。

表 3 − 24　钢的过热温度

钢　种	过热温度/℃	钢　种	过热温度/℃
45	1300	18CrNiWA	1300
45Cr	1350	25MnTiB	1350
40MnB	1200	GCr15	1250
40CrNiMo	1250 ~ 1300	60Si2Mn	1300
42CrMo	1300	W18Cr4V	1300
25CrNiW	1350	W6Mo5Cr4V2	1300
30CrMnSiA	1250 ~ 1300		

碳钢过热,往往呈现出魏氏组织。马氏体钢过热,显微组织呈粗针状,并出现过多的 δ 铁素体,工模具钢过热后常出现茶状断口。一些合金结构钢、不锈钢、高速钢、弹簧钢、轴承钢等,高温加热并冷却后,除高温奥氏体晶粒粗大外,有异相质点优先沿奥氏体晶界析出,严重时呈连续网状,使晶界变脆。若化和物沿晶界呈连续网状析出后,用热处理方法很难消除,这种过热称"稳定过热"。而单纯由于奥氏体晶粒粗大形成的过热,可以用一般热处理方法(正火、高温回火、扩散退火和快速升温、快速冷却等)予以改善和消除,这种过热称为"不稳定过热"。

塑性变形可以击碎过热形成的粗大奥氏体晶粒,并破坏沿晶界析出相的网状分布,从而改善和消除稳定过热。对于没有相变重结晶的金属(高温合金及部分不锈钢、铝合金、铜合金等),则不能用热处理的办法消除过热组织,而要依靠较大变形量的锻造来解决。

过热会使金属在锻造时的塑性下降,更重要的是,若引起锻造和热处理后锻件的晶粒粗大,将降低金属的力学性能。为避免锻件产生过热组织,必须严格控制金属坯料的加热温度,尽量缩短金属在高温下的停留时间,并在锻造时给予足够大的变形量。

不同钢种对过热的敏感程度不同,软碳钢对过热的敏感性最小,而合金钢则容易过热,在对过热敏感的钢种中,以镍铬钼钢最为突出。

已经发现,冶炼方法对钢的过热温度具有显著影响。真空自耗重熔及电渣重熔钢比具有相同化学成分的电弧炉钢(非真空)的过热起始温度低,这是由于钢中非金属夹杂物极少存在,而超纯钢容易出现晶粒长大所致。

重要用途的高强度钢,如镍铬钼钢、铬钼钒钢、镍铬钼钒钢等,其特种熔炼钢的过热起始温度较用空气熔炼的同种钢低 30℃ ~40℃。例如 40CrMnSiMoVA 电渣钢和电弧炉钢的过热温度分别为 1160℃ 和 1200℃。因此,应分别确定真空重熔及电渣重熔钢的过热起始温度,其始锻温度一般应相应降低 20℃ ~40℃。

一般过热的结构钢经过正常热处理(正火、淬火)之后,组织可以改善,性能也随之恢复,此种过热称为不稳定过热。但是 Ni—Cr、Cr—Ni—Mo、Cr—Ni—W、Cr—Ni—Mo—V 系多数合金结构钢严重过热之后,用正常热处理工艺加工,组织也极难改善,此种过热称为稳定过热。稳定过热时,除奥氏体晶粒大外,沿原奥氏体晶界析出有硫化物(MnS)等异相质点。硫化物质点越多,原奥氏体晶界也就越稳定。虽然在以后的正火、淬火时钢重新奥氏体化了,但原奥氏体晶界上硫化物等质点的分布、大小和形状不会受到多大程度的改变,结果形成了稳定过热。过热组织,由于晶粒粗大,引起力学性能降低,尤其是冲击韧性的降低。

钢的过热与化学成分、冶炼方法、锻造温度、热变形量、锻后冷却速度及炉温均匀性等因素有关。因始锻温度过高或加热时间过长引起的过热,虽然经锻造变形可以破碎过热粗晶,但往往受锻造变形量及变形均匀性的限制,对于较严重过热,锻造变形也不易完全消除。所以应确定安全的始锻温度,以防止产生过热。至于过烧,由于锻造加热温度更高,钢的晶粒极为粗大,且氧原子沿晶界侵入,形成网络状氧化物及易熔氧化物共晶,使晶粒间的结合力大大减弱,在随后热变形时极易产生开裂。

钛合金过热后,出现明显的 β 相晶界和平直细长的魏氏组织。合金钢过热后的断口会出现石状断口或条状断口。过热组织,由于晶粒粗大,将引起力学性能降低,尤其是冲击韧度。

防止产生过热的措施有如下几点。

(1)必须严格控制金属坯料的加热温度,尽量缩短在高温下的保温时间。

(2)按坯料的化学成分、规格大小,正确制定合理的加热规范,并严格执行。

(3)加热时坯料放置位置应离烧嘴有适当距离,采用火焰加热炉时,坯料与火焰不允许直接接触;采用电阻炉加热时,坯料距电阻丝不小于 100mm。

(4)使用的测温或控温的炉表应准确可靠,灵敏精确,温度显示真实无误。

(5)锻造时应给予足够大的变形量。一旦出现过热,可通过大的塑性变形击碎因过热而形成的粗大奥氏体晶粒,并破坏沿晶界析出相的网状分布,控制冷却速度,使第二相来不及沿晶界析出,避免采取中等冷却速度,改善和消除过热组织。

2. 过烧

当金属加热到接近其熔化温度(称过烧温度),并在此温度下停留时间过长时,将出现过烧现象。金属过烧后,其显微组织除晶粒粗大外,晶界发生氧化、熔化,出现氧化物和熔化物,破坏了晶粒间的联系,使材料的塑性急剧降低,有时甚至出现裂纹。金属表面粗糙,有时呈橘皮状,并出现网状裂纹。

产生过烧的金属,由于晶间联结遭到破坏,强度、塑性大大下降,常常一锻即裂,拔长时将在过烧处出现横向裂纹。过烧的金属不能修复,只能报废回炉重新冶炼。局部过烧的金属坯料,须将过烧的部分切除后,再进行锻造。减少和防止过烧的办法就是要严格执行加热规范,防止炉子跑温,不要把坯料放在炉内局部温度过高的区域。

金属的过烧温度主要受其化学成分影响,如钢中的 Ni、Co 等元素使钢易产生过烧,Al、Cr、W 等元素则能减轻过烧。一些常用钢的过烧温度如表 3-25 所列。

表 3-25　常用钢的过烧温度

钢　种	过烧温度/℃	钢　种	过烧温度/℃
20	>1400	GCr15	1350
45	1350	W18Cr4V	1360
40Cr	1390	W6Mo5Cr4V	1270
30CrNiMo	1450	2Cr13	1180
4Cr10SiMo	1350	Cr12MoV	1160
50CrV	1350	T8	1250
12CrNi3A	1350	T12	1200
60SiMn	1350	GH4135 合金	1200
60Si2MnBE	1400	GH4036 合金	1220

过烧与过热没有严格的温度界线。一般以晶粒出现氧化及熔化为特征来判断过烧。对碳钢来说,过烧时晶界熔化、严重氧化。工模具钢(高速钢、Cr12 型钢等)过烧时,晶界因熔化而出现鱼骨状莱氏体。铝合金过烧时出现晶界熔化三角区和复熔球等。锻件过烧后,往往无法挽救,只好报废。

防止产生过烧的措施有如下几点。

(1) 为了防止过烧,必须严格控制加热时的最高温度,一般最高温度要低于固熔线以下 100℃,这就要求使用的测温或控温的炉表要精确、可靠、灵敏,温度显示真实无误,防止炉子跑温。另外加热时要求坯料距烧嘴有适当距离。

(2) 控制炉内气氛,尽量减少炉内的过剩空气量,因为炉气的氧化能力越强,越容易使晶粒氧化或局部熔化,所以在高温下炉气应调节成弱氧化性炉气。

3.7.2　氧化、脱碳和增碳

1. 氧化

钢在高温加热时,其表层中的铁和炉气中的氧化性气体(如 O_2, CO_2, H_2O 等)发生化学反应生成 FeO、Fe_3O_4 及 Fe_2O_3,在坯料表面形成一层氧化皮,这种现象称为氧化。氧化过程的主要反应如下。

$$Fe + \frac{1}{2}O_2 \rightleftharpoons FeO$$

$$3FeO + \frac{1}{2}O_2 \rightleftharpoons Fe_3O_4$$

$$2Fe_3O_4 + \frac{1}{2}O_2 \rightleftharpoons 3Fe_2O_3$$

$$Fe + CO_2 \rightleftharpoons FeO + CO$$

$$Fe + H_2O \rightleftharpoons FeO + H_2$$

氧化过程的实质是个扩散过程,即炉气中氧以原子状态吸附到钢表面层向里扩散,而钢表层中的铁则以离子状态由内部向表面扩散,扩散结果使钢表层变为氧化铁。由于氧化扩散过程从外向内逐渐减弱,氧化皮将由 3 层不同氧化铁组成:表层为含氧较高的,中层为含氧次之的,内层为含氧较低的,其示意图如图 3-8 所示。

影响氧化的因素如下。

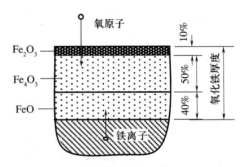

图 3-8　氧化铁皮形成过程示意图

(1)炉气性质。火焰加热炉炉气的性质取决于燃烧时空气供给量。当供给的空气过多时,炉气性质呈氧化性,促使氧化皮的形成。反之,如供给的空气不足时,炉气性质则为还原性,氧化很少甚至不发生。

(2)加热温度。一般情况下,加热温度低于 570℃~600℃时,几乎不发生氧化;而当加热温度超过 900℃~950℃时,氧化将急剧增加。

(3)加热时间。加热时间越长,氧化扩散量便越大,氧化皮越厚。尤其是在高温阶段,加热时间的影响就更大。

(4)钢的化学成分。当钢中含碳量 $W_c > 0.3\%$ 时,随着含碳量的增加,由于表面生成的 CO 削弱了氧化扩散过程,氧化皮的形成将减缓。当钢中含有 Cr、Ni、Al、Mo 等合金元素时,这些元素在钢表面形成致密的氧化薄膜,阻止氧化性气体向内扩散,而且其膨胀系数几乎与钢的一致,能牢固吸附在钢表面不脱落,从而起到了防氧化的保护作用。如 Ni、Cr 含量大于13%~20%时,则几乎不产生氧化。

一般情况下,钢料每加热一次约有 1.5%~3% 的金属损耗,如表 3-26 所列。

表 3-26　采用不同加热方法时钢的一次烧损率

炉　型	室式炉(煤炉)	油炉	煤气炉	电阻炉	接触电加热和感应加热
烧损率/%	2.5~4	2~3	1.5~2.5	1.0~2.5	<0.5

氧化引起的危害很大:造成钢材的烧损;降低锻件的表面质量和尺寸精度;降低模具使用寿命;引起炉底腐蚀损坏。

为防止氧化,在加热工艺上可采取如下措施。

(1)采用快速加热,在保证锻件质量的前提下,尽量采用快速加热,缩短加热时间,尤其是缩短高温下停留的时间。采用电感应加热、接触加热能达到快速加热的目的。

(2)控制炉气性质,在保证燃料完全燃烧的前提下,尽可能减少空气过剩量,并注意减少燃料中的水分。

(3)采用介质保护加热,加热时利用各种保护介质将钢表面与氧化性炉气隔离。所用保护介质有气体保护介质(如纯惰性气体、石油液化气等)、液体介质(如玻璃熔体、熔盐等)和固体保护介质(如玻璃粉、珐琅粉、金属镀膜等)。

2. 脱碳

脱碳指钢表面的碳全部或部分被烧掉的现象,使得表层的含碳量较内部有明显降低的现象,脱碳使工件表面出现软点,降低表面的硬度、耐磨性和疲劳强度。

脱碳层的深度与钢的成分、炉气的成分、温度和在此温度下的保温时间有关。采用氧化性气氛加热易发生脱碳,高碳钢易脱碳,含硅量多的钢也易脱碳。

脱碳使零件的强度和疲劳性能下降,磨损抗力减弱。

钢在高温加热时,其表层中的碳和氧化性气体(如 O_2,CO_2,H_2O 等)及某些还原性气体(如 H_2)发生化学反应,造成钢表层的含碳量减少,这种现象称为脱碳。其化学反应式如下。

$$2Fe_3C + O_2 \Longrightarrow 6Fe + 2CO$$
$$Fe_3C + 2H_2 \Longrightarrow 2Fe + CH_4$$
$$Fe_3C + H_2O \Longrightarrow 3Fe + CO + H_2$$
$$Fe_3C + CO_2 \Longrightarrow 3Fe + 2CO$$

脱碳也是扩散作用的结果。一方面炉气中的氧向钢内扩散,另一方面钢中的碳向外扩散,这样便使钢表面形成了含碳量低的脱碳层。从整个过程来看,脱碳层只在脱碳速度超过氧化速度时才能形成,或者说,在氧化作用相对较弱的情况下,可形成较深的脱碳层。

影响脱碳的因素与氧化的一样,脱碳使锻件表面硬度、强度和耐磨性降低。对于高碳工具钢、轴承钢、高速钢及弹簧钢等,脱碳更是一种严重的缺陷。但如果脱碳层厚度小于机械加工余量,则对锻件没有什么危害。因此,在精密锻造时,锻前加热应避免脱碳。一般用于防止氧化的工艺措施,同样也可用于防止脱碳。

3. 增碳

增碳经油炉加热的锻件,常常在表面或部分表面发生增碳现象。有时增碳层厚度达 1.5mm ~ 1.6mm,增碳层的含碳量达 1% 左右,局部点含碳量甚至超过 2%,出现莱氏体组织。这主要是在油炉加热的情况下,当坯料的位置靠近油炉喷嘴或者就在两个喷嘴交叉喷射燃油的区域内时,由于油和空气混合得不太好,因而燃烧不完全,结果在坯料的表面形成还原性的渗碳气氛,从而产生表面增碳的效果。增碳使锻件的机械加工性能变坏,切削时易打刀。

3.7.3 裂纹

1. 加热裂纹

在加热截面尺寸大的大钢锭和导热性差的高合金钢和高温合金坯料时,如果低温阶段加热速度过快,则坯料因内外温差较大而产生很大的热应力。加之此时坯料由于温度低而塑性较差,若热应力的数值超过坯料的强度极限,就会产生由中心向四周呈辐射状的加热裂纹,使整个断面裂开。

2. 铜脆

铜脆在锻件表面上呈龟裂状。高倍观察时,有淡黄色的铜(或铜的固溶体)沿晶界分布。坯料加热时,如炉内残存氧化铜屑,在高温下氧化铜还原为自由铜,熔融的铜原子沿奥氏体晶界扩展,削弱了晶粒间的联系。另外,钢中含铜量较高(>2%(质量分数))时,如在氧化性气氛中加热,在氧化铁皮下形成富铜层,也引起铜脆。

3. 内部裂纹

钢锭或钢坯在加热过程中,由于表里温度不一,引起外层与心部的膨胀不均匀,内外层温差越大,所产生的温度应力也越大。同时钢锭或钢坯加热过程中还因组织状态的转变,使金属的体积发生变化,形成组织应力。这两种应力的作用可能超过金属的强度极限,使金属心部产生裂纹,导致废品。为防止产生内部裂纹,合理制定加热规范并严格执行是十分重要的,而坯料中生成裂纹危险最大的是在加热初期 600℃ 之前的低温阶段,因此应采用低温区缓慢加热,高温区快速加热的方法加热坯料。

3.7.4 其他缺陷

1. 残余应力

由于锻造坯料结构、壁厚、加热速度等因素,造成金属内、外受热有差异,膨胀不均,产生内应力,称热应力。加热引起金相组织的先后变化也造成应力,称组织应力。由于在膨胀或相变导致金属内部产生不均匀变形,进而产生了内部残余应力。残余应力会降低锻件的疲劳寿命、耐蚀性,以及容易引起锻件尺寸的变化。

2. 硬而脆的网状碳化物

它削弱了晶粒间的结合力,使力学性能显著变差,尤其使冲击韧性降低,但可通过正火来改善或消除。若出现带状碳化物,会使淬火和回火后的硬度及组织不均,且容易变形,这也是珠光休与铁素体沿加工变形方向出现带状组织的 种缺陷。同时,它还会降低钢的塑性和韧性,使车削加工尺寸不稳定,刀具迅速磨损。

第4章 自由锻

4.1 概　述

在锻造设备的上下工作台之间直接或使用简单的通用工具对坯料施加外力,使坯料产生变形,获得所需几何形状及内部质量的锻件加工方法,称为自由锻。根据锻造设备类型及外力作用方式,自由锻可分为手工锻造、锤上自由锻造和液压机上自由锻造。自由锻造用于生产批量较小的锻件或为复杂模锻件的预锻制坯。与模锻相比,自由锻造的生产效率和锻造的尺寸精度均较低。但在单件、小批量生产中,特别是大锻件的生产中,它仍是一种最有效的成形方法,有着广泛应用。

4.2　自由锻基本工序

自由锻的基本工序有镦粗、拔长、冲孔、弯曲、扭转、切割和锻焊。

4.2.1　镦粗

使毛坯高度减小,横截面增大的成形工序称为镦粗。如使坯料局部截面积增大,则称为局部镦粗。

1. 镦粗的目的

(1) 改变锻件的尺寸形状,由截面积较小的坯料得到截面积较大而高度较小的锻件。

(2) 锻制空心锻件时作为冲孔前平整坯料断面的预备工序。

(3) 反复镦粗、拔长,可提高坯料的锻造比,同时能更有效地破碎合金钢中的网状碳化物,提高其力学性能。

(4) 提高锻件的横向力学性能和减小纤维组织的方向性时要求镦粗工序。

2. 镦粗分类

镦粗一般分为平砧镦粗、垫环镦粗和局部镦粗三类,如图 4-1 所示。

平砧镦粗就是将坯料直立在砧面上加压,使坯料产生塑性变形的加工方法。

垫环镦粗是将锻件的凸肩直径和高度比缩小,采用的坯料直径要大于环孔直径,因而垫环镦粗实际上属于用镦粗时的压力把坯料挤入垫环孔中,如操作不当容易产生偏心缺陷。

局部镦粗是变形局限于端部或中间部的镦粗方法。通常可在垫环上或胎模内进行镦粗。这种方法可锻造凸肩直径和高度较大的饼块锻件,也可锻造端部带有较大法兰盘的轴杆锻件。坯料尺寸最好按杆部直径选取。局部镦粗中的端部镦粗时,不宜把坯料全部加热,如果局部加热的长度很难控制时,对于一般低碳钢的中小型锻件,可用浸水法来控制局部加热的长度,即坯料加热后把不需要镦粗的部分浸在水中冷却后再镦粗。

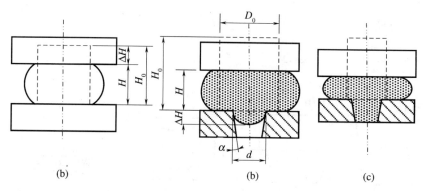

图 4 - 1　镦粗变形的分类
（a）平砧镦粗；（b）垫环镦粗；（c）局部镦粗。

镦粗的变形程度常以坯料镦粗前后的高度之比——镦粗比 K_H 来表示,即

$$K_H = \frac{H_0}{H} \qquad\qquad (4-1)$$

式中:H_0、H 分别为镦粗前、后坯料的高度(mm)。

3. 镦粗变形的特点

1）镦粗变形的金属流动特点

用平砧镦粗圆柱坯料时,随着高度的减小,金属不断向四周流动。由于坯料和工具之间存在摩擦,镦粗后坯料的侧表面将变成鼓形,同时造成坯料内部变形分布不均。通过采用网格法的镦粗实验可以看到,根据镦粗后网格的变形程度大小,沿坯料对称面可分为 3 个变形区,如图 4 - 2 所示。

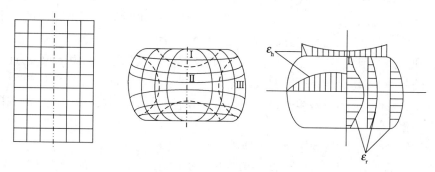

图 4 - 2　圆柱坯料镦粗时的变形分布

Ⅰ区:难变形区,该变形区处于坯料两端面的中部,由于受摩擦力和砧子激冷影响最大,该区域的变形十分困难。

Ⅱ区:大变形区,该变形区处于坯料中段的中部,因受摩擦影响较小,应力状态有利于变形,因此变形程度最大。

Ⅲ区:小变形区(又称为自由变形区),其变形程度介于Ⅰ区与Ⅱ区之间。因鼓形部分存在切向拉应力,很容易引起表面产生纵向裂纹。

对不同高径比尺寸的坯料进行镦粗时,产生鼓形特征和内部变形分布也不同,如图 4 - 3 所示。

当高径比 $H_0/D_0 > 3$ 时,坯料容易失稳而弯曲。尤其当坯料端面与轴线不垂直,或坯料有

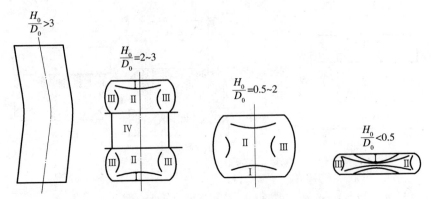

图 4－3　不同高径比坯料镦粗时鼓形情况与变形分布

初弯曲,或坯料各处温度和性能不均,或砧面不平时,更容易产生弯曲。弯曲的坯料如果不及时校正而继续镦粗则产生折迭。

　　高径比为 $H_0/D_0 = 2 \sim 3$ 时,在坯料的两端先产生双鼓形,形成 Ⅰ、Ⅱ、Ⅲ、Ⅳ 这 4 个变形区。其中,区域 Ⅰ、Ⅱ、Ⅲ 同前所述,坯料中部为均匀变形区Ⅳ,该区受摩擦影响小,内部变形均匀分布,侧表面保持圆柱形。如果继续镦粗到 $H_1 = 2D_1$ 时,则双鼓形开始变化成为单鼓形。

　　高径比为 $H_0/D_0 = 0.5 \sim 2$ 时,只产生单鼓形,坯料变形均匀,形成 3 个变形区。

　　高径比为 $H_0/D_0 \leqslant 0.5$ 时,由于相对高度较小,两个难变形区相遇,变形抗力急剧上升,锻造过程难以进行。

　　由此可见,坯料在镦粗过程中,鼓形的形式是不断变化的。

　　2)镦料时坯料不同截面形状的应力应变特点

　　镦料时,坯料的截面形状不同,其截面上的变形情况也不一样。圆形截面的变形特点是:在变形过程中截面形状基本保持为圆形截面;而矩形截面坯料在平砧间镦粗时,由于沿 m 和 l 两个方向受到的摩擦阻力不同,变形体内各处的应变情况也是不同的,由于长度方向的阻力大于宽度方向的阻力,当坯料在高度方向被压缩后,金属沿宽度方向的伸长应变较大,长度方向伸长应变较小,因此矩形坯料镦粗时,随着镦粗的不断进行,矩形截面慢慢趋于形成椭圆形,最后趋于圆形截面。

　　3)坯料镦粗的主要质量问题及产生原因

　　坯料镦粗时的主要质量问题有:侧表面易产生纵向或呈45°方向的裂纹;坯料镦粗后,上、下端常保留铸态组织;高坯料镦粗时由于失稳而弯曲等。

　　镦粗时一个主要质量问题是金属变形的不均匀性,产生这种变形不均匀的主要原因是工具与坯料端面之间的摩擦力,这种摩擦力使金属变形困难,变形所需的单位压力增高。从高度方向看,中间部分(Ⅱ区)受到摩擦力的影响小,而上、下两端(Ⅰ区)受到的影响大。在接触面上,中心处的金属流动还受到外层金属的阻碍,故越靠近中心部分受到的流动阻力越大,变形越困难。产生变形不均匀的原因除工具与毛坯接触面的摩擦影响外,温度不均也是一个很重要的因素。上、下端金属由于与工具接触,造成温度降低快,变形抗力大,故较中间部位金属变形困难。

　　从图 4－2 中可以看出,由于Ⅱ区金属变形程度大,Ⅲ区变形程度小,于是Ⅱ区金属向外流动时便对Ⅲ区金属在径向方向上作用有压应力,在切向上产生拉应力。拉应力靠近坯料表面变大,当切向拉应力超过材料的抗拉强度或切向变形超过材料允许的变形程度时,便会引起纵向裂纹。低塑性材料由于抗剪切的能力弱,容易在侧表面产生45°方向裂纹。

由于第Ⅰ区金属的变形程度小且温度低,故镦粗时铸锭坯料在此区的铸态组织不易破碎和再结晶,易保留部分铸态组织。而Ⅱ区由于变形程度大且温度高,铸态组织被破碎和再结晶充分,形成具有细小等轴晶组织,造成镦粗后坯料的组织性能不均匀。

4)改善镦粗质量的措施

镦粗时的侧表面裂纹和内部组织不均匀都是由于变形不均匀引起的,其原因是表面摩擦和温度降低。因此,为保证内部组织均匀和防止侧表面裂纹产生,应当采取合适的变形方法以改善或消除引起变形不均匀的因素。通常采取的工艺措施如下。

(1)使用润滑剂和预热工具。为降低工具与坯料接触面的摩擦力,镦粗低塑性材料时采用玻璃粉、玻璃棉和石墨粉等润滑剂,为防止变形金属很快地冷却,镦粗用的工具应预热至200℃~300℃。

(2)采用凹形毛坯。锻造低塑性材料的大型锻件时,镦粗前将坯料压成凹形,如图4-4(a)所示,可明显提高镦粗时允许的变形程度。这是因为凹形坯料镦粗时,沿径向产生压应力分量,如图4-4(b)所示,对侧表面的纵向井裂起阻碍作用,并减小鼓形,使坯料变形均匀。获得侧凹坯料的方法有铆镦、叠镦,如图4-4(c)、(d)所示。

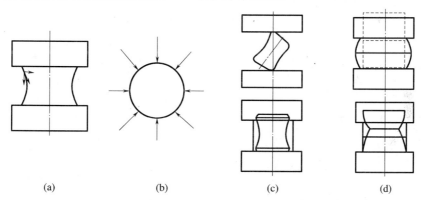

(a)   (b)   (c)   (d)

图4-4 镦粗时的受力情况与凹形坯料制备

(a)表面应力状态;(b)周向应力分布;(c)铆镦;(d)叠镦。

(3)采用铆镦、叠镦和套坯内镦粗。

① 铆镦就是预先将坯料端部局部成形,再重击镦粗把内凹部分镦出,对于小坯料,先将坯料斜放,轻击,旋转锻成如图4-4(c)所示的形状。

② 叠镦是将两件锻件叠起来镦粗,形成鼓形,如图4-4(d)所示,然后翻转锻件继续镦粗消除鼓形,不仅能使变形均匀,而且能显著地降低变形抗力。这种方法主要用于扁平的圆盘锻件。

③ 在套环内镦粗这种方法是在坯料的外圈加一个碳钢外套,靠套环的径向压力来减小坯料的切向拉应力,镦粗后将外套去掉。

上述工艺措施均会使坯料沿侧表面有压应力分量产生,因此产生裂纹的倾向显著降低,又由于坯料上、下端面部分也有较大的变形,故不再保留铸态组织。

(4)采用软金属垫镦粗。热镦粗较大的低塑性锻件时,在工具和锻件之间放置一块温度不低于坯料温度的软金属垫板(一般采用碳素钢),使锻件不直接受到工具的作用,如图4-5所示。由于软垫的变形抗力较低,优先变形并拉着锻件径向流动,结果锻件的侧面内凹。当继续镦粗时,软垫直径增大,厚度变薄,温度降低,变形抗力增大,镦粗变形便集中到锻件上,使侧面内凹消失,呈现圆柱形。再继续镦粗时,可获得变形程度不大的鼓形。

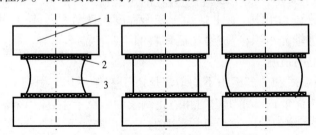

图4-5 采用软金属垫镦粗
1—锤头;2—软垫;3—坯料。

5)镦粗时的注意事项

(1)为防止镦粗时产生弯曲,坯料高度与直径之比不应超过2.5~3,在2~2.2的范围内更好。

(2)镦粗前,要先倒棱,消除锥度,压合皮下气泡,防止造成裂纹。

(3)坯料端面需平整,不得有凹坑或裂纹,防止产生歪斜和夹层。

(4)镦粗时每次的压缩量应小于材料塑性允许的范围。如果镦粗后进一步拔长时,应考虑到拔长的可能性,即不要镦得太矮。

(5)镦粗时坯料高度应与设备空间尺寸相适应。在锤上镦粗时,应满足下式要求。

$$H_{锤} - H_0 > 0.25H_{锤} \qquad (4-2)$$

式中:$H_{锤}$为锤头的最大行程;H_0为坯料的原始高度。

在水压机上镦粗时,应满足下式要求。

$$H_{水} - H_0 > 100(\text{mm}) \qquad (4-3)$$

式中:$H_{水}$为水压机工件空间最大距离;H_0为坯料的原始高度。

4.2.2 拔长

使坯料横截面减小而长度增加的成形工序称为拔长。拔长时的变形程度大小用拔长前后的截面积之比(锻造比)来表示,即

$$K_{L} = \frac{F_0}{F} \qquad (4-4)$$

式中:F_0为拔长前截面的截面面积;F为拔长后截面的截面面积。

锻造比的选择,主要考虑金属材料的种类,锻件性能的具体要求以及工序种类和锻件尺寸等方面因素。一般碳素钢$K_L = 2 \sim 3$;合金结构钢$K_L = 3 \sim 4$。

1. 拔长的目的

(1)由截面积较大的坯料获得截面积较小而轴向较长的轴类锻件。

(2)可以辅助其他工序进行局部成形。

(3)反复拔长与镦粗可以提高锻造比,使合金钢中的碳化物破碎,达到均匀分布,改善锻

件内部组织,提高力学性能。

拔长时通过坯料逐次送进和反复转动坯料进行压缩变形,所以它是耗时最多的一个工序。因此,在研究拔长时金属的变形和流动特点时,还应分析影响拔长生产率的问题,从而确定合理的工艺参数和工艺方法,提高拔长效率。

拔长可分为矩形截面坯料的拔长、圆截面坯料的拔长和空心坯料的拔长三类。

2. 矩形截面坯料的拔长

拔长是在长坯料上进行局部压缩,如图 4-6 所示,其金属变形和流动与镦粗相近,但因为压缩变形受到两端不变形金属的限制,因而又区别于自由镦粗。

矩形截面坯料拔长时,当相对送进量较小时,即送进长度 l 与宽度 a 之比,l/a 较小时,金属多沿轴向流动,轴向的变形程度 ε_1 较大,横向的变形程度 ε_a 较小;随着 l/a 的不断增大,ε_1 逐渐减小,ε_a 逐渐增大。ε_1 和 ε_a 随 l/a 变化的情况如图 4-7 所示。从图 4-7 中可看出,在 $l/a=1$ 处,$\varepsilon_1 > \varepsilon_a$,即拔长时沿横向流动的金属量少于沿轴向流动的金属量。而在自由镦粗时,沿轴向和横向流动的金属相等。显然,拔长时,由于两端不变形金属的作用,阻碍了变形区金属的横向流动。

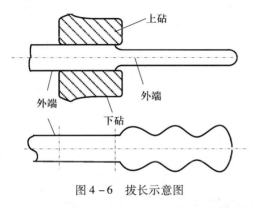

图 4-6 拔长示意图

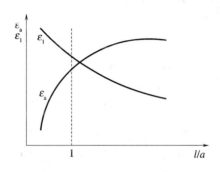

图 4-7 拔长时变形的分析

(1) 矩形截面坯料拔长时的生产率,将截面积为 A_0 的坯料拔长到截面积为 A 的锻件所需的时间主要取决于总的压缩(或送进)次数,总的压缩次数 N 等于沿坯料长度上各遍压缩所需送进次数的总和。总的压缩次数与每次的变形程度及进料比有关。要提高拔长时的生产效率必须正确地选择相对压缩程度和进料比。

① 相对压缩程度 ε_n 的确定。相对压缩程度 ε_n 大时,压缩所需的遍数和总的压缩次数就少,故生产率高。但在实际生产中,ε_n 常受到材料塑性的限制。ε_n 不能大于材料塑性允许值。对于塑性高的材料,每次压缩后应保证宽度与高度之比小于 2.5。否则,翻转 90° 再压时可能使坯料弯曲。

② 进料比 l_{n-1}/a_{n-1} 的确定。进料比 l_{n-1}/a_{n-1} 小时,ε_1 大,即在同样的相对压缩程度下,横截面减小的程度大,可以减少所需的压缩遍数。但是送进比 l_{n-1}/a_{n-1} 小时,对于一定长度的毛坯,压缩一遍所需的送进次数增多。因此有必要确定一个最佳的送进值。实际生产中确定送进量时常取 $(1\sim0.4)b$,其中 b 为平砧的宽度。

(2) 矩形截面坯料拔长时的质量分析。在平砧上拔长锭料或低塑性材料时,在坯料的外部常常出现横向裂纹和角裂纹,如图 4-8(a) 和 (b) 所示,在内部容易出现纵向中心对角裂纹和横向裂纹,如图 4-8(c) 和 (d) 所示。

送进量和压下量对质量的影响:当送进量较大($l > 0.5h$)时,如图 4-9 所示,轴心部分变形大,处于三向压应力状态,有利于焊合坯料内部的孔隙、疏松,而侧表面的切向受拉应力;当送进量过大($l > h$)且压下量也很大时,此处可能展宽过多而产生较大的拉应力引起开裂。但拔长时由于受两端未变形部分影响(或称为外端牵制),变形区内的变形分布和镦粗时略有不同,即接触面 A—A 也有较大的变形,由于工具摩擦的影响,该接触面中间变形小,两端变形大,其总变形程度与沿 O—O 是一样的,但沿接触面 A—A 及其附近的金属主要是由于轴心区金属的变形而被拉着伸长的。因此,在压缩过程中一直受到拉应力,与外端接近的部分受拉应力最大,变形也最大,因而常易在此处产生表面横向裂纹,如图 4 - 8(b)所示。由此可见,拔长时,外端的存在加剧了轴向附加应力,尤其在边角部分,由于冷却较快,塑性降低,更易开裂。

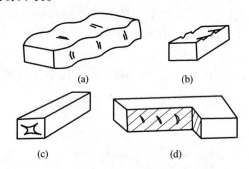

图 4 - 8 矩形截面坯料拔长时产生的裂纹
(a) 侧面裂纹;(b) 角裂纹;
(c) 中心对角裂纹;(d) 内部横向裂纹。

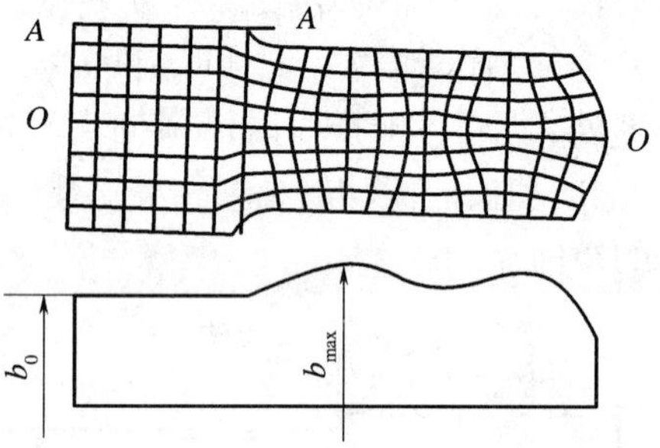

图 4 - 9 拔长时坯料纵向剖面的金属流动变化

拔长高合金工具钢时,当送进量较大,并且在坯料同一部位反复翻转重击时,常沿对角线产生裂纹,如图 4 - 8(c)所示。一般认为其产生的原因是:坯料被压缩时,如图 4 - 10(a)所示,A 区(难变形区)金属带着它附加的 a 区金属向轴心方向移动,b 区金属带着靠近它的 b 区金属向增宽方向流动,因此 a、b 两区金属向着两个相反的方向流动。当坯料翻转 90°,再锻打时,a、b 两区相互调换,如图 4 - 10(b)所示。但其金属的流动仍沿着两个相反的方向,因而 DD_1 和 EE_1 便成为两部分金属的相对移动线,在 DD_1 和 EE_1 线附近的金属变形最大。当多次反复地翻转锻打时,a、b 两区金属流动的方向不断改变,其剧烈的变形产生了很大的热量,使得两区内温度剧升,此处的金属很快地过热,甚至发生局部熔化现象,因此,在切应力作用下,很快地沿对角线产生破坏。当坯料质量不好,锻件加热时间较短,内部温度较低,或打击过重时,由于沿对角线方向金属流动过于剧烈,产生严重的加工硬化现象,也促使金属很快地沿对角线开裂。可见,拔长时,若送进量过大,沿长度方向流动的金属减少,更多的金属沿横截面方向流动,沿对角线产生纵向裂纹的可能性就更大。

送进量适当增大时,坯料可以很好地锻透,而且可以焊合坯料中心部分原有的孔隙和微裂纹。但送进量过大,产生外部横向裂纹和内部纵向裂纹的可能性也会增大。

在拔长大锭料时,即 $l < 0.5h$,这时坯料内部变形也是不均匀的,变形情况如图 4 - 11 所示,上部和下部变形大,中部变形小,变形主要集中在上、下两部分,中间部分锻不透,轴心部分沿轴向受附加拉应力。当拔长铸锭坯料和低塑性材料时,轴心部位原有的疏松等缺陷将进一步扩大,易在拔长的轴向产生横向裂纹,如图 4 - 8(d)所示。

综合以上分析可见,送进量过大和过小都不好。根据经验一般认为 $l/h = 0.5 \sim 0.8$ 时较为合适。

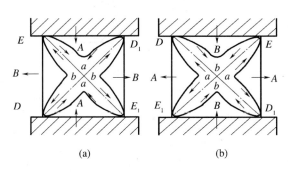

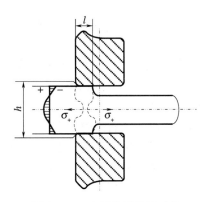

图 4 – 10　拔长时坯料横截面上金属流动情况

（a）坯料横截面上金属流动情况；（b）翻转 90°

后坯料横截面上金属流动情况。

图 4 – 11　小送进量拔长时的

变形和应力情况

　　拔长过程中易产生的另一些质量问题是表面折迭、端面内凹和倒角时对角线裂纹等。图 4 – 12 是表面折迭的形成过程的一种，其原因是送进量很小，压下量很大，上、下两端金属产生局部变形。避免产生这种折迭现象的措施是增大送进量，使两次送进量与单边压缩量之比大于 1~1.5，即 $2l/\Delta h_i > 1 ~ 1.5$。

　　当拔长时压缩得太扁，翻转 90°立起来再压时，容易使坯料弯曲导致折迭。避免产生这种折迭的措施是减小压缩量，使每次压缩后的锻件宽度与高度之比小于 2~2.5。

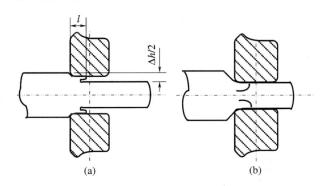

图 4 – 12　表面折迭形成过程

3. 圆截面坯料的拔长

　　用平砧拔长圆截面坯料，当压下量较小时，接触面较窄、较长时，沿横向阻力最小，所以金属横向流动多，轴向流动少，显然，拔长的效率很低。用平砧采用小压缩量拔长圆截面坯料时，不仅生产效率低，而且易在锻件内部产生纵向裂纹，如图 4 – 13 所示。产生裂纹的原因在于工具与金属接触时，首先是线接触，然后接触区域逐渐扩大。接触面附近的金属受到的压应力大，工具与坯料之间的摩擦力也随之增大，而且由于接触温度降低较快，使其变形抗力增加，导致 ABC 区域成为难变形区。在压力作用下，ABC 区域就像一个刚性楔子。继续压缩时，通过 AB、BC 面沿着与其垂直的方向，将应力 σ_b 传给坯料的其他部分，使坯料中心部分受到合力 σ_r 的作用。另一方面，由于在坯料上、下端的压应力大，变形主要集中在上、下部分，金属沿横向流动，结果对轴心部分金属产生附加拉应力。

　　上述分析中附加拉应力和合力方向是一致的，均对轴心部分产生拉应力，在此拉应力作用下，使坯料中心部分原有的孔隙、微裂纹继续发展和扩大。当拉应力的数值大于金属的强度极限时,金属就开始破坏,产生纵向裂纹。

拉应力的数值与相对压下量 $\Delta h/h$ 有关,当变形量较大时 $(\Delta h/h > 30)$,难变形区的形状也改变了,相当于矩形截面坯料在平砧下拔长,轴心部分处于三向压应力状态。

因此,圆截面坯料用平砧直接由大圆到小圆的拔长是不合适的。为保证锻件的质量和提高拔长的效率,应当限制金属的横向流动和防止径向拉应力的出现,生产中常采用下面两种方法。

(1) 在平砧下拔长时,先将圆截面坯料压成矩形截面,再将矩形截面坯料拔长到一定尺寸,然后再压成八边形,最后压成圆形,如图 4 – 14 所示,其主要变形阶段是矩形截面坯料的拔长。

(2) 在型砧(或摔子)内进行拔长。它是利用工具的侧面压力限制金属的横向流动,迫使金属沿轴向伸长,如图 4 – 15 所示。在型砧内拔长与平砧相比可提高生产率 20% ~ 40%,在型砧(或摔子)内拔长时的应力状态可以防止内部纵向裂纹的产生。

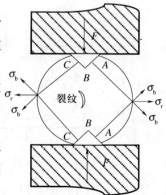

图 4 – 13　平砧小压下量圆截面坯料的受力情况

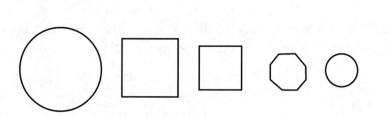

图 4 – 14　平砧拔长圆截面坯料时截面变化过程

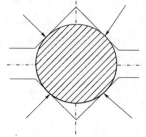

图 4 – 15　型砧拔长

4. 空心件拔长

空心件拔长一般叫芯轴拔长。芯轴拔长是一种减小空心坯料外径而增加其长度的锻造工序,用于锻制长筒类锻件,如图 4 – 16(a)所示。

芯轴上拔长与矩形截面坯料拔长一样,被上、下砧压缩的那一段金属是变形区,其左右两侧金属为外端。变形区又可分为 A、B 区,如图 4 – 16(b)所示。A 区是直接受力区,B 区是间接受力区,B 区受力和变形主要是由于 A 区变形引起的。

(1) 在平砧上进行芯轴拔长时的金属流动特点。A 区金属沿轴向和切向流动,如图 4 – 16(b)、(c)所示。A 区金属轴向流动时,借助于外端的作用拉着 B 区金属一起伸长;而 A 区金属

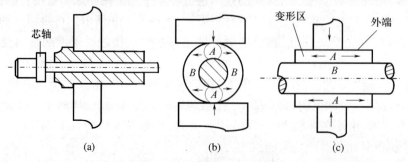

图 4 – 16　芯轴拔长示意图

(a)芯轴拔长;(b)芯轴拔长变形 1;(c)芯轴拔长变形 2。

沿切向流动时,则受到外端的限制,因此,芯轴拔长时,外端对 A 区金属切向流动的限制越强烈,越有利于变形金属的轴向伸长;反之,则不利于变形区金属的轴向流动。如果没有外端存在,则环形件(在平砧上)将被压成椭圆形,变成扩孔成形了。

(2)拔长时外端的影响。外端对变形区金属切向流动的限制能力与空心件相对壁厚(即空心件壁厚与芯轴直径的比值 t/d)有关。t/d 越大时,限制的能力越强。当 t/d 较小时,外端对变形区切向流动限制的能力较小。为了提高拔长效率,可以将下平砧改为 V 形型砧,借助于工具的横向压力限制 A 区金属的切向流动。若 t/d 很小,可以把上、下砧都采用 V 形型砧。

(3)空心件拔长过程中的主要质量问题是孔内壁裂纹(尤其是端部孔壁)和壁厚不均。孔壁裂纹产生的原因是:经一次压缩后内孔扩大,转一定角度再一次压缩时,由于孔壁与芯轴间有一定间隙,在孔壁与芯轴上、下端压靠之前,内壁金属由于弯曲作用,产生切向拉应力,如图 4-17 所示。另外,内孔壁长时间与芯轴接触,温度较低,塑性较差,当应力值或伸长率超过材料允许的指标时便产生裂纹。

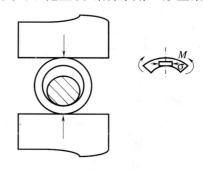

图 4-17 芯轴拔长时内壁金属的受力情况

A 区金属切向流动得越多,内孔增加越大时,越易产生孔壁裂纹。因此在平砧上拔长时,t/d 越小(即孔壁越薄)时越易产生裂纹。采用 V 形型砧,可以减小孔壁裂纹产生的倾向。

因此,为提高拔长效率和防止孔壁产生裂纹,对于厚壁锻件($t/d>0.5$),一般采用上平砧和下 V 形型砧;对于薄壁空心锻件($t/d\leqslant0.5$),上、下均采用 V 形型砧。

4.2.3 冲孔

在坯料上锻制出通孔或盲孔的工序叫作冲孔。

1. 常用冲孔工序

(1)锻件带有大于 $\phi30$ 的盲孔或通孔。

(2)需要扩孔的锻件应预先冲出通孔。

(3)需要拔长的空心件应预先冲出通孔。

常用的冲孔方法有 3 种:实心冲子冲孔、在垫环上冲孔、空心冲子冲孔,如图 4-18 所示。

实心冲子冲孔过程如图 4-18(a)所示,冲到深为坯料高度的 70% ~80% 时,将坯料翻转180°,再用冲子从另一面把孔冲穿。因此,又叫双面冲孔,其优点是操作简单,芯料损失较少,主要用于孔径小于 400mm 的锻件。空心冲子冲孔时,坯料的变形很小,但芯料的损失大,主要用于孔径在 400mm 以上的大锻件。垫环上冲孔时,坯料形态变化小,但芯料的损失大,这种方法只适合于高径比 $\dfrac{H_0}{D_0}<0.125$ 的薄形锻件。

冲孔是局部加载、整体受力、整体变形。将坯料分为直接受力区(A 区)和间接受力区(B 区)两部分,如图 4-19 所示。B 区的受力主要是由 A 区的变形引起的。

2. A 区和 B 区的应力应变特点

(1)A 区金属的变形可看做是环形金属包围下的镦粗。A 区金属被压缩后高度减小,横截面积增大,金属沿径向外流,但受到环壁的限制,故处于三向受压应力状态。通常 A 区内金属不是同时进入塑性状态,在冲头端部下面的金属由于摩擦力作用成为难变形区,当坯料较高

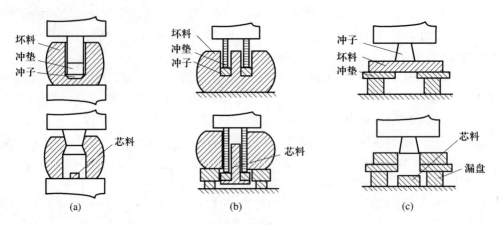

图 4 - 18　冲孔方法

(a) 实心冲子冲孔；(b) 空心冲子冲孔；(c) 在垫环上冲孔。

时,由于沿加载方向受力面积逐渐扩大,应力的绝对值逐渐减小,变形是由上往下逐渐发展的。随着冲头的下降,变形区也逐渐下移,如图 4 - 19 所示。由于是环形金属包围下的镦粗,故冲孔时单位压力比自由镦粗时要大,环壁越厚,单位冲孔力也越大。单位冲孔力的公式为

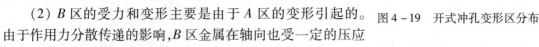

$$p = \sigma_s \left(2 + 1.1 \ln \frac{D}{d} \right) \qquad (4-5)$$

图 4 - 19　开式冲孔变形区分布

可见 D/d 越大,即环壁越厚时,单位冲孔力 p 也越大。

(2) B 区的受力和变形主要是由于 A 区的变形引起的。由于作用力分散传递的影响,B 区金属在轴向也受一定的压应力,越靠近 A 区其轴向压应力越大。冲孔时坯料的形状变化情况与 D/d 关系很大,如图 4 - 20 所示,一般有 3 种可能的情况。

$D/d \leqslant 2 \sim 3$ 时,拉缩现象严重,外径明显增大,如图 4 - 20(a)所示。

$D/d = 3 \sim 5$ 时,几乎没有拉缩现象,而外径仍有所增大,如图 4 - 20(b)所示。

$D/d > 5$ 时,由于环壁较厚,扩径困难,多余金属挤向端面形成凸台,如图 4 - 20(c)所示。

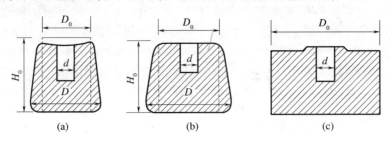

图 4 - 20　冲孔时坯料形状变化的情况

(a) $D/d \leqslant 2 \sim 3$；(b) $D/d = 3 \sim 5$；(c) $D/d > 5$。

坯料冲孔后的高度,总是小于或等于坯料原高度 H_0。随着总孔深度的增加,坯料高度将逐渐减小。但当超过某极限值后,坯料高度又增加,这是由于坯料底部产生翘底的缘故。D/d 的比值越小,拉缩现象越严重。由于 A 区的金属是同一连续整体,被压缩的 A 区金属必将拉着 B 区金属同时下移。作用的结果使上端面下凹,而高度减小。

综上所述,实心冲子冲孔时,坯料直径与孔径之比 D/d 应大于 $2.5 \sim 3$,坯料高度要小于坯料直径,即 $H_0 < D_0$。坯料高度可按以下考虑。

当 $D/d \geqslant 5$ 时,取 $H_0 = H$。

当 $D/d < 5$ 时,取 $H_0 = (1.1 \sim 1.2)H$。

式中:H 为冲孔后要求的高度;H_0 为冲孔前坯料的高度。

4.2.4 扩孔

减少空芯坯料壁厚而增加其内外径的锻造工序叫扩孔。扩孔工序用于锻造各种带孔锻件和圆环锻件。自由锻中,常用的扩孔方法有冲子扩孔和芯轴扩孔,如图 4 - 21 所示。

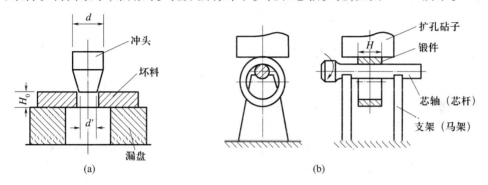

图 4 - 21 常用的扩孔方法
(a)冲子扩孔;(b)芯轴扩孔。

1. 冲子扩孔

冲子扩孔,如图 4 - 21 所示,坯料径向受压应力,切向受拉应力,轴向受力很小。坯料尺寸的相应变化是壁厚减薄,内外径扩大,高度有较小变化。冲子扩孔所需的作用力可产生较大的径向分力,并在坯料内产生数值更大的切向拉应力。另外坯料处于异号应力状态,较易满足塑性条件。由于冲子扩孔时坯料切向受拉力,容易胀裂,故每次扩孔量不宜太大。

冲子扩孔时,锻件壁厚受多方面因素影响。例如,坯料壁厚不等时,将首先在壁薄处变形;如原始壁厚相等,但坯料各处温度不同,则首先在温度较高处变形;如果坯料上某处有微裂纹等缺陷,则将在此处引起开裂。总之,冲子扩孔时,变形首先在薄弱处发生。因此,冲子扩孔时,如控制不当,可能引起壁厚差较大。但是如果正确利用上述因素的影响规律也可能获得良好的效果。例如,扩孔前将坯料的薄壁处沾水冷却一下,以提高此处的变形抗力,将有助于减小扩孔后的壁厚差。

扩孔前坯料的高度尺寸按下式计算

$$H_0 = 1.05H \tag{4-6}$$

式中:H_0 为扩孔后坯料高度;H 为锻件高度。

冲子扩孔适用于厚壁锻件(外径与内径之比 $D/d = 1.7 \sim 2.5$)的情况,锻件的厚度不能太小,必须保证 $H > 0.125D$,否则扩孔时会出现翻边变形。

2. 芯轴扩孔

芯轴扩孔时,变形区金属沿切向和宽度(高度)方向流动。这时除宽度(高度)方向的流动受到外端的限制外,切向的流动也受到限制。

金属流动的特点：芯轴扩孔时变形区金属主要沿切向流动。在扩孔的同时增大内、外径，其原因如下。

（1）变形区沿切向的长度远小于宽度（即锻件的高度）。

（2）芯轴扩孔锻件一般壁较薄，外端对变形区金属切向流动的阻力远比宽度方向的阻力小。

（3）芯轴与锻件的接触面呈弧形，有利于金属沿切向流动。

因此，芯轴扩孔时锻件尺寸变化使壁厚减薄，内外径扩大，宽度（高度）稍有增加。由于变形区金属受三向压应力，故不易产生裂纹破坏。因此，芯轴扩孔可以锻制薄壁的锻件。

为保证壁厚均匀，锻件每次转动量和压缩量应尽可能一致。另外，为提高扩孔的效率，可以采用窄的上砧，上砧宽度 $b = (100 \sim 150)$ mm。

4.2.5 弯曲

将坯料弯成所规定外形的锻造工序称为弯曲，这种方法可用于锻造各种弯曲类锻件，如起重吊钩、弯曲轴杆等。

坯料在弯曲时，弯曲变形区的内侧金属受压缩，可能产生折叠，外侧金属受拉伸，容易引起裂纹。而且弯曲处坯料断面形状要发生畸变，如图 4 – 22 所示，断面面积减小，长度略有增加。弯曲半径越小，弯曲角度越大，上述现象则越严重。

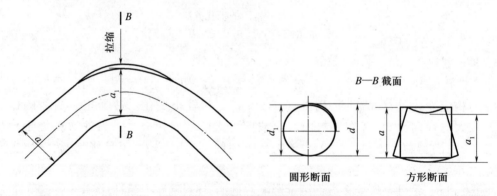

图 4 – 22　弯曲时断面形状的畸变

由于弯曲具有上述变形特点，在确定坯料形状和尺寸时，考虑到弯曲变形区断面减小，一般坯料断面应比锻件断面稍大（增大 10% ~ 15%），锻时先将不弯曲部分拔长到锻件尺寸，然后再进行弯曲成形。此外，要求坯料加热均匀，最好仅加热弯曲段。

当锻件有数处弯曲时，弯曲的次序一般是先弯端部，其次弯与直线相连接的地方，最后再弯其余的部分。

4.3　自由锻工艺规程制定

4.3.1　工艺规程的制订原则

（1）要保证满足锻件的技术条件要求。

（2）要保证生产的经济性和技术上的可能性。

（3）要充分了解本厂的实际生产条件、设备能力和技术水平状况。

4.3.2　自由锻工艺过程的内容

（1）根据零件图绘制锻件图,并考虑锻件结构的工艺性。
（2）确定坯料重量、规格、尺寸及原材料的相关要求。
（3）拟定变形工艺、锻造工序及工具。
（4）计算变形力及功,选择锻压设备。
（5）确定锻造温度范围、加热和冷却规范。
（6）确定热处理规范。
（7）提出锻件的技术条件和检验要求。
（8）填写工艺卡片,确定工时定额。

4.3.3　自由锻造的基本工艺参数及锻件图

锻件图是编制锻造工艺、设计工具、指导生产和验收锻件的主要依据,也是联系其他后续加工工艺的重要技术资料。它是在零件图的基础上,加上机械加工余量、锻造公差、锻造余块,并考虑检验试样和工艺卡头及热处理夹头等工艺因素,并按照国家制图标准绘制而成的。

1. 基本工艺参数

（1）机械加工余量。锻件表面应留有供机械加工用的金属层,称为机械加工余量（也称余量）对于非加工表面,则无需加工余量。余量的大小主要取决于零件的形状尺寸和加工精度、表面粗糙度、锻造加热质量、设备工具精度和操作技术水平等。

（2）锻件基本尺寸。锻件基本尺寸指零件公称尺寸加上余量后的尺寸。

（3）锻件的公差。锻件尺寸大于其基本尺寸的部分称为上偏差（正偏差）,小于其公称尺寸的部分称为下偏差（负偏差）,通常锻造公差约为余量的 1/4～1/3,如图 4－23 所示。

（4）余块。为了简化锻件外形,根据锻造工艺需要,零件上较小的孔、狭窄的凹槽、直径差较小而长度不大的台阶等难于锻造的地方,如图 4－24 所示,通常都需填满金属,这部分附加的金属叫做锻造余块。

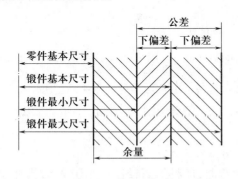

图 4－23　锻件的尺寸、余量和公差

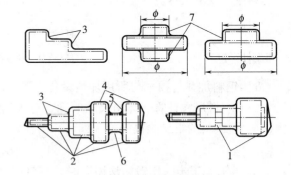

图 4－24　锻造中的余块、余量和余面
1—余块；2—余面；3—锻造圆角；4—凸肩余面；
5—加工余面；6—凹挡余面；7—加工余面。

2. 锻件图的绘制步骤

1）确定锻件形状

确定锻件形状要考虑锻件的一些台阶、小孔是否需要简化,根据设备吨位大小、工厂生产条件、技术条件来取得锻件图（参阅 GB/T 15826.2—1995、GB/T 15826.3—1995、GB/T

15826.7—1995 标准中规定确定锻件形状)。

2)确定余量和公差

对于锤上自由锻件的余量公差参阅 GB/T 15826—1995,对于水压机上自由锻件的加工余量可参阅 JB/T 9179—1999。

3)绘制锻件图

当余量、公差和余块等确定之后,按机械制图规则,便可绘制锻件图。锻件图上的锻件形状用粗实线描绘。为了便于了解零件的形状和检查锻后的实际余量,在锻件图内用假想线画出零件简单形状,锻件的尺寸和公差标注在尺寸线上面,零件的尺寸、公差在尺寸线下面(并夹括号)。如锻件带有检验试样、热处理夹头时,在锻件图上应注明其尺寸和位置。在图上无法表示的某些条件,可以用技术条件的方式加以说明。

4)确定坯料的重量和尺寸

(1)坯料重量的计算。坯料重量 $G_{坯}$(kg)应包括锻件重量和各种损耗的重量,可按下式计算

$$G_{坯} = G_{锻} + G_{芯} + G_{切}(1 + \delta) \qquad (4-7)$$

式中:$G_{锻}$ 为锻件重量(kg),按锻件基本尺寸算出其体积,再乘以密度即可求得;$G_{芯}$ 为冲孔芯料损失(kg),其取决于冲孔方式,冲孔直径(d)和坯料高度(H_0)。

具体可按下式计算

实心冲孔 $\qquad G_{芯} = (0.15 \sim 0.2)d^2 H_0 \rho \qquad (4-8)$

空心冲孔 $\qquad G_{芯} = 0.78 d^2 H_0 \rho \qquad (4-9)$

垫环冲孔 $\qquad G_{芯} = (0.55 \sim 0.6)d^2 H_0 \rho \qquad (4-10)$

式中:ρ 为锻造材料的密度(kg/m³);$G_{切}$ 为锻件拔长端部由于不平整而应切除的料头重量(kg),其与切除部位的直径(D)或截面宽度(B)和高度(H)有关。

具体可按下式计算

圆形件 $\qquad G_{切} = (0.21 \sim 0.23)D^3 \rho \qquad (4-11)$

矩形件 $\qquad G_{切} = (0.28 \sim 0.3)B^2 H \rho \qquad (4-12)$

δ 为钢料加热烧损率与所用加热设备类型等因素有关,可按第 3 章表 3-25 选取。

(2)坯料尺寸计算。坯料尺寸的确定与所用工序有关,采用工序不同,计算方法也不同。体积 $V_{坯}$ 用坯料的重量除以密度 ρ 即可算出,即

$$V_{坯} = G_{坯} / \rho \qquad (4-13)$$

① 当第一工步采用镦粗法锻造时,为避免产生弯曲,坯料的高径比应小于 2.5,为便于下料,高径比则应大于 1.25,即

$$1.25 \leqslant H_0/D_0 \leqslant 2.5 \qquad (4-14)$$

带入 $V_{坯} = \dfrac{\pi}{4}D_0^2 H_0$ 便可得到坯料直径 D_0(或方形边长 A_0)的公式。

$$D_0 = (0.8 \sim 1.0)\sqrt[3]{V_{坯}} \qquad (4-15)$$

$$A_0 = (0.75 \sim 0.9)\sqrt[3]{V_{坯}} \qquad (4-16)$$

② 用拔长法锻制锻件时,原坯料直径应按锻件最大面积 $S_{锻max}$,并考虑锻比 K_L 和修整量等要求来确定。从满足锻比要求的角度出发,原坯料截面积 $S_坯$ 计算方法如下。

$$S_坯 = K_L S_{坯max} \qquad (4-17)$$

由此便可算出原坯料直径 D_0 或方形坯料的边长 A_0,即

$$D_0 = 1.13\sqrt{K_L S_{锻max}} \qquad (4-18)$$

初步算出坯料直径(或边长)后,应按国家标准选择直径(或边长),再根据选定的直径(或边长)计算下料长度。

圆坯料
$$L_0 = \frac{V_坯}{\dfrac{\pi D_0^2}{4}} \qquad (4-19)$$

方坯料
$$L_0 = \frac{V_坯}{A_0^2} \qquad (4-20)$$

(3)钢锭规格的选择。选择钢锭规格的方法有两种。

① 根据钢锭的各种损耗,求出钢锭利用率 η。

$$\eta = [1 - (\delta_{冒口} + \delta_{锭底} + \delta)] \times 100\% \qquad (4-21)$$

式中:$\delta_{冒口}$、$\delta_{锭底}$ 分别为被切去冒口和锭底的质量占钢锭质量的百分数;

碳素钢钢锭 $\qquad \delta_{冒口} = 18\% \sim 25\% \qquad \delta_{锭底} = 5\% \sim 7\%$

合金钢钢锭 $\qquad \delta_{冒口} = 25\% \sim 30\% \qquad \delta_{锭底} = 7\% \sim 10\%$

δ 为加热烧损率,可按加热部分的表 3-25 选取。

然后计算钢锭的计算重量。

$$G_锭 = \frac{G_锻 + G_损}{\eta} \qquad (4-22)$$

式中:$G_损$为除冒口、锭底及烧损以外的损耗量。

根据钢锭的计算重量,参照有关钢锭规格表,选取相应的钢锭规格即可。

② 根据锻件类型参照经验资料,先定出概略的钢锭利用率 η(表 4-1),然后求得钢锭的计算重量 $G_锭 = G_锻/\eta$,再从有关钢锭规格表中选取所需的钢锭规格。

表 4-1 各类锻件的金属利用率 η

锻件种类	钢锭利用率 $\eta/\%$	锻件种类	钢锭利用率 $\eta/\%$
圆光轴	58~62	空心圆柱体	58~60
台阶轴	58~60	空心圆柱体带有锻合的两端	55~58
曲轴	55~58	圆盘件	45~55
矩形光轴	57~60	环形锻件	60~65
矩形台阶轴	57~59	复杂外形锻件	50~55
板状锻件	50~60	离合器	55~58
混合断面件	55~57	锤头	50~55

5）确定变形工艺和锻造比

（1）确定变形工艺。变形工艺的内容包括：锻件成形必需的工序、辅助工序、合修整工序以及各变形工序的顺序中间坯料的尺寸等。变形工序的要点如下。

① 根据锻件所需力学性能的不同要求采用不同的锻造工序。拔长工序适合于轴向力学性能要求较高的锻件；镦粗工序则适合于径向力学性能要求较高的锻件；对于轴向和径向力学性能要求较高的锻件，可采用镦粗和拔长相结合的工序。

② 饼块类锻件的变形工艺，一般均以镦粗成形。当锻件带有凸肩时，可根据凸肩尺寸，选取垫环镦粗或局部镦粗。若锻件的孔可冲出，则还需采取冲孔工序。

③ 轴杆类锻件的变形工艺，主要采用拔长工序。当坯料直接拔长不能满足锻造比的要求时，或锻件要求横向力学性能较高时，以及锻件带有台阶尺寸相差较大的法兰时，则应采用镦粗—拔长联合变形工序。

④ 空心类锻件的变形工艺，一般均需镦粗、冲孔，有的稍加修整便可达到锻件尺寸，有的需要扩孔来扩大其内、外径，部分空心类锻件还需要芯轴拔长，以增加其长度，具体工艺方案，要视锻件几何尺寸而定。

（2）工序坯料尺寸的确定。工序坯料尺寸设计是与工序顺序选择同时进行的。在确定工序坯料尺寸时，应注意下列各点。

① 工序坯料尺寸必须符合工艺特点和各工序的变形规则。

② 必须保持各部分有足够的体积。例如台阶尺寸相差较大的轧辊形锻件的辊身，可按其公称长度下料，或按其计算重量（直径应加正公差）下料。

③ 多火次锻打大件时必须注意中间各火次加热的可能性。

④ 有些长轴类锻件的轴向尺寸要求精确，且沿轴向又不能镦粗（例如曲轴），必须预计到轴向在修整时会略有伸长。

（3）锻造比的确定。锻造比是表示变形程度的一种方法，是衡量锻件重量的一个重要指标。锻造比大小反映了锻造对锻件组织和力学性能的影响，一般规律是：锻造过程随着锻造比增大，由于内部孔隙焊合，铸态树枝晶被打碎，锻件的纵向和横向的力学性能均得到明显提高。当锻造比超过一定数值后，由于形成纤维组织，横向力学性能（塑性、韧性）急剧下降，导致锻件出现各向异性。因此，在制订锻造工艺规程时，应合理地选择锻造比大小。由于锻造工序变形特点不同，各工序的锻造比和变形过程总锻造比的计算方法也不同。

在拔长时，锻造比可用拔长前后坯料的横截面积之比或长度之比来表示，也称拔长比。

$$K_{\mathrm{L}} = \frac{F_0}{F} \text{ 或 } \frac{L}{L_0} \qquad\qquad (4-23)$$

镦粗时，锻造比可用镦粗前后锻件的截面比或高度比来表示，也称锻造比。

$$K_{\mathrm{H}} = \frac{F}{F_0} \text{ 或 } \frac{H_0}{H} \qquad\qquad (4-24)$$

采用钢材锻制的锻件（莱氏体钢锻件除外），由于钢材经过了大变形锻造或轧制，其组织和性能已得到改善，一般不需考虑锻造比；用钢锭（包括有色金属铸锭）锻制的大型锻件，必须考虑锻造比。典型锻件的锻造比可参照表4-2选用。

表 4 - 2　典型锻件的锻造比

锻件名称	计算部位	总锻造比	锻件名称	计算部位	总锻造比
碳素钢轴类件	最大截面	2.0 ~ 2.5	曲轴	曲拐	≥2.0
合金钢轴类件	最大截面	2.5 ~ 3.0		轴颈	≥3.0
热轧辊	辊身	2.5 ~ 3.0	锤头	最大截面	≥2.5
冷轧辊	辊身	3.5 ~ 5.0	横块	最大截面	≥3.0
齿轮轴	最大截面	2.5 ~ 3.0	高压封头	最大截面	3.0 ~ 5.0
船用尾轴、中轴	法兰	>1.5	汽轮机转子	轴身	2.5 ~ 6.0
	轴身	≥3.0	发电机转子	轴身	3.5 ~ 6.0
水轮机主轴	法兰	≥1.5	汽轮机叶轮	轮毂	4.0 ~ 6.0
	轴身	≥2.5	旋翼轴、涡轮轴	法兰	6.0 ~ 8.0
水压机立柱	最大截面	≥3.0	航空用大型锻件	最大截面	6.0 ~ 8.0

注:1. 对于热轧辊,一般取 3.0,对小型轧辊可取 2.5;
　　2. 对于冷轧辊,支承辊锻造比可减小到 3.0

6) 确定锻造设备吨位

自由锻常用设备为锻锤和水压机,这些设备虽无过载损坏问题,但若设备吨位选得过小,则锻件内部锻不透,而且生产率低。反之,若设备吨位选得过大,不仅浪费动力,而且由于大设备工作速度低,同样也影响生产率和锻件成本。因此,正确确定设备吨位是编制工艺规程的重要环节之一。

锻造所需设备吨位主要与变形面积、锻件材质、变形温度等因素有关。在自由锻中,变形面积由锻件大小和变形工序性质而定。镦粗时锻件与工具的接触面积相对于自由锻变形工序要大得多,而很多锻造过程均与镦粗有关。因此,常以镦粗力的大小来选择锻造设备吨位。

确定设备吨位的方法有:理论计算法和经验类比法两种。

(1) 理论计算法。理论计算法是根据塑性成形理论建立的公式来计算设备的吨位。液压机的吨位应该等于变形力大小,如果一个锻件需要几道工序才能加工出来,那么液压机的大小应根据需要最大变形力工序选择。

水压机锻造时,锻件成形所需最大变形力可按以下公式计算。

$$P = p \cdot F \tag{4 - 25}$$

式中:F 为锻镦粗后毛坯的截面积;p 为锻件与工具接触面上的单位流动压力(即平均单位压力)。

单位流动压力 p 需根据不同情况分别计算。

① 用平砧镦粗圆形锻件。当 $H/D \geqslant 0.5$ 时,

$$p = \sigma_s \left(1 + \frac{\mu_s}{3} \frac{d}{h} \right) \tag{4 - 26}$$

式中:d、h 分别为锻造终了锻件的直径和高度;σ_s 为流动应力,金属在相应变形温度、速度下的真实应力;μ_s 为与 σ_s 对应的摩擦因数,热锻时为 0.3 ~ 0.5;如无润滑,一般取 0.5。

② 用平砧镦粗长方形锻件。长为 l,宽为 b,高为 h 的锻件,单位流动压力的计算公式如下。

$$p = \sigma_s \left(\frac{2}{\sqrt{3}} + \frac{\mu_s}{2} \frac{b}{h} \right) \tag{4 - 27}$$

式中:b、h 分别为锻造终了锻件的宽度和高度。

② 矩形坯料在平砧间拔长。单位流动压力的计算公式如下。

$$p = 1.15\sigma_s\left(1 + \frac{\sqrt{3}}{4}\mu_s\frac{l}{h}\right) \qquad (4-28)$$

式中:l 为送进量;h 为锻件高度。

④ 圆形坯料在圆板砧上拔长时,按下式计算单位流动压力。

$$p = \sigma_s\left(1 + \frac{2}{3}\mu_s\frac{l}{d}\right) \qquad (4-29)$$

式中:l 为送进量;d 为锻件直径。

⑤ 开式冲孔时,按下式计算单位流动压力。

$$p = \sigma_s\left(1 + 1.1\ln\frac{D}{d} + \frac{\mu_s}{3}\frac{d}{h}\right) \qquad (4-30)$$

式中:D 为锻造后坯料直径;d、h 为冲孔后孔的直径和高度。

(2) 根据变形功选择锻锤。由于锻锤锻造,其打击力是不定的,所以应根锯锻件成形变形功来选择设备。

圆柱体锻件镦粗变形功为

$$W = \omega\varphi\sigma_b V\left[\ln\frac{H_0}{H} + \frac{2\mu_s}{9}\left(\frac{D}{H} - \frac{D_0}{H_0}\right)\right] \qquad (4-31)$$

式中:ω 为速度系数,取 $\omega = 2.5 \sim 3$;φ 为尺寸系数,取 $\varphi = 1 \sim 0.4$;σ_b 为锻造前后平均锻造温度下的抗拉强度;μ_s 为接触摩擦因数;D_0、H_0 为镦料的宽度和高度;D、H 为镦粗后宽度和高度;V 为锻件的总体积。

拔长矩形坯料的锻锤可按经验公式确定。

$$G = 5b_0^2h_0\phi\ln\frac{1}{1-\varepsilon}(\text{kg}) \qquad (4-32)$$

式中:b_0、h_0 分别为原始坯料的宽度和高度;ϕ 为相对送进量,$\phi = l_0/b_0$,l_0 为送进量;ε 为相对压缩率,$\varepsilon = (h_0 - h)/h$,$h$ 为瞬间高度。

对于允许用大变形程度并用宽锤头锻造的中小毛坯,可取 $\phi = 1$,$\varepsilon = 0.1$,这样公式可简化为

$$G = 0.5b_0^2h_0(\text{kg}) \qquad (4-33)$$

显然,所需锤头落下部分重量与金属体积成正比,因而该公式适用于任意截面锻件。

根据最后一击的变形功 W(变形程度可取 $0.03 \sim 0.05$),考虑锻锤的打击效率,便可算出所需打击能量 $E(\text{J})$,即

$$E = \frac{W}{\eta} \qquad (4-34)$$

通常锻锤吨位是以落下重量 $G(\text{kg})$ 表示的,它与打击能量有如下关系。

$$G = \frac{2g}{v^2}\frac{W}{\eta} = \frac{2g}{v^2}E \qquad (4-35)$$

式中:g 为重力加速度,一般取 9.8m/s;v 为锻锤打击速度,一般取 $6 \sim 7(\text{m/s})$;η 为打击效率,一般取 $0.7 \sim 0.9$。

(3) 经验类比法。经验类比法是在统计分析生产实践数据的基础上,总结归纳出的经验或图表来估算锻造所需设备吨位的一种方法,应用时只需根锯锻件的某些主要参数(如重量、

尺寸、材质)便可迅速确定设备吨位。自由锻用锻锤的锻造能力范围如表 4-3 所列。

表 4-3　由坯料原始尺寸确定锻锤下落部分重量

锻件类型	设备吨位/t	0.25	0.5	0.75	1.0	2.0	3.0	5.0
圆饼	D/mm	<200	<250	<300	≤400	≤500	≤600	≤750
	H/mm	<35	<50	<100	≤150	≤250	≤300	≤300
圆环	D/mm	<150	<350	<400	≤500	≤600	≤1000	≤1200
	H/mm	<60	≤75	<100	<150	≤200	<250	≤300
圆筒	D/mm	≤150	<175	<250	≤275	≤300	≤350	≤700
	d/mm	≥100	≥125	>125	>125	>125	>150	>500
	H/mm	≤150	≤200	≤275	≤300	≤350	≤400	≤550
圆轴	D/mm	<80	<150	<150	≤175	≤225	≤275	≤350
	G/kg	<100	<200	<300	<500	≤750	≤1000	≤1500
方块	H/mm	≤80	≤150	≤175	≤200	≤250	≤300	≤450
	G/kg	<25	<50	<70	≤100	≤350	≤800	≤1000
扁方	B/mm	≤100	≤160	<175	≤200	<400	≤600	≤700
	H/mm	≥7	≥15	≥20	≤25	≥40	≥50	≥70
锻件成型	G/kg	5	20	35	50	70	100	300
吊钩	起重量/t	3	5	10	20	30	50	75
钢锭直径/mm		125	200	250	300	400	450	600
钢坯边长/mm		100	175	225	275	350	400	550

7) 编写工艺卡片

锻件工艺方案经计算后成为工艺规程,将内容填写在工艺卡片上,作为锻件生产的基本文件之一。

工艺卡片一般包括锻件名称、图号、锻件图、坯料规格、重量、尺寸和材料牌号、锻件重量、技术要求、加热火次和工序变形过程、工具简图、锻压设备、加热冷却规范、热处理方法和验收方法等项目。由于各厂生产条件不同,工艺卡片的格式也不相同,一般锤上锻件工艺卡片较简单,而水压机上锻件工艺卡片则比较复杂,根据锻件的重要程度,可编写续页补充满足生产操作的需要。

4.4　合金钢和有色金属锻造

4.4.1　莱氏体高合金工具钢的锻造

莱氏体高合金工具钢主要包括高速钢和铬 12 冷作模具钢。从使用角度看,这些钢的共同特点是其热硬性和耐磨性很高,而且具有一定的韧性,因而常用来制作刃具和冷成形模具。从组织结构上看,这些钢都具有一次共晶碳化物,影响锻造性能,因而其锻造特点非常接近。

目前,我国较常使用的莱氏体高合金工具钢有 W18Cr4V、W18Cr4V2Co8、W18Cr4VCo5、

W12Cr4V5Co5、W6Mo5Cr4V2、CW6Mo5Cr4V2、W6Mo5Cr4V3、CW6Mo5Cr4V2、W2Mo9Cr4V2、W6Mo5Cr4V2Co5、W7Mo4Cr4V2Co5、W2Mo9Cr4VCo8、W9Mo3Cr4V、W6Mo5Cr4V2AI 和 Cr12、Cr12Mo1V1、Cr12MoV 等。

1. 莱氏体高合金工具的组织特点

这类钢由于含有大量的 W、Cr、Mo 等合金元素,在钢中形成了大量的复合碳化物。在淬火加热时,一部分碳化物溶于奥氏体中,淬火后又过饱和地溶入 α 铁而形成高合金度的马氏体。以高速钢为例,这类马氏体在低于 600℃ 的较高温度下仍然相当稳定,而其过剩碳化物又可在高温加热时阻止晶粒的长大,因此使该类钢具有较高的热硬性、耐磨性和韧性。一般含铝高速钢的韧性更高,而含钴高速钢的热硬性和耐磨性更优。

试验和实践经验都表明,钢中碳化物的颗粒均匀和分布状况对莱氏体高合金工具钢的使用性能影响极大,碳化物颗粒粗大或分布不均都将严重影响锻件的使用要求。也就是只有当锻件碳化物均匀度级别高(碳化物呈细小颗粒并均匀分布)时,其良好的使用性能才能充分地表现出来。

然而,这类钢在浇铸成钢锭时,其共晶一次碳化物是呈鱼骨状析出的,说明铸态莱氏体钢的原始碳化物偏析严重,分布极不均匀,因此,在用作锻件原材料之前,应辅以措施,使此类偏析得以改善或消除。一般,可对该类钢锭进行大锻造比的锻造。如钢锭的尺寸不足以保证改善碳化物偏析所需的大锻造比时,也可以采取"预球化处理"措施,即将钢锭加热到包晶反应以上的温度并保温,使包晶反应进行完全,从而消耗所有的共晶碳化物。不过,采用"预球化处理"措施时,钢锭加热中还要求比较严格的温度控制,一般工厂难于采用。

综上可见,锻造莱氏体高合金工具钢锻件可归结为两大要素:除满足锻件形状要求之外,其另一重要目的就是要施以大锻造比锻造,将粗大的共晶碳化物打碎并均匀分布,以满足锻件性能方面的需要。但应当注意,锻造中过分追求碳化物的高均匀度级别是不经济的,也是不必要的,而且当锻造比大到一定程度后,其对碳化物分布的影响效果已不明显。所以,生产中应根据莱氏体高合金工具钢零件的工作条件、精度要求和几何尺寸等来规定恰当的碳化物均匀度等级。

2. 保证莱氏体高合金工具钢锻件质量的技术环节

由于莱氏体高合金工具钢内存在的大量共晶碳化物只能通过较大的变形来得到充分的破碎;另一方面又由于其合金成分的影响,莱氏体高合金工具钢的塑性低、变形抗力大、导热性差、冷却过程中的组织应力大,在锻造生产环节中容易产生裂纹等缺陷。从而产生矛盾,使它的锻造工艺复杂化。因此,在具体拟定这类钢的锻造工艺时,应针对这一矛盾,从各个环节来制定相应的技术措施,以确保其锻件质量。

1) 原材料供货技术条件

直径大于 120mm 的高速工具钢锻制钢材应符合 GB/T 9942—1988 的规定,直径等于或小于 120mm 的热扎、锻制、剥皮、冷拉及银亮高速工具钢棒材应符合 GB/T 9943—1988 的规定,Cr12 冷作模具钢钢材应符合 GB/T 1299—2000 的规定。原材料入厂验收条件,按上述国标进行。一般的供货技术条件如下:退火态的硬度应满足规定要求,表面无裂纹、折叠、结疤和夹杂等缺陷,内部组织细小、均匀无缩孔、夹杂、分层、裂纹、气泡和白点。

2) 莱氏体合金工具钢钢坯的加热

莱氏体高合金工具钢加热时很容易过烧,因为高速钢在 1300℃ ,Cr12 钢在 1155℃ 时,其共晶组织就开始熔化,在接近这些温度锻造时容易出现碎裂。因此,应当严格规定其加热温度,同时控制其终锻温度,以保证锻件的加热质量。

(1)锻造温度范围。由于莱氏体合金工具钢对锻造上、下限温度极为敏感。始锻温度过高和终锻温度过低均易产生裂纹。但终锻温度也不宜过高,过高了易产生齿状断口缺陷。所以最好在锻前通过试验来确定它们的锻造温度范围。

(2)加热时间的确定。由于莱氏体钢的导热性差,一般都分段加热。低温段加热温度为800℃～900℃,加热时间一般按 1min/mm 左右计算,高温段快速加热,加热温度为1130℃～1180℃,加热时间一般按 0.5min/mm 左右计算。

对不需要反复镦拔的锻件,加热速度可以快一些,直径小于 ϕ80mm 的坯料还可不预热,加热总时间按 0.6min/mm～1min/mm 计算。

(3)加热次数的确定。加热次数可按表4-4根据镦拔次数来选定。

表4-4 莱氏体合金工具钢镦拔次数

镦拔次数	第一火	第二火	第三火	锻件质量/kg	镦拔次数	第一火	第二火	第三火	锻件质量/kg
1－1	1－1			1.5－2	6－5	4－3	2－2		≤10
2－1	2－1			1.5－1.5	6－5	3－2	2－2	1－1	10 25
3－2	3－2			1.5－10	7－6	5－4	2－2		1－4
4－3	3－2	1－1		1.5－10	7－6	3－2	3－3	1－1	4－25
5－4	3－2	2－2		≤10	8－7	3－2	3－3	2－2	≤13

在决定火次及各火次间变形量分配时,还应考虑以下几方面。

① 在不产生裂纹及其他疵病的情况下,火次应尽量减少。

② 各火次的变形量应当均匀,并在可能的情况下增加最后一火的变形量。

③ 特小和特大的锻件,每一火次的变形量均不宜过大。

④ 操作工人技术熟练,设备能力足够时,火次可以减少;反之则应适当增加。

(4)加热操作要领。

① 装炉数量不宜过多,避免高温停留时间过长。对钴高速钢要更严格地控制其加热温度和时间,因此,装炉量更不能多。

② 最好逐个按序装炉,使每个坯料在炉内停留时间尽量接近。

③ 坯料在炉内相距不小于坯料半径。

④ 经常翻动坯料,保证加热温度均匀。

⑤ 完全冷却后的锻件重新回炉加热时,最好预先退火,以消除残余应力。

3)莱氏体高合金工具钢的锻造

(1)变形程度的确定。生产实践证明,就改善碳化物分布的效果而言,拔长优于镦粗。因此,对莱氏体钢锻件反复镦粗拔长时,一般只计算拔长的锻造比,反复镦拔时的总锻造比等于各次拔长锻造比之和。经验还表明,锻造初期的锻比增加对改善碳化物的均匀状况有明显的效果,但当锻比达到一定数值后再增加锻比(即增加镦拔次数),其改善效果已微不足道。一般经验是,此类锻件的总锻造比在 5～14 之间取值。

(2)锻锤吨位的选择。锻锤吨位过小时,打击力不够,变形只发生在表层,锻件中心部分的碳化物不能击碎;而吨位过大,打击过重时,则操作上容易失控而导致出现缺陷。

（3）变形方法的选取。

① 选择变形方法的考虑因素如下。

（a）零件的工作情况。分析零件的工作部位相当于原材料的哪个部位（表层或中心）。

（b）原材料的情况。一般大直径毛坯的质量比小直径的差；毛坯轴心部分的质量比表层的差。

（c）所选变形工序的成形特点。所用工序不同（如拔长或镦粗），毛坯内部变形的均匀状况有别，因而各部位碳化物的破碎程度也会是不同的。

② 常用锻造方法有如下几种。

（a）单镦粗。适用于锻制简单的饼形零件。当原材料的碳化物均匀级别较高且与锻件的要求接近时，单向镦粗可使碳化物得到进一步的破碎，其镦粗比应不小于3。

（b）单拔长。适用于长度或直径较大的轴类件。当原材料的碳化物均匀级别较高且与锻件的要求接近时，此法可进一步细化碳化物颗粒。一般，锻造比越大，碳化物颗粒越细，分布就越均匀。但过大的拔长锻造比，容易造成碳化物的带状组织，影响横向力学性能。通常，单向拔长锻造比在2~4之间取值。

（c）镦粗后反复重滚镦平。适用于刃口沿圆周分布的刀体锻造。反复重击周边和轴向镦平，可以改善锻件周边部位的碳化物分布。

（d）轴向反复镦拔。轴向反复墩拔两次的变形的优点是：坯料中心的碳化物偏析区的金属不会流向外层，保证表层金属的碳化物细小均匀；锻造时不改变方向，因而操作较易掌握。缺点是：中心部分碳化物的偏析情况改善不大，同时由于轴心部分质量差，且两端面与锤头、下砧接触，冷却轻快，因而拔长时两端面易产生裂纹。必要时可采用型砧或摔子拔长，但此时应适当增加镦拔次数。此法也适用于刃口不深且分布于圆周表面的刀体锻造。

3. 莱氏体高合金工具钢锻件的检查

锻件外形尺寸和表面质量应逐件检查，锻件表面存在的局部凹坑、折叠、发裂等缺陷，其深度不得超过单边加工余量实际值的1/2。

锻件断口必须均匀细密，不得有裂纹和齿状断口等缺陷。每批抽检断口1件（若工艺能保证质量，也允许免检）。

进行抽检的项目若不合格，允许加倍复查。复查仍不合格者，应作不合格处理。

4.4.2 不锈钢锻造

1. 不锈钢的种类

不锈钢既是耐蚀材料，又可以作耐热材料，还可以作低温材料及无磁材料。

从化学成分来看，不锈钢铬的质量分数一般都在12%以上，另外还含有一种或多种其他合金元素，所含合金元素的综合影响结果是产生了3种基本类型的不锈钢，即奥氏体型、马氏体型和铁素体型，还有介于这3种类型之间以及派生的其他类型的不锈钢。

2. 变形温度的选择和加热要求

1）确定变形温度的原则

奥氏体和铁素体不锈钢，在加热和冷却过程中无相的重结晶转变，锻件晶粒度的控制主要取决于始锻和终锻温度，以及终锻温度下的变形量的控制，热处理无法使晶粒细化。

奥氏体和马氏体不锈钢的锻造加热温度主要受高温铁素体（α 相和 δ 相）形成温度的限制。加热温度过高时，奥氏体不锈钢中的 α 相铁素体量和马氏体不锈钢中的 δ 相铁素体量便会显著增多,使钢的塑性下降。由于 α 相(或 δ 相)与 γ 相的力学性能不同,塑性变形时,产生的变形不均匀,在两相界面上将产生裂纹。这两种不锈钢中 α 相和 δ 相铁素体的出现温度大致在 1000℃ ~1300℃ 范围内,随钢号不同而有所变化。

2)变形温度的选择

铁素体不锈钢在加热过程中晶粒易于长大,为了获得细晶粒组织,减轻晶间腐蚀和缺口敏感性,应尽可能在低的温度下锻造,一般始锻温度为 1120℃,终锻温度为 700℃ ~800℃,而且不允许高于 800℃。

马氏体不锈钢的始锻温度一般取 1150℃,终锻温度随其碳含量而异,高碳的取 925℃,低碳的取 850℃,两者均应高于钢的同素异构转变温度。

奥氏体不锈钢的始锻温度范围一般为 1150℃ ~1200℃,终锻温度一般为 825℃ ~850℃。对于普通的 18 - 8 型始锻温度取 1200℃,当含钼或含高硅则取低于 1150℃,对于 25 - 12 型和 25 - 20 型,始锻温度不高于 1150℃,其终锻温度均不低于 925℃。

沉淀硬化不锈钢的始锻温度范围一般取 1120℃ ~1150℃,终锻温度一般为 850℃ ~950℃。对于马氏体型始锻温度取 1150℃,终锻温度不低于 850℃,形状较复杂的零件应回炉缓冷;对于半奥氏体型始锻温度取 1150℃,终锻温度取高于 950℃。

此外,为了得到细晶粒组织,对终锻工序或精压工序等应将始锻温度取低些,一般可比规定温度降低 50℃ ~80℃。

3)加热要求

为了确保耐蚀性,不锈钢宜在保护性气氛、中性气氛或微氧化性气氛中加热,不许在还原性气氛或过分氧化中加热,也不许将火焰直接喷射在毛坯上,否则会使钢增碳或使晶界区贫铬,而降低钢的抗晶界腐蚀的能力。

3. 锻后冷却的控制

由不锈钢组织结构的特殊性所决定,对锻后冷却应当控制。对马氏体不锈钢应当缓冷至 600℃ 左右,然后空冷,以免产生马氏体相变裂纹和 475℃ 脆性;对铁素体和奥氏体不锈钢锻后都要求快冷,以免铁素体不锈钢出现 475℃ 脆性和奥氏体不锈钢在晶界析出 Cr23C6,增加晶间腐蚀倾向。奥氏体不锈钢的敏化温度为 480℃ ~815℃ 左右,这时将有 Cr23C6 沿晶界析出,大大降低抗蚀性能,所以在这些温度区间不得停留,必须快冷。

4. 变形后续工序的安排

变形后续工序的安排,对不锈钢的耐蚀性和锻件质量有较大影响。马氏体不锈钢有着良好的淬透性,在锻后冷却过程中即可产生马氏体相变,所以锻件的酸洗清理工序必须安排在回火处理之后进行,否则会产生龟裂——应力腐蚀裂纹。锻后应及时回火处理,否则会出现自然开裂现象。对铁素体和奥氏体不锈钢为防止晶间腐蚀,只要锻件使用性能要求允许,锻后可在 1050℃ ~1070℃ 退火,然后水淬,使 Cr23C6 保留在固溶体中,可减轻晶间腐蚀敏感性。奥氏体不锈钢往往经冷变形使用,只要控制"固溶处理—冷变形—敏化处理"工序顺序,就具有优异的抗应力腐蚀和抗晶间腐蚀性能,但是决不允许按"固溶处理—敏化处理—冷变形"工艺顺序,因为后者导致耐蚀性急骤下降。

综上所述,对不锈钢锻件来说,压力加工工艺安排不仅要考虑塑性变形的良好成形性和工艺性,更重要的是通过合理的压力加工变形和后续热处理工序获得细小弥散的碳化物质点,而不是沿晶界分布。

5. 变形程度的控制

铁素体和奥氏体不锈钢由于没有同素异构转变,零件的晶粒尺寸不能用热处理方法细化,只能靠所选用的锻造过程的热力学参数来控制。马氏体不锈钢虽有同素异构转变,如加热温度高、终锻变形程度小时,可能由于组织遗传引起低倍粗晶。因此,对不锈钢材料除控制适宜的终锻温度外,最后一火次应具有足够大的变形量,终锻变形程度应大于 12% ~20% 。铁素体不锈钢加热时晶粒长大的倾向最大,终锻变形程度应不低于 30% 。对于不锈钢钢锭,锻造比一般取 2~3 。这时钢锭的柱状晶可以得到充分破碎,钢锭中心区的微裂纹和孔隙可以得到焊合,从而得到细晶组织。例如,锻造 Cr23Ni8 钢锭,当锻造比为 2.15 时,强度指标比铸钢提高 30% ~50% 。

4.4.3 高温合金锻造

高温合金又称耐热合金或超合金,它是现代航空发动机、火箭发动机、燃气轮机和化工设备所必不可少的重要金属材料。可在 600℃ ~1100℃ 的氧化和燃气腐蚀条件下承受复杂应力,并且能够长期可靠地工作。我国的高温合金系列中,有变形高温合金近 50 个牌号,其表示方法主要根据国家标准 GB/T 14992—1994 的规定,以汉语拼音字母"GH"作前缀,后接四位阿拉伯数字,"GH"后第二、三、四位数字表示合金的编号,第一位表示分类号,即 1 表示固溶强化型铁基合金;2 表示时效硬化型铁基合金;3 表示固溶强化型镍基合金;4 表示时效硬化型镍基合金;5—(空);6 表示钴基合金。

目前,在变形高温合金中,应用最广泛的是铁基高温合金和镍基高温合金。

1. 高温合金变形的特点

1)塑性低

高温合金由于合金化程度很高,具有组织的多相性且相成分复杂,因此,塑性较低。特别是在高温下,当含有 S、Pb、Sn 等杂质元素时,往往削弱了晶粒间的结合力而引起塑性降低。

高温合金一般用强化元素铝、钛的总含量来判断塑性高低,当总含量≥6% 时,塑性将很低。镍基高温合金的工艺塑性比铁基高温合金低。高温合金的工艺塑性对变形速度和应力状态很敏感。有些合金铸锭和中间坯料需采用低速变形和包套镦粗,包套轧制,甚至包套挤压才能成形。

2)变形抗力大

由于高温合金成分复杂,再结晶温度高、速度慢,在变形温度下具有较高的变形抗力和硬化倾向,变形抗力一般为普通结构钢的 4 倍~7 倍。

3)锻造温度范围窄

高温合金与钢相比,熔点低,加热温度过高容易引起过热、过烧。若停锻温度过低,则塑性低、变形抗力大,且易产生冷热混合变形导致锻件产生不均匀粗晶。因此,高温合金锻造温度范围很窄,一般才 200℃ 左右。而镍基耐热合金的锻造温度范围更窄,多数在 100℃ ~150℃ ,有的甚至小于 100℃ 。

4)导热性差

高温合金低温的热导率较碳钢低得多。所以,一般在 700℃ ~800℃ 范围需缓慢预热,否则会引起很大的温度应力,使加热金属处于脆性状态。

2. 高温合金的工艺塑性

高温合金由于添加大量的合金元素,在提高耐热性的同时,却大大地降低了工艺塑性。高合金化使铸锭产生严重的偏析,生成粗大的柱状晶。在初生枝晶晶界薄弱环节处,往往容易沿晶界产生裂纹。因为存在枝晶偏析,先结晶部分合金元素含量低,后结晶的枝晶边缘部分合金元素含量高,故碳化物和金属间化合物集中在枝晶边缘部分,从而降低合金的可锻性。同时,许多强化相质点在变形温度范围内并未全部溶入固溶体内,如碳化物和硼化物等变形不是在单相状态下进行的。因此,在制定高温合金锻造工艺规程时,首先要测定合金的工艺塑性。

3. 高温合金变形温度的确定

1）确定高温合金变形温度的原则

由于高温合金合金化程度复杂,合金的初熔温度下降,再结晶及强化相溶解温度提高,导致变形温度越来越窄。所以确定变形温度时,除了确保工艺塑性,满足成形外,还必须满足获得良好的组织和性能。为了使高温合金锻件组织中保留胞状位错网络,获得细小均匀的晶粒和良好的性能,终锻温度应接近(略高于)第三相质点溶入固溶体的温度和再结晶温度。

高温合金的锻造温度范围与合金中的 Al + Ti 含量和组织有着密切关系,当 Al + Ti 含量少于3%(质量分数)时,在锻造温度范围内,合金是处于单相奥氏体状态下,此时,锻件的晶粒度只能靠降低锻造温度来控制。若锻造温度过低,则因晶界碳化物未完全溶解,锻后组织中可能存在原始晶界。当 Al + Ti 含量为3% ~6%(质量分散)时,在锻造温度范围内,因晶界碳化物未完全溶解,晶界上有人块碳化物存在,一方面可能导致合金锻造开裂,特别是在高应变速率下变形时,由于碳化物阻止晶界滑移和迁移,容易在碳化物与基体界面处萌生和扩展裂纹,引起脆性开裂;另一方面,晶界碳化物的存在还会引起变形不均匀,可能产生晶粒粗细不均匀的"带状组织"。只有当锻造温度控制适当时,才可利用碳化物细化晶粒。当 Al + Ti 含量大于6%(质量分散)时,在锻造温度范围内,因晶界碳化物和未溶解的 γ' 相同时存在,所以合金是在多相状态下锻造,工艺塑性低,而且在锻后的冷却过程中又有大量的 γ' 相析出。这种在锻造过程中及随后冷却时发生的亚动态回复和亚动态再结晶与 γ' 相的溶解析出的交互作用,以及对静态再结晶的后遗影响等,使得高温合金的热加工过程,对锻件的组织和性能有着重大的影响。

2）高温合金的加热规范

高温合金加热分预热和加热两个阶段进行。为了缩短高温合金在锻造加热温度下的保温时间,避免晶粒过分粗化和合金元素贫化;同时,为了减少因高温合金导热性差、热膨胀系数大而产生的热应力,锻前毛坯应经预热。预热温度为 750℃ ~800℃,保温时间以 0.6min/mm ~0.8min/mm 计算;加热温度一般为 1100℃ ~1180℃,保温时间以 0.4min/mm ~0.8min/mm 计算。

加热设备可选用电阻炉,配以测温仪表和自动调节控温装置,以便精确控制。当选用火焰炉时,应严格控制燃料中的含硫量:柴油或重油中的含硫量应低于 0.5%;煤气中的含硫量应低于 0.7g/ml。燃料中的含硫量过多,当其渗入毛坯表面后,会形成 Ni – Ni$_3$S$_3$ 低熔点(≈650℃)共晶,使合金产生热脆。

高温合金精锻时的加热,必须采取少、无氧化的加热措施,避免毛坯表层产生铬、铝、钛等元素的贫化,降低合金的疲劳强度和高温持久强度。

毛坯预锻时可采用局部感应加热。加热前,毛坯需经过清理。去除污垢,避免因受腐蚀而形成表面缺陷。在用多火次锻造时,锻造加热温度应随两火之间间隔时间的延长而降低,避免已发生静态再结晶的晶粒长大。同时,再加热温度也应随着越接近锻件成品,变形量越小而越低。

4. 高温合金变形程度的确定

1）确定高温合金变形程度的原则

高温合金由于合金化程度高,导致变形温度范围狭窄,没有多大的调整余度,另外,高温合金没有同素异构转变,合金的晶粒度主要受变形控制。因此,在变形温度确定之后,变形程度的选择就是非常重要的。在一定的锻造温度下,每一加热火次的变形量应大于临界变形程度并小于第二个晶粒长大区相应的变形程度。在满足工艺塑性和工序安排(预锻)要求的前提下,每一次变形应深透和均匀,尽力避免不均匀变形,否则会产生带状粗晶和局部粗晶。高温合金的粗晶有一定的遗传顽固性,当前一次不均匀变形产生的粗晶,在紧接的变形中变形程度没有达到足够大时,是难以改变的。为了得到满意的组织和性能,在终锻变形时,应取较低的加热温度,较大的变形程度,利用沉淀相来控制组织,改善晶粒大小和晶界状态。

除了晶粒度外,晶界状态也是重要的组织因素。从晶界强韧化的观点出发,晶界组织控制有下列规律。

（1）晶界缺少沉淀相,容易成为裂纹的通道。

（2）晶界上均匀分布有粗大的 γ' 相与碳化物,对合金晶界强韧化有益。

（3）晶界贫化区内存在应力松弛部位,可使切变抗力减小、应变集中的区域扩大。因此,当晶界强度过高时,贫化区起有益的作用。

（4）晶界上形成连续的薄膜状碳化物相会使合金产生缺口敏感。

（5）晶界上有胞状碳化物形成时,对合金晶界强韧化有不利影响。

所以,除了合理的热处理制度外,在锻造过程中,通过合理的分配变形量,特别是加大最后一火次的终锻变形程度,对改善晶界状态,晶粒与晶界强度的匹配,获得良好的组织性能,无疑是非常重要的了。

2）临界变形粗晶的形成和消除

高温合金对临界变形比较敏感,临界变形程度通常在较大范围内变化(0.5%～20%),其具体数值随合金类型而异,同一合金不同加热温度其临界变形程度也不同,例如 GH4049 合金总的临界变形程度为 0.1%～7%;1150℃ 时为 4%～7%,1180℃ 时为 0.1%～3%;CH4220 合金总的临界变形程度为 0.6%～4.7%,但是不同锻造温度的临界变形程度,最大晶粒处的变形程度和最大临界变形粗晶直径都不尽相同。临界变形粗晶直径比正常晶粒要大几个数量级,最大的达 10mm,最小的为 1mm。

消除临界变形粗晶的主要途径是控制变形条件,包括合适的变形温度、较大的变形程度和良好的润滑条件等。此外,锻后趁热立即进行短时间的退火处理,减小临界变形区的畸变能差,以控制粗晶区的尺寸。

4.4.4 铝合金锻造

铝合金根据其成分和工艺性能不同可以分为铸造铝合金和变形铝合金两大类。

大多数变形铝合金都有较好的可锻性,可用来生产各种形状和类别的锻件。铝合金锻件可用现有的各种锻造方法来生产,包括自由锻、模锻、顶锻、辊锻、辗压、旋压、环轧与挤压等。

铝合金的流动应力明显地随成分的不同而改变,各合金中流动应力的最高值约为最低值的两倍(即所需锻造载荷相差约两倍);一些低强度铝或铝合金,例如 1100 相当于工业纯铝1200)和 6A02,其流动应力较碳钢为低。而高强度铝合金尤其是 Al－Zn 系合金,例如 7075

（LC4）、7049（LC6）等，它们的流动应力显著高于碳钢。其他一些铝合金，如2219（LY16），它们的流动应力和碳钢非常相似。一般可以认为铝合金比碳钢和很多合金钢较难锻造，但与镍或钴基合金及钛合金相比，铝合金又较明显地易于锻造，特别是当采用等温模锻技术的情况下。

1. 坯料准备

供锻造用的铝合金原材料有铸锭、轧制毛坯和挤压毛坯。大多数铝合金锻件都是以挤压毛坯作为原材料的。

对于大型模锻件的坯料，当挤压棒材的尺寸不够时，都采用铸锭经锻造后的锻坯作坯料。锻前铸锭表面要进行机械加工，使其粗糙度 Ra 低于12.5μm，并作均匀化退火处理，以改善塑性。

铝合金的轧制毛坯，具有纤维状的宏观组织。常用轧制厚度小于100mm的板坯和条坯制造壁板类锻件和大批生产的小型薄锻件。轧制厚板下料困难，下料过程中金属损耗大。轧制毛坯较挤压和锻制的毛坯具有更好的表面、较均匀的组织和力学性能，因此在用棒材制造大型重要锻件和模锻件时，最好采用轧制棒材，其次是挤压的，而最后是锻制的。

铝合金的挤压毛坯各向异性大，而且表皮有粗晶环、成层、表皮气泡等缺陷，因此模锻前必须清除这些表皮缺陷，挤压棒材作为长轴类锻件的原材料很合适。

对于铝合金，锯床、车床或铣床下料是常用的下料方法。剪床下料用得很少，个别情况下采用加热后锤上剁切。

2. 锻前加热

因铝合金锻造温度范围很窄，加热毛坯最好采用带有隔热屏的加热元件，采用具有空气强制循环及温度自动控制的箱式电阻炉。其优点是能够保证任何温度规范并易于自动调整。目前，我国加热铝合金毛坯多采用铁铬铝丝电阻炉，炉子装有精度在±10℃范围内的自动控制仪表。为测量温度，在加热区距毛坯100mm～160mm处安装有热电偶。

装炉前，毛坯要除去油垢及其他污物，炉内不得保留有钢毛坯，以免铝屑和氧化铁屑混在一起容易产生爆炸。装炉时毛坯不得与加热元件接触，以免短路和碰坏加热元件，炉内毛坯放置离开炉门250mm～300mm，以保证加热均匀。在毛坯和电阻丝之间加放钢板，预防毛坯在加热过程中过烧。

铝合金导热性良好，任何厚度的毛坯均不需要预热，可直接在高温炉内加热，要求毛坯加热到锻造温度的上限。为了保证强化相的充分溶解，其加热时间仍比一般钢的加热时间长，可按每毫米直径或厚度以1.5mm左右计算。挤压、轧制坯料加热到开锻温度后，是否需要保温，以在锻造和模锻时不出现裂纹为准，而对于铸锭则必须保温。

没有电炉时，可以使用煤气炉和油炉，但不允许用火焰直接接触坯料，以防过烧，燃料的含硫量要低，以免高温下硫渗入晶界。

表4-5列出常用变形铝合金的锻造温度和加热规范。表中数据说明：铝合金的锻造温度范围比较窄，一般都在150℃范围内，某些高强度铝合金的锻造温度范围甚至在100℃范围内。锤上锻造温度一般比压力机上锻造温度低20℃～30℃。

选用合理的变形程度，可保证合金在锻造过程中不开裂，并且变形均匀，获得良好的组织和性能。为了保证铝合金在锻造过程中不开裂。在所选锻压设备上每次打击或压缩时允许的最大变形程度应根据合金的塑性图确定。表4-6为铝合金的允许变形程度。

锻造温度上限适用于开锻时变形量大的工序，而下限则适用于变形量小的工序（如平整等）。

表 4-5 铝合金锻造温度和加热规范

合金牌号	锻造温度/℃		加热温度 $^{+10}_{-20}$/℃	保温时间 /(min/mm)
	始锻	终锻		
6A02	480	360	480	
2A50、2B50、2A70、2A80、2A90	470	360	470	
2A14	460	360	460	1.5
2A01、2A11、2A16、2A17	470	360	470	
2A02、2A12	460	360	460	
7A04、7A09	450	380	450	3.0
5A03	470	380	470	
5A02、3A21	470	360	470	1.5
5A06	470	300	400	

表 4-6 铝合金的允许变形程度

合金组	水压机	锻锤、热模锻曲柄压力机	高速锤	挤锻
	镦 粗			
低强度和 2A50 合金	80%~85%	80%~85%	80%~90% 对 5A50 合金 40%~50%	90% 和 90% 以上
中强度	70%	50%~60%		
高强度	70%	50%~60%	85%~90%	
粉末合金	30%~50%	50%~60%		80% 以上

3. 锻造工艺

1）变形速度和变形程度

变形速度对大多数铝合金工艺塑性没有太大的影响,只是个别高合金化的铝合金在高速变形时,塑性才显著下降。此外,当由低变形速度过渡到高变形速度时,变形抗力随着合金的合金化程度不同,大约增大 0.5 倍~2 倍。因此,铝合金既可在低的又可在高的加工速度下进行压力加工。但是为了增大允许的变形程度和提高生产效率,降低变形抗力和改善合金充填模具型腔的流动性,选用压力机来锻造(模锻)铝合金比锤要好些。对于大型铝合金锻件和模锻件尤为如此。

铝合金在高速锤上锻造时,由于变形速度很大,内摩擦很大,热效应也大,使合金在锻造时的温升比较明显,温升约 100℃。因此,铝合金的始锻温度应加以调整。锻前毛坯的加热温度宜取(一般)规定的始锻温度下限。另外,由于铝合金的外摩擦大,流动性差,若变形速度太快,容易使锻件产生起皮、折叠和晶粒结构不均匀等缺陷。对于低塑性的高强度铝合金还容易引起锻件开裂。所以,铝合金最适宜于在低速压力机上锻造。

铝合金的临界变形程度为 12%~15%,为避免形成粗晶,终锻温度下的变形程度应控制在小于 12% 或大于 15%。铝合金锻件最易于产生大晶粒,除了临界变形原因外,模具表面粗糙、变形剧烈不均匀、终锻温度低、淬火温度高、时间长等都会导致产生大晶粒。

2）锻模设计和工艺操作特点

对于铝合金锻件在选取分模面时,除了与钢锻件在选取分模面所考虑的因素相同外,特别还要考虑到变形均匀。若分模面选取不合理,容易使锻件的流线紊乱,切除毛边后流线末端外露,而且铝合金锻件更容易在分模面处产生穿流,穿肋裂纹等缺陷,从而降低其疲劳强度和抗应力腐蚀能力。

铝合金在锻造过程中的表面氧化、污染以及金相组织变化不明显,所以机械加工余量应当比钢、钛合金、高温合金小一些。

铝合金的粘附力大,在实际生产中为了便于起料,通常采用的模锻斜度为7°。在有顶出装置的情况下,也可采用1°~5°。

对铝合金锻件来说,设计圆角半径尤为重要,小圆角半径不仅使金属流动困难、纤维折断,而且会使锻件产生折叠、裂纹,降低锻模寿命。所以在允许的条件下应尽量加大圆角半径。铝合金锻件的圆角半径一般比钢锻件大。为了防止铝合金锻件切边后在分模线上产生裂纹,其锻模的毛边槽桥部高度和圈角半径要比钢锻件锻模大30%。

铝合金不适宜采用滚压和拔长模膛。因为在滚压和拔长制坯中,易使毛坯内部产生裂纹。一般多采用单模膛锻模。特别对形状复杂的锻件,更要采用多套模具,多次模锻。使简单形状的毛坯逐步过渡到复杂形状的锻件,这样易使金属流动均匀,充填容易,纤维连续。

由于铝合金的粘附力大,流动性差,要求对模具工作表面进行仔细抛光,磨痕的方向最好顺着金属的流动方向,模具工作表面粗糙度 Ra 达到 1.6μm 以上。

为了减少模具工作表面的表层热应力,有利于金属的流动和充满模膛,确保终锻温度,模具在工作前必须进行预热,预热温度为250℃~400℃。

3)切边、冷却和热处理

除超硬铝外,铝合金锻件都是在冷态下用切边模切边的,对于大型模锻件,通常是用带锯切制毛边的。连皮用冲头冲掉或用机械加工切除。

对于合金化程度较高的铝合金,模锻后长时间不切去毛边是不行的。因为可能因时效而析出强化相,在切边时于剪切处出现撕裂。

铝合金锻件最后一般在空气中冷却。但为了及时切除毛边,也可在水中冷却。

铝合金锻件退火工序一般用于数道次压力加工工序之间或用于在退火状态下供应的锻件。退火的目的是为了消除锻件中遗留的加工硬化和内应力,提高合金的塑性或便于机加工。

铝合金锻件主要采用高温退火和完全退火,目前逐步采用快速退火新工艺代替老的高温退火工艺。对于热处理强化的铝合金锻件应采用完全退火工艺。

4. 清理和修伤

由于铝合金质地较软,流动性差,与模具的粘附力大,因此,锻件易产生折叠、裂纹、起皮等缺陷,这些缺陷如不及时清除干净,再次模锻时就会继续发展,致使锻件报废。所以,铝合金锻造和模锻的中间工序清理及修伤在铝合金锻造工艺过程中占有重要的地位。

锻件的清理工序为:模锻后在带锯或切边模上除去毛边,切边后的锻件吊入蚀洗槽清洗。洗净后检查锻件缺陷,对锻件上暴露出来的缺陷,用铣刀、风铲等工具将缺陷修掉。修伤处应与周围圆滑过渡,以免再次模锻时产生折叠。

4.4.5 镁合金锻造

镁合金根据其成分和工艺性能可分为铸造镁合金和变形镁合金两大类。变形镁合金主要分为 Mg – Mn 系、Mg – Al – Zn 系、Mg – Zn – Zr 系、Mg – Mn – Ce 系四类。

镁合金比强度高,弹性模量低,具有良好的抗振性及切削加工性。但是它易燃烧、易腐蚀、高温及长时间保温易发生软化,对缺口敏感性高,除 Mg – Mn 合金外,塑性和流动性差且对变形速度敏感,锻造温度范围窄且黏性大。因此,镁合金锻造有其本身的工艺特点,具体叙述如下。

1. 坯料准备

镁合金锻造用材料主要有铸锭、挤压毛坯。目前大多数情况下都采用挤压毛坯。仅在锻造大型模锻件时,才采用铸锭作为原毛坯。铸锭锻前应对其表面进行机械加工,使其粗糙度 Ra 达到 $12.5\mu m$,并做高温均匀化处理,以改善其塑性。轧制毛坯仅供锻造壁板类锻件之用。

为了获得力学性能均匀的锻件,挤压毛坯时尽可能减少力学性能异向性,其办法是铸锭在挤压前要经过均匀化退火,其次是增大挤压时的变形程度。

挤压棒材表面涂有炮用油膏,因此先用布擦去表面大量油污,并用软木屑擦干净,洗蚀除油,置于含除油剂的水溶液中除油。

镁合金下料可在圆盘锯、车床或专用的快速端面铣床上进行,而不采用剪床。除 AZ40M、KZ61M 外,下料一般不推荐在热态下剁切,KZ61M 挤压棒材常带有粗晶环,应扒皮。由于镁屑易燃,下料速度应缓慢,以防着火燃烧。切削时要严禁使用润滑剂和冷却液以防镁屑燃烧和镁合金腐蚀。切屑要单独存放,防止尘土、铁屑和水分混入。严禁烟火,保持工作地面的清洁,以防引起爆炸和燃烧。在工作区周围要备有防火用具,如混合粉末熔剂或干砂、石墨等,禁止用水或其他种类的灭火器。

2. 锻前加热

坯料一般都在箱式电阻炉中加热,炉内最好通有保护和带有强制循环空气的装置,以保持炉温均匀,炉内温差不要超过 ±10℃。炉温用热电偶测量,热电偶装在距被加热坯料100mm ~ 150mm 处,炉子应装上自动调节炉温的仪器,仪器应能保证温度的测量精确度在 ±8℃之内。

入炉前的坯料,清除掉坯料表面的镁屑、毛刺、油渍及脏物。镁合金坯料不能与钢料共处一炉,而且镁合金坯料不与加热元件接触,以免引起着火。坯料在炉中应均匀放置在炉底上,并保持一定的间隔,不要堆放。

镁合金的导热性良好,没有相变过程,所以采取快速加热不会产生热应力。任何尺寸的镁合金毛坯,都可以直接高温装炉,这样可以缩短加热时间。但是由于镁合金中的原子扩散速度慢,强化相的溶解需要较长的时间,为了获得均匀组织的锻件,保证在良好塑性状态下锻造,实际所采用的加热时间还是较长的。加热时间通常按坯料直径(或厚度)1.5min/mm ~ 2min/mm 计算。坯料在炉中的加热温度和保温时间必须严格控制,因为镁合金在加热软化以后,一般不能用热处理方法加以强化。如果锻前加热超过一定温度或在一定温度下保温时间太长就会发生严重软化和晶粒长大的现象,降低材料的力学性能。为了避免加热软化和晶粒长大,镁合金的加热时间最好不超过 6h。

由于镁合金的塑性对变形温度、变形速度、变形程度及应力状态等变形条件十分敏感,所以它属于低塑性合金,锻造温度范围比铝合金还要窄。

3. 锻造工艺

1)变形速度和变形程度

镁合金对变形速度十分敏感,随着变形速度的增加,镁合金的塑性显著下降。大多数镁合金在锤上变形时,允许变形程度不超过30%～50%,而在液压机上变形时,塑性大大增加,变形程度可达70%～90%。因此,镁合金的变形程度依设备的种类而异,M2M、ME20M型的低合金化合金对变形速度不大敏感,在锤上和压力机上都有较好的加工性能。

2)锻模设计及工艺操作特点

由于镁合金在高温时具有较大的表面摩擦因数,流动性差、粘附力大,所以在锻件和锻模设计方面和铝合金有许多相似之处;例如余量、公差和模锻斜度、型腔粗糙度等两者是相同的。镁合金的工艺塑性比铝合金低,所以某些设计参数也略有差别;例如KZ61M和AZ80M合金锻件的腹板厚度比相同条件下的铝合金锻件要大一些,所允许的最大肋间距离在相同肋高条件下,较铝合金要小一些。而圆角半径,多数情况下相似,只是个别地方,如肋顶和肋底的圆角半径较铝合金大一些。

镁合金的锻造温度范围很窄,传热快,容易冷却,因此锻前工具和模具必须预热,模具、工具预热强度一般为250℃～420℃。

镁合金的流动性差,只适用于单模腔模锻,对一些形状复杂,尺寸较大的模锻件,可以采用自由锻制坯,最后采用单模腔模锻。

在锤上锻造和模锻,开始锤击要轻要快,最后重击成形,对AZ40M和KZ61M合金,每锤击一次的变形程度则不超过3%～5%。随着金属不断地充填模腔,变形程度可逐渐增加,从开始形成毛边时起,由于应力状态趋向有利,加大变形程度是合理的,但压力机上可不受此种限制,在实际生产条件允许的情况下,尽可能采用压力机进行镁合金锻造。

3)切边、精压和冷却

镁合金模锻件毛边的切除,通常采用带锯切割和铣切、切边模热切等方法。镁合金在低于220℃时塑性很差,对拉应力很敏感。在高温时质地很软,黏性很大,所以低温时易拉裂,高温时易拉伤。切边裂纹成为镁合金锻造中的关键问题。带锯切割和铣切适用于生产批量不大、形状较简单或尺寸大的镁合金锻件,它不会产生切边裂纹,又省去了切边模制造。

当用切边模切除毛边时,采用咬合式模具。尽可能使凸凹模间的间隙小或无间隙,避免切边裂纹的产生,切边温度应在200℃～300℃之间。

锻件的精压通常在模锻温度范围内进行。为了提高镁合金制件的力学性能,获得所需要的精确度。最好采取在230℃～250℃时进行半热冷作硬化精压,半热冷作硬化时的平均变形程度应在10%～15%范围内。

镁合金锻后通常在空气中冷却。国外资料报道镁合金锻后直接用水冷却,这样可以防止进一步再结晶和晶粒长大,对于某些时效强化合金,水冷获得过饱和固溶体组织,在最后的时效处理过程中,有利于沉淀析出。

4. 清理和热处理

镁合金锻件在锻造工序间的停留超过半月以上(7月、8月、9月不得超过10天)或者锻后不能及时进行机械加工的锻件,需要进行氧化处理,以防锻件表面锈蚀。氧化处理前需进行除油和酸洗。

除油之后,用50℃～60℃的热水洗涤0.5min～2.0min,再用洁净的流动冷水冲洗,然后进行酸洗。酸洗的目的是将锻件表面上自然氧化物和其他杂质腐蚀掉,使它露出基体金属表面,为氧化处理作好准备,同时可以更清晰的暴露锻件表面的折叠、裂纹、拉伤等缺陷,以便修伤、清除缺陷。修伤处要圆滑过渡,缺陷要一律清除干净。只有缺陷彻底清除以后,才能进行再次模锻,如果修伤不彻底,再次模锻时隐藏的缺陷就会继续扩展,使锻件报废。

锻件在氧化槽液中氧化处理后,应立即在流动、洁净的室温冷水槽中清洗 0.5min ~ 2.0min,再在低于 50℃ 的热水槽中清洗 0.5min ~ 2.0min,然后以 50℃ ~ 70℃ 的热压缩空气或室温干燥的压缩空气将锻件吹干。整个操作过程必须注意不要碰伤氧化膜,否则,需重新氧化或局部氧化处理。

经过氧化处理的锻件,表面上形成一层金黄色的致密连续的氧化膜。如果没有后续的锻造变形工序或者不能及时进行机械加工,锻件氧化后需涂油包装封存。未经涂油的锻件,在正常条件下保存期不得超过一个月,最近开始采用不氧化的塑料包装新技术,质量也很好。

镁合金锻件的热处理主要是软化退火及淬火、时效,热处理不能强化的镁合金 M2M、ME20M 和热处理强化作用不大的 AZ40M、AZ41M、AZ61M,只用软化退火;热处理可以强化的 AZ80M、KZ6IM,通常进行淬火、时效处理。因此,镁合金锻件在最后一般不进行退火处理。但为了便于随后的冷压力加工,需要按软化退火工艺进行退火处理。

4.4.6 铜合金锻造

在铜中加入锌、锡、铅、镍、锰、硅和铝、铍、铁、铬等元素,形成铜合金,以锌作为添加元素的铜合金称为黄铜,以锡或铅、硅、铍等作为主要添加元素的铜合金称为青铜,此外,还有白铜(铜镍合金)等其他铜合金。

1. 坯料的准备

铜合金锻造用的原材料主要有铸锭和挤压棒材两种,铸锭作为大型锻件的坯料,铸锭在锻前要进行均匀化退火,以改善塑性。铸锭表面若有缺陷,应打磨干净或表面经扒皮后再进行锻造。铸锭若作为模锻毛坯,经适当开坯后可直接进行模锻,而不必像铝、镁合金那样,要经过自由锻反复锻拔后才用于模锻。因为铜合金的塑性较高,金相组织不像铝、镁合金那样复杂。

挤压棒材适用于中小型模锻件或自由锻件。为消除挤压棒材内部的残余应力,防止裂纹的产生,挤压变形后的棒材必须及时进行退火。

铜合金多用圆盘锯下料,对产品质量要求高的铜合金毛坯,可直接在车床上下料,端面倒角,消除表面缺馅。

2. 锻前加热

铜合金最好采用电加热,也可以用火焰炉加热。在电阻炉内加热铜合金时用热电偶控制炉温是比较准确的,而在火焰炉内加热时,炉温测量误差较大。

铜合金的加热温度比钢的加热温度低,而用煤气及重油加热炉,因为需调整喷嘴在很小的燃烧功率下进行低温燃烧,较难保证做到燃烧稳定,故最好采用低温烧嘴燃烧。对比之下,燃煤加热炉却有一些优越性。当高温燃煤加热炉需要加热铜合金时,只要把能量和风量减小就能保持一种所谓"文火",燃煤加热炉不像油炉加热,因燃烧过程不稳定而迅速降温。

加热炉的炉气成分最好呈中性,但在普通火焰炉中很难获得中性气氛,往往是呈微氧化或微还原气氛。对于在高温下极易氧化的铜合金,如无氧铜、低锌黄铜、铝青铜、锆青铜、白钢等,一般应在还原气氛中加热。含氧量高的铜合金,不适宜在还原气氛中加热。因为还原气氛中含有 H、CO、CH 等气体,当加热温度超过 700℃ 时,这些气体会向金属内部扩散,生成不溶于铜的水蒸气或 CO_2,这种水蒸气具有一定的压力,力图从金属内部逸出,结果在金属内部形成微小裂纹,使合金变脆,即所谓"氢脆"。

加热纯铜时,最好采用微氧化性气氛,既可避免"氢脆"又可减少氧化皮的生成。高锌黄铜适宜在微氧化性气氛中加热,既可防止脱锌,又可防止严重氧化。

铜合金因导热性好,可以把坯料直接在最高炉温时装入,并进行一定时间的保温,炉温比始锻温度高50℃~100℃(火焰炉)或高30℃~50℃(电炉)。加热时间可按每毫米截面尺寸(直径或边长)0.4min~0.7min计算。

3. 锻造工艺

1)变形温度

铜合金始锻温度较钢低,另外,由于存在中温脆性区,锻造温度范围比碳钢窄得多。铜合金在250℃~650℃之间是一个脆性区,其原因是合金中有铅、铋等杂质存在,它们在α固溶体中的溶解度极小,与铜形成 Cu-Pb 和 Cu-Bi 低熔点共晶体,呈网状分布于α固溶体的晶界上,从而削弱了晶粒之间的联系。当加热到500℃以上时,发生α→α+β转变,铅和铋溶于β固溶体中,于是塑性提高。当加热温度超过α+β→β转变温度(700℃)时,β晶粒急剧长大,使塑性降低。因此,铜合金锻造变形主要在α+β双相区的温度范围进行。锻造铜合金时要采取措施防止坯料的热量过多损失。要把变形所用的工具、模具先预热到较高温度。自由锻时,将操作工具预热到200℃~250℃,操作时动作要快,坯料在砧面上要经常翻转。这样,可避免坯料过多的热量损失,使在一火内有较长的操作时间。模锻前,锻模先预热到150℃~300℃,并尽量减少铜合金在模具内的停留时间,否则锻造时易开裂。例如,冲孔时如冲头温度低,易使孔周围金属温度下降而开裂;在脆性温度区切料头则断口呈粗粒状,若在模锻后紧接着切边,往往会把锻件本体撕裂。相反,若经水冷后再切边,就没有这种现象。从另一方面来说,若终锻温度过高就会引起晶粒长大,而对铜合金晶粒长大后又不能像碳素钢那样能通过热处理细化晶粒。

2)变形程度和变形速度

为了避免粗大晶粒,要求铜合金锻造时每次变形量大于临界变形量,即大于10%~15%。多数铜合金对变形速度并不敏感,可在压力机或锤上进行锻造,但以在压力机上锻造为宜。含铅量较高的铅黄铜对变形速度很敏感,当进行静拉伸和动拉伸变形对,塑性有明显不同,这类合金应在压力机上锻造。

磷青铜和锰青铜锻造时,热效应现象较显著,若变形速度过快,容易产生过热,甚至于产生过烧。

3)模具设计和工艺操作特点

铜合金模锻件及锻模设计原则与钢锻件相同。只是,由于铜合金与钢模之间的摩擦因数较小,故模锻斜度比钢锻件小。由于锻造温度范围窄、导热性好,一般不采用多模膛模锻,由于流动性好,也较少采用预锻模膛。对于形状复杂的锻件,可经自由锻制坯后,再模锻成形。模膛表面粗糙度 Ra 一般为 1.60μm~0.40μm。

铜合金非常适宜于挤压成形。

对于含铅量较高的铅黄铜模锻件,若变形程度较大且变形速度较快,热效应显著,使合金的温度升高,引起合金中低熔点杂质的熔化,破坏了晶间联系。为此,在设计锻件和拟订锻造工艺规范时,应根据具体条件,合理确定变形程度和变形温度。

由于铜合金对内应力的敏感程度比碳钢强,若不消除应力会在使用时自行开裂,因此就要求锻件上各处的变形温度和变形量比较一致。所以在锻造时锤击应轻而快,一次锤击量不宜过大,当坯料经过一定程度的变形后,可适当加大变形量。

在锻造长轴类锻件时,操作时要经常反复调头锻造,在一火中使各段的变形温度相近。这样金相组织均匀,力学性能较一致。

由于铜合金比较软,坯料拔长时压出的台阶棱角比钢料拔长时尖锐。若压下量过大,在下一次锤击时容易在台阶处形成折叠。所以拔长时送进量与压下量之比应比钢料拔长时稍大。从这个角度看,锻铜合金时锤击也应尽可能轻快一些,并应在砧子边缘倒大圆角。

铜合金锻造时易形成折叠,所以模锻前的制坯工序在转角处圆角半径应做得比钢大一些。另外,一旦折叠产生,需要以后清除,将造成较多的金属消耗,所以在选定加工余量和计算用料时应比钢料锻件适当放大。

4)冷却和切边

铜合金锻造后,通常在空气中冷却。铜合金锻件一般在室温下切边,只有遇到下列情况时才需要热切边。

(1)室温下塑性很低的铜合金锻件,如含铝量较高的 QA19、QA110-4-4 等铝青铜,它们在室温下塑性低,强度高,冷切边时会在切边处撕裂锻件。生产实践表明,即使是小尺寸的铝青铜锻件,也不得在冷态下切边。

(2)大尺寸的锻件热切边温度通常为 420℃ 左右。

4. 清理和热处理

铜合金锻件锻后的清理方法主要是酸洗,小型锻件有时也采用吹砂清理。

含硅量高的铜合金锻件,表面可能生成氧化硅,这种氧化层要用氢氟酸才能去除。

含镍量高的铜合金锻件,最好在控制气氛中加热,以减少表面氧化皮的生成,表面微量的氧化皮可用酸洗黄铜的溶液清除掉。如果锻件表面氧化皮较厚,则很难用上述酸洗方法去除,因为氧化镍在这类溶液中的溶解度不大。

黄铜锻件的热处理方式有低温去应力退火和再结晶退火两种。低温去应力退火主要用于冷变形制品。其目的是为了消除工件的内应力,防止工件发生应力腐蚀开裂和切削加工中的变形,并保证一定的力学性能。低温退火方法是在 260℃～300℃ 的温度下,保温 1h～2h,然后空冷。再结晶退火的目的是消除加工硬化,并得到较均匀的组织。黄铜的再结晶温度约在 300℃～400℃ 之间,常用的退火温度为 600℃～700℃。对于 α 黄铜,因退火过程中不发生相变,所以退火的冷却方式对合金的性能影响不大,可以在空气或水中冷却。

对于(α+β)黄铜,因退火加热而发生 α→β 相变,冷却时又发生 β→α 相变,冷却越快,析出的 α 相越细,合金的硬度有所提高,若要求改善合金的切削加工性能,可用较快的冷却速度;若要求合金有较好的塑性,则应缓慢冷却。

青铜锻后的热处理方式也是退火。但对于能热处理强化(淬火、时效)的铍青铜及硅镍青铜等合金,一般不进行退火处理。

4.5　典型自由锻工艺举例

4.5.1　轴类零件的自由锻工艺示例

以一传动轴为制定自由锻工艺为实例进行分析。该传动轴零件图及技术条件如图 4-25 所示,生产数量为 3 件。

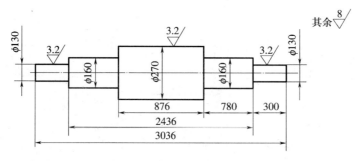

1. 力学性能要求：$\sigma_b \geqslant 580\text{MPa}$、$\Delta \geqslant 15\%$、$\sigma_s \geqslant 290\text{MPa}$、$\psi \geqslant 35\%$
2. 热处理硬度：$\geqslant 150\text{HB} \sim 190\text{HB}$，材料：45 钢

图 4-25　传动轴零件图

1. 绘制锻件图

根据零件的最大直径和长度尺寸可知其属于锤上锻造范围。按照锻件材质与技术要求的力学性能，在锻后经正火加高温回火，即可达到力学性能的要求。但需在锻件上留出机械加工试验用试样。

（1）取得锻件形状，按 GB/T 15826.7—1995，《锤上钢质自由锻件机械加工余量与公差台阶轴类》标准，确定余块和简化锻件形状。

将零件分成几段，如图 4-26 所示，并分别查表确定零件的总长 $L = 3036\text{mm}$。

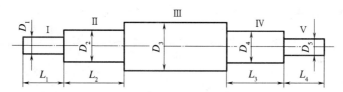

图 4-26　传动轴零件分解示意图

① Ⅰ与Ⅱ和Ⅳ与Ⅴ两个台阶高度 h_1 相同，均为 $(160 - 130)/2 = 15\text{mm}$。

② Ⅱ与Ⅲ和Ⅲ与Ⅳ两个台阶高度 h_2 相同，均为 $(270 - 160)/2 = 55\text{mm}$。

③ 长度 L_1 与 L_4 相同，为 300mm，L_2 与 L_3 相同，为 780mm。

查标准并根据有关锻件台阶锻出条件可知，对锻件总长为 3036mm，台阶高度 h_1 为 15mm，与相邻台阶直径为 160mm，可查出锻出的最小长度为 270mm。另外对锻件总长为 3036mm，台阶高度 h_1 为 55mm，与相邻台阶直径为 270mm，可查出锻出的最小长度为 300mm。所以零件的各个台阶均应锻出。

（2）确定机械加工余量与公差，按零件总长度和最大直径查 GB/T 15826.7—1995 标准得到，精度为 F 级的零件的各部分直径的余量和公差如下。

$$\begin{array}{ll}
\text{零件部分尺寸（mm）} & \text{余量和公差（mm）} \\
D_1 = D_5 = 130 & a_1 = a_5 = 21 \pm 9 \\
D_2 = D_4 = 160 & a_2 = a_4 = 21 \pm 9 \\
D_3 = 270 & a_3 = 21 \pm 9
\end{array}$$

根据各部分直径的余量和公差，如图 4-27 所示，计算出各部分长度的余量和公差如下。

$$L_1 = L_5 = 300\text{mm}; \quad L_2 = L_4 = 780\text{mm}; \quad L_3 = 876\text{mm}$$

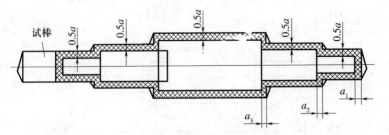

图 4-27 锻件的加工余量示意图

根据所查标准和计算得出余量及公差,绘制锻件图,如图 4-28 所示。

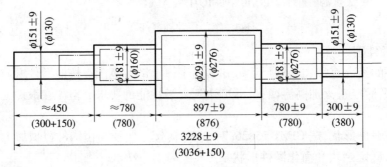

图 4-28 传动轴锻件图

2. 计算坯料质量和规格

(1)计算锻件质量。按规定,锻件的质量 $m_{应}$ 由基本尺寸加上 $\frac{1}{2}$ 上偏差来计算。

① 锻件各部分质量计算为

$$m_I = 6.16\text{kg/mm}^3 \times 1.555^2\text{mm}^2 \times 4.545\text{mm} = 68\text{kg}$$

$$m_{II} = m_{IV} = 6.16\text{kg/mm}^3 \times 1.855^2\text{mm}^2 \times 7.8\text{mm} = 165.33\text{kg}$$

$$m_{III} = 6.16\text{kg/mm}^3 \times 2.955^2\text{mm}^2 \times 9.015\text{mm} = 484.91\text{kg}$$

$$m_V = 6.16\text{kg/mm}^3 \times 1.555^2\text{mm}^2 \times 3.00\text{mm} = 44.69\text{kg}$$

② 台阶余面质量计算。一般台阶很小可不计算余面质量,如锻件的 I 与 II、IV 与 V 的余面。以下计算 II 与 III、III 与 IV 的台阶余面质量。

$$m_{余面} = 0.18\text{kg/mm}^3 \times (D-d)^2\text{mm}^2 \times (D+2d)\text{mm} =$$
$$0.18\text{kg/mm}^3 \times (2.91-1.81)^2\text{mm}^2 \times (2.91+2 \times 1.81)\text{mm} = 1.42\text{kg}$$

③ 锻件总质量的计算如下。

$$m_{锻} = m_I + m_{II} + m_{III} + m_{IV} + m_V + 2m_{余面} = 931.1\text{kg}$$

(2)计算坯料质量。坯料质量 $m_{坯}$ 由下式计算。

$$m_{坯} = m_{锻} + m_{烧} + m_{切}$$

一般火耗:一火为 2%～3%,二火为 1.5%～2%,采用两次加热完成取 5%。

锻件两端切头质量为

$$m_{切} = 2 \times 1.8\text{kg/mm}^3 \times D^3\text{mm}^3 = 2 \times 1.8\text{kg/mm}^3 \times 1.51^3\text{mm}^3 = 12.38\text{kg}$$

将火耗和切头质量代入上式得

$$m_{坯} = (m_{锻} + m_{切})\text{kg}/(1-5\%) = (931.1+12.38)\text{kg}/0.95 = 993.14\text{kg}$$

取 $$m_{坯} = 994kg$$

锻造传动轴全部采用拔长工序完成。因此,坯料截面积 $A_{坯}$ 应保证锻造比在 1.6 以上。

$$A_{坯} = 1.6A_{锻}$$

采用方形坯料规格为 $$L = \sqrt{1.6 \times d^2 \times \frac{\pi}{4}}$$

将锻件最大直径 $\phi = 291mm$ 代入上式,得

$$L = \sqrt{1.6 \times 2.91^2 mm^2 \times \pi/4} = 326.13mm$$

按坯料规格选用 350mm 的方坯。然后按体积不变定律计算坯料长度。

因为 $$m_{坯} = L_{坯} \times 7.85kg/dm^3 \times 3.5dm^2$$

所以 $$L_{坯} = m_{坯}/(7.85kg/dm^3 \times 3.5dm^2) = 10.34dm = 1034mm$$

3. 拟定锻造工序

传动轴锻造方案有以下两种。

一火完成工序为:坯料→拔成圆棒→压肩→拔出一端→再调头拔出另一端→修正。

二火完成工序为:第一火将坯料拔成圆柱→压肩→拔出一端,第二火加热后,拔出另一端→修正。

根据实际生产情况选用二火完成,其具体工序为:第一火加热到 950℃ ~ 1000℃,将坯料拔成尺寸为 350 的八方坯→压肩→将二头拔成 240 的八方坯。第二火加热到 1050℃ ~ 1100℃,拔出一端→调头拔出另一端→将中间部分锻造到要求尺寸→修正。

4. 确定设备与工具

按照坯料及锻件尺寸、形状选用 5t 锻锤。而因锻件数量不多,材质是塑性较好的 45 钢,因此工具用上下平砧及普通剁刀、三角压铁等。

工序尺寸计算:

(1) 拔成圆棒,考虑以后拔出两端轴颈会造成伸缩现象,因此拔圆棒时,要增加保险量。按生产经验一般取 16mm 左右,锻件最大直径要求 $\phi291 + \phi16 = \phi307$,取 $\phi310$。

(2) 压肩长度,锤上锻造时,根据自由锻拔长工序的规定,当台阶高度 $H < 20mm$ 时,只压痕;当 $H > 20mm$ 时,先压痕后压肩。压肩深度一般为台阶高度的 1/2 ~ 1/3。

① 加热后,$\phi310mm$ 圆坯料长度 $L_{坯}$ 的质量应减去 2.5% 的一火烧损率,现坯料质量只有 $994kg \times 0.975 = 969kg$。

$$L = \frac{969kg}{6.16kg/dm^3 \times 3.1^2 dm^3} = 16.37dm = 1637mm$$

② 压肩长度,Ⅰ与Ⅱ和Ⅳ与Ⅴ两个台阶高度相同 $h_1 = 15mm$,小于规定值 20mm,只压痕。中型锻件一般直接锻出,不出压痕。Ⅱ与Ⅲ和Ⅲ与Ⅳ两个台阶高度相同 $h_2 = 55mm$,大于规定值 20mm,则采用先压痕后压肩,取压肩深度为 $0.6 \times 55mm = 33mm$ 左右。

Ⅰ与Ⅱ两台阶轴的质量为 $68kg + 165.33kg = 233.33kg(1/2$ 切头质量$) \approx 240kg$。按体积不变定律计算得

$$L_{Ⅰ} = 240kg/(6.16kg/dm^3 \times 3.1^2 dm^2) = 4.05dm = 405mm$$

根据拔长工序规定圆坯料端头拔长时最小长度大于 $\frac{1}{3}D$,现长度为 405mm,已大于 $\frac{310}{3} \approx 103mm$,故不需要再增加工艺废料。

Ⅲ轴中间质量加一火消耗2.5%,再加上两端余面质量共计:

$$(m_Ⅲ + 2m_{余面})/(1 - 2.5\%) = (484.91kg + 284kg)/0.975 ≈ 500kg$$

Ⅲ轴中间长度为

$$L_Ⅲ = 500kg/(6.16kg/dm^3 × 3.12dm^2) = 8.45dm = 845mm$$

另一端长度为

$$L_Ⅱ = L - L_Ⅰ - L_Ⅲ = 1637mm - 405mm - 845mm = 387mm$$

$L_Ⅱ$长度387mm的质量为229kg。锻件Ⅳ与Ⅴ二台阶轴颈再加上切头质量6.19kg及下次火耗2.5%的质量:

$$m = (m_Ⅳ + m_Ⅴ + m_坯)/(1 - 2.5\%) = 221kg < 229kg$$

上述计算与分析符合工艺要求,则按计算数据制成如图4-29所示切肩尺寸图。

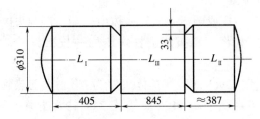

图4-29　传动轴切肩尺寸图

5. 制订加热、冷却和热处理规范

(1)加热,采用45钢350mm的方坯,一般选用快速加热,将方坯直接装入温度高达1250℃的炉内,加热时间可按0.6h/100mm~0.7h/100mm来计算,若采用0.7h/100mm,坯料加热时间为350mm×0.7h/100mm=2.45h,取3h加热时间。采用加热曲线如图4-30(a)所示。若采用二火锻造,则在第二火加热时仍采用快速加热。将尾锻部分装入1000℃炉内加热,加热时间取1.2h/100mm,约310mm×1.2h/100mm=3.72h,取4h。在炉内保温时间不要太长,以防锻件过热,加热曲线如图4-30(b)所示。

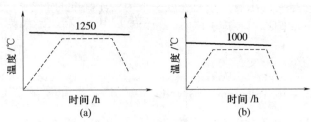

图4-30　加热曲线
(a)第一火加热曲线;(b)第二火加热曲线。

(2)锻后冷却,根据锻件为45钢和最大截面为φ291mm及坯料质量可知可采用空冷。

(3)热处理工艺,按照锻件力学性能要求,根据材质45钢再结合锻造情况,一般采用正火加高温回火热处理工艺,如图4-31所示。

① 制订工时定额与锻件等级。参照企业有关工时定额标准,确定第一火为0.6台时,第二火为0.8台时。锻件等级查阅JB 4286—1986中相应锻件形状,锻件定为Ⅳ级。

② 填写工艺卡片,传动轴自由锻工艺卡片如表4-7所列。

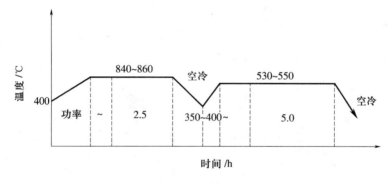

图 4-31 传动轴热处理工艺

表 4-7 传动轴自由锻造工艺卡

锻件	名称	传动轴	锻件图
	类别	Ⅳ	
	钢号	45 钢	
坯料质量/kg		994	
锻件质量/kg		931	
利用率/%		93.3	
每批锻件数/件		3	
坯料规格		方钢 350	

火次	温度/℃	操作说明	变形过程图	设备	工具
1	1200 ~ 1250	坯料加热、拔长 φ330 切肩拔长一端		5000kg 锻锤	三角压铁
2	1000	拔长另一端修正到锻件尺寸			

编制		审核		批准	

4.5.2 水压机自由锻热轧辊锻件工艺示例

1. 热轧辊零件图

热轧辊零件图,如图 4-32 所示。

热轧辊技术条件中无力学性能的要求,因此锻件不留试棒,这类锻件也不需要热处理吊卡头和机械加工特殊余块,生产数量为 1 件,轧辊材料为 60CrMnMo。

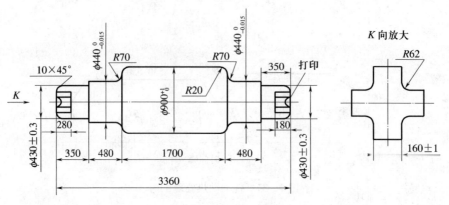

图 4-32　热轧辊零件图

2. 绘制热轧辊锻件图

从有关标准中可查得得粗加工和热处理余量 $a=14$mm，粗加工外圆角半径 $R_1=15$mm，内圆角半径 $R_2=30$mm，绘制粗加工图。由于轧辊两端的梅花头凹槽不能锻出，故需加余块，如图 4-33 所示。

根据锻件形状和尺寸查有关标准中的相应锻件，得到轧辊中间直径的余量及公差为 46mm±34mm，轧辊两端直径的余量及公差为 38mm±26mm，绘制锻件图，如图 4-34 所示。

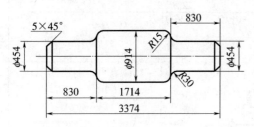

图 4-33　热轧辊粗加工

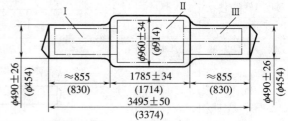

图 4-34　热轧辊锻件图

3. 确定钢锭质量

大中型锻件按基本尺寸加上 $\dfrac{1}{2}$ 上偏差来计算锻件质量。

$$m_{锻}=m_{\mathrm{I}}+m_{\mathrm{II}}+m_{\mathrm{III}}+2m_{余面}$$

其中，$m_{\mathrm{I}}=m_{\mathrm{II}}=6.16D^2L=6.16\mathrm{kg/mm^3}\times5.03^2\mathrm{mm^2}\times8.63\mathrm{mm}\approx1345\mathrm{kg}$

$m_{\mathrm{III}}=6.16\mathrm{kg/mm^3}\times9.77^2\mathrm{mm^2}\times18.02\mathrm{mm}\approx10596\mathrm{kg}$

$m_{余面}=0.18\left(D-d\right)^2\left(D+2d\right)=0.18\mathrm{kg/mm^3}\times$

$\qquad\left(9.77-5.03\right)^2\mathrm{mm^2}\times\left(9.77+2\times5.03\right)\mathrm{mm}=80.2\mathrm{kg}$

取　　　　　　　　　　　　　$m_{余面}=80\mathrm{kg}$

则　　　　$m_{锻}=m_{\mathrm{I}}+m_{\mathrm{II}}+m_{\mathrm{III}}+2m_{余面}=1345\mathrm{kg}+10596\mathrm{kg}+1345\mathrm{kg}+\left(2\times80\right)\mathrm{kg}=13446\mathrm{kg}$

钢锭利用率 η 如表 4-1 所列，台阶轴类锻件为 58%～60%，按 60% 计算得：

$$m_{锭}=\frac{m_{锻}}{\eta}=\frac{13446\mathrm{kg}}{0.6}=22410\mathrm{kg}$$

100

根据钢锭规格,初选 22t 钢锭,如图 4-35 所示。

4. 确定锻造比 K_L

查表 4-2 可知一般情况下热轧辊 $K_L = 2.5 \sim 3$,验算初选的钢锭截面积是否满足 K_L 的要求,即 $K_L = \dfrac{A_{锭}}{A_{锻}} = \dfrac{1063^2}{960^2} = 1.2 < (2.5 \sim 3)$

上述计算未能满足要求,则应采用镦粗后拔长的工艺方案。

5. 拟定锻造工序

参照类似产品的锻造工艺,确定锻造工序方案如下。

第一火:压钳把→倒棱→切锭尾

第二火:镦粗→预拔长→分段压印→拔长至锻件尺寸

6. 确定设备与工具

为达到 2.5 的锻比,需进行镦粗,镦粗后直径 $d \geqslant \sqrt{2.5 \times 1029} = 1627\text{mm}$,查手册可得,需水压机 3150000kg。为提高内部质量,应采用上下 V 型砧拔长。

7. 确定加热、冷却和热处理规范

(1) 加热规范,一般情况大型合金钢钢锭采用热运送,根据某厂热钢锭加热规范来定出加热温度变化曲线,如图 4-36 所示。始锻温度 1200℃,终锻温度 800℃,修整温度不低于700℃。第二火直接进入高温炉中进行快速加热,其加热曲线与热锭加热曲线相同。

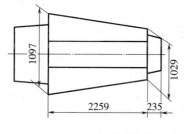

图 4-35 22t 钢锭尺寸

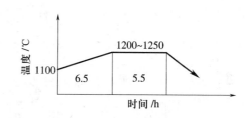

图 4-36 22t 60CrMnMo 热锭加热曲线

(2) 锻件冷却和热处理规范,由锻件尺寸参照某厂锻后冷却及热处理规范,确定如图 4-37 所示冷却、热处理规范。

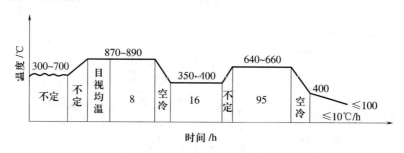

图 4-37 60CrMnMo 热轧辊冷却、热处理曲线

8. 制订工时定额和确定锻件级别

参照某厂工时定额标准,定出工时定额为:第一火 0.4 台时,第二火 2.2 台时。根据国家标准中相应锻件规定,查得该锻件为 Ⅲ 级。

9. 填写工艺卡片

将上述编好的工艺规程填入工艺卡片,如表 4-8 所列。

表 4-8　水压机自由锻造热轧辊工艺卡片

锻件	名称	热轧辊	材 料 参 数						
	生产件数/件	1	项目	锻件	烧损	冒口切头	底部切头	其他	共计
	钢号	60CrMnMo	质量/kg	13446	770	5500	1540	744	22000
生产号			占总量/%	61	3.5	25	7	3.5	100

工艺参数		锻件图
锻造比	3:1	
锻件级别	Ⅲ	
单件台时	2.6	
锭型	普通锥度锭	
锭小头直径/mm	1029	技术要求:
锭大头直径/mm		1. 锻后等温冷却处理;
锭身长度		2. 热处理硬度:196HBS~269HBS。

锭身质量/kg	22590	编制		审核		组长		会审	

火次	温度/℃	操作说明	变形过程	工具	设备/kg	冷却
		钢锭				
1	1200~800	1. 压钳把 2. 倒棱 3. 切底		上平砧下V形砧	3150000 水压机	返炉
2	1200~800 修正温度不低于700	4. 镦粗 5. 预拔长到1100mm 6. 分段压槽 7. 拔长到 φ490mm 切下部残料 8. 拔长Ⅲ到φ490mm 9. 修整辊中间 φ960mm 10. 矫直锻件 11. 剁下锻件		球面镦粗拔长下镦盘、上下V形宽砧、三角形剁刀	3150000	送热处理工段

第5章 模锻工艺

5.1 概 述

模锻是在模锻设备上，利用高强度锻模，使金属坯料在具有一定形状和尺寸的模膛内受冲击力或静压力产生塑性变形，从而获得所需形状、尺寸以及内部质量要求的锻件的加工方法。在模锻变形过程中，由于模膛对金属坯料流动的限制，因而锻造终了时可获得与模膛形状相符的模锻件。

5.1.1 模锻的特点

与自由锻相比，模锻具有如下优点。

(1)生产效率较高。模锻时，金属是在具有一定尺寸和形状的模膛内进行变形的，能较快获得所需形状的锻件，生产过程易于实现自动化。

(2)能锻造形状复杂的锻件，并可使金属流线分布更为合理，提高零件的使用寿命。

(3)模锻件的尺寸较精确，表面质量较好，加工余量较小。

(4)节省金属材料，减少切削加工工作量。

(5)在批量足够的条件下，能降低零件成本。

(6)模锻操作简单，劳动强度低。

但模锻生产受模锻设备吨位限制，模锻件的质量一般在150kg以下。而且模锻设备投资较大，模具费用较高，生产工艺灵活性较差，生产准备周期较长。因此，模锻适合于小型锻件的大批大量生产，不适合单件、小批量生产以及中、大型锻件的生产。

5.1.2 模锻的分类

模锻按模锻时有无飞边可把模锻分为开式模锻和闭式模锻，如图5-1所示。模锻时，多余金属由飞边处流出，由于飞边厚度较薄，径向阻力增大，可以使金属充满模膛，这种方式称为开式模锻。闭式模锻是在成形过程中，模膛是封闭的，特别有利于低塑性材料的成形。

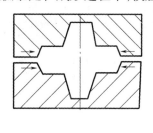
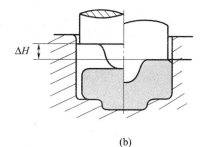

(a)   (b)

图5-1 开式模锻与闭式模锻

(a)开式模锻；(b)闭式模锻。

根据模锻使用设备可将模锻分为锤上模锻、压力机上模锻、胎模锻等。

1. 锤上模锻

锤上模锻是在自由锻胎模锻基础上发展起来的一种在锻锤上完成的锻造生产方法,如图5-2所示。锻锤与其他锻压设备相比,具有工艺适应性广、生产效率高、设备造价低的优点,而且模锻锤的打击能量可在操作中调整,能够实现轻重缓急打击。毛坯在不同能量的多次锤击下,可经过镦粗、打扁、拔长、滚挤、弯曲、卡压、成形、预锻和终锻等各类工步,使各种形状的锻件得以成形。因此,一般锻造厂都配备有不同吨位的模锻锤。

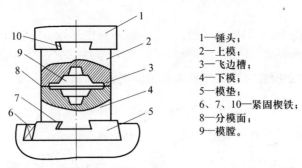

1—锤头;
2—上模;
3—飞边槽;
4—下模;
5—模垫;
6、7、10—紧固楔铁;
8—分模面;
9—模膛。

图5-2　锤上锻模

模锻模膛可分为制坯模膛和模锻模膛。

1) 制坯模膛

对于形状复杂的模锻件,为了使坯料基本接近模锻件的形状,以便模锻时金属能合理分布,并较好地填充模膛,必须预先在制坯模膛内制坯,制坯模膛有以下几种。

(1) 拔长模膛,减小坯料某部分的横截面积,以增加其长度,如图5-3所示。

(2) 滚挤模膛,减小坯料某部分的横截面积,以增大另一部分的横截面积。主要是使金属坯料能够按模锻件的形状来分布。滚挤模膛也分为开式和闭式两种,如图5-4所示。

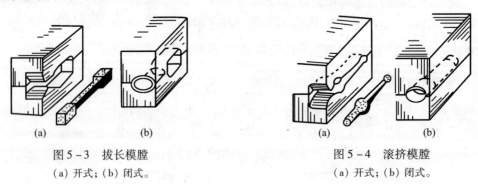

图5-3　拔长模膛
(a) 开式;(b) 闭式。

图5-4　滚挤模膛
(a) 开式;(b) 闭式。

(3) 弯曲模膛,使坯料弯曲,如图5-5所示。

(4) 切断模膛,在上模与下模的角部组成一对刃口,用来切断金属,如图5-6所示。切断模膛可用于从坯料上切下锻件或从锻件上切钳口,也可用于多件锻造后分离成单个锻件。

此外,还有成形模膛、镦粗台及击扁面等制坯模膛。

2) 模锻模膛

模锻模膛包括预锻模膛和终锻模膛。所有模锻件都要使用终锻模膛,预锻模膛则要根据实际情况决定是否采用。

(1) 预锻模膛。用于预锻的模膛称为预锻模膛。终锻时常见的缺陷有折叠和充不满等,

图 5 - 7 所示为工字型截面锻件的折叠。这些缺陷都是由于终锻时金属不合理的变形、流动或变形阻力太大引起的。为此，对于外形较为复杂的锻件，常采用预锻工步，使坯料先变形到接近锻件的外形与尺寸，以便合理分配坯料各部分的体积，避免折叠的产生，并有利于金属的流动，易于充满模膛，同时可减小终锻模膛的磨损，延长锻模的寿命。预锻模膛和终锻模膛的主要区别是前者的圆角和模锻斜度较大，高度较大，一般不设飞边槽。只有当锻件形状复杂、成形困难，且批量较大的情况下，设置预锻模膛才是合理的。

图 5 - 5 弯曲模膛

图 5 - 6 切断模膛

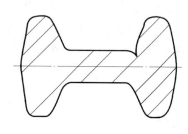
图 5 - 7 工字型截面锻件的折叠

（2）终锻模膛。使金属坯料最终变形到所要求的形状与尺寸。由于模锻需要加热后进行，锻件冷却后尺寸会有所缩减，所以终锻模膛的尺寸应比实际锻件尺寸放大一个收缩量，对于钢锻件收缩量可取 1.5%。

3）飞边槽

飞边槽用以增加金属从模膛中流出的阻力，促使金属充满整个模膛，同时容纳多余的金属，还可以起到缓冲作用，减弱对上下模的打击，防止锻模开裂。飞边槽的常见形式如图 5 - 8 所示，图 5 - 8(a) 为最常用的飞边槽形式，图 5 - 8(b) 用于不对称锻件，切边时须将锻件翻转 180°，图 5 - 8(c) 用于锻件形状复杂，坯料体积偏大的情况，图 5 - 8(d) 设有阻力沟，用于锻件难以充满的局部位置。飞边槽在锻后利用压力机上的切边模去除。图 5 - 9 为带有飞边槽与冲孔连皮的模锻件。

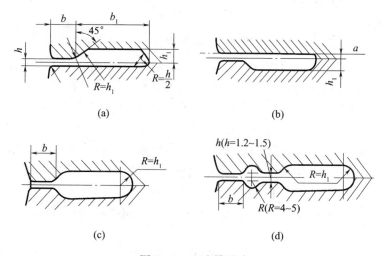

图 5 - 8 飞边槽形式

（a）最常用的飞边槽；（b）用于不对称锻件；
（c）用于锻件形状复杂，坯料体积偏大的情况；（d）用于锻件难以充满的局部位置。

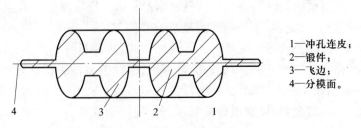

1—冲孔连皮；
2—锻件；
3—飞边；
4—分模面。

图5-9 带有飞边槽与冲孔连皮的模锻件

根据模锻件的复杂程度不同，所需的模腔数量不等，可将锻模设计成单腔锻模或多腔锻模。弯曲连杆模锻件所用多腔锻模如图5-10所示。

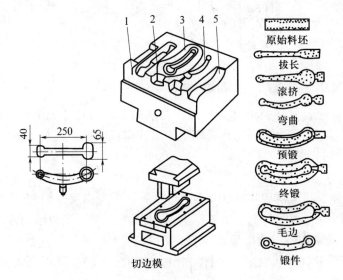

原始料坯
拔长
滚挤
弯曲
预锻
终锻
毛边
锻件

切边模

图5-10 弯曲连杆锻模（下模）与模锻工序
1—拔长模腔；2—滚挤模腔；3—终锻模腔；4—预锻模腔；5—弯曲模腔。

2. 压力机上模锻

压力机上模锻可分为曲柄压力机模锻、平锻机模锻、螺旋压力机模锻、水压机模锻及其他专用设备(如精压机、辊锻机、旋转锻机、扩孔机、弯曲机等)模锻。压力机上模锻由于其设备的结构及工艺特点，可以较好地满足现代工业的迅速发展。特别是在自动化程度很高的热模锻曲柄压力机上模锻，生产出高质量、高精度、大批量锻件，从而大幅度提高锻件生产率。

3. 胎模锻

胎模锻是在自由锻设备上用胎模生产锻件的一种方法。一般采用自由锻制坯、胎模中成形的工艺方法。因此，其工艺非常灵活，可以锻造出许多类别的锻件。但胎模锻件的尺寸精度较低、表面质量较低；工人劳动强度大、生产率低；而且锤砧易磨损，使表面不平，胎模寿命较低。

随着生产的发展，胎模锻已经不适合批量生产的需要，有些厂家采用压力机模锻。

5.2　模锻图制定

模锻的工艺规范制订、锻模设计、模具制造、锻件生产及锻件检验都离不开锻件图。锻件图是根据零件图的特点考虑分模面的选择、加工余量、锻造公差、工艺余块、模锻斜度、圆角半径等而制订的。根据不同的模锻方式,制定模锻图的基本方法是一致的,但是它们稍有区别,本节以锤上模锻的锻件图设计为对象,进行分析和讨论。

1. 确定分模面

分模面是在锻件分模位置上的一条封闭的锻件外轮廓线。其位置和形状选择直接影响到锻件成形、锻件出模、材料利用率等一系列问题。选取分模面的基本原则是保证锻件形状尽可能与零件形状相同,以及锻件容易从模腔中取出;此外,应争取获得具有镦粗填充成形的良好效果。为此,锻件分模位置应选择在具有最大水平投影尺寸的位置上。如图 5 – 11 所示的连杆锻件,分模位置应选在 A – A 线上,而不应是 B – B 线或 C – C 线。在保证上述基本原则的基础上,确定锻件分模位置时,为提高锻件质量和生产过程的稳定性,还应满足下列要求。

(1)便于发现上、下模在模锻过程中的错移,分模位置应选在锻件侧面的中部,如图5 – 11所示,锻件分模位置选在 A – A 线是正确的。

(2)为了使锻模结构简单,并防止上、下模错移,分模位置应尽可能用直线式。齿轮类锻件,如图 5 – 12 所示,采用图 5 – 12(a)所示分模位置是合理的。

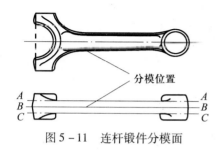

图 5 – 11　连杆锻件分模面

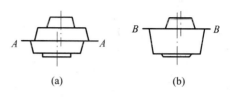

图 5 – 12　齿轮锻件分模位置
(a)分模位置合理;(b)分模位置不合理。

(3)头部尺寸较大的长轴类锻件,不宜用直线式分模,如图 5 – 13、图 5 – 14 所示。为使锻件较深尖角处能充满,应用折线式分模,使上、下模的模腔深度大致相等。

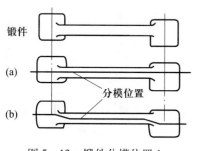

图 5 – 13　锻件分模位置 1
(a)直线分模;(b)折线分模。

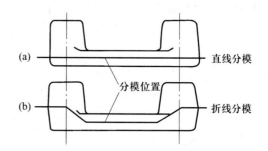

图 5 – 14　锻件分模位置 2
(a)直线分模;(b)折线分模。

(4)为了便于锻模、切边模加工制造和减少金属损耗,对于圆饼类锻件,如图 5 – 15(a)所示,当 $H \leqslant D$ 时,应取径向分模,如图 5 – 15(b)所示,不应选图 5 – 15(c)所示的轴向分模。

(5)有金属流线方向要求的锻件,应考虑锻件工作时的受力特点。如图 5 – 16 所示锻件,II – II 处在工作中承受剪应力,其流线方向应与剪切方向相垂直,因此应取 I – I 为分模位置。

2. 机械加工余量和公差

普通模锻方法尚不能满足机械零件对形状、尺寸精度、表面粗糙度的要求。例如,毛坯在高温下产生表面氧化、脱碳以及合金元素烧损,甚至产生表面力学性能不合格的其他缺陷,导致必须从锻件表面加工掉一层金属;毛坯体积变化及终锻温度波动,锻件尺寸不易控制;由于

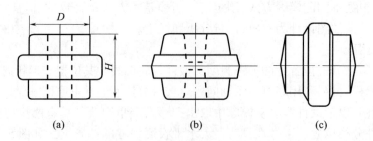

图 5-15　圆饼类锻件分模位置

(a) 零件图；(b) 径向分模；(c) 轴向分模。

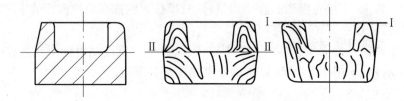

图 5-16　有流线要求锻件的分模位置

锻件出模的需要,模腔侧壁必须带有斜度,因此锻件侧壁需增加敷料;模腔磨损和上、下模错移,导致锻件尺寸出现偏差;因此模锻件必须在表面留有机械加工余量,并给出适当的锻件公差,才能保证零件尺寸精度、表面粗糙度和力学性能的要求。

锻件上有待机械加工的表面都应附加机械加工余量,锻件尺寸应为零件相应尺寸与机械加工余量之和,而对于内孔尺寸应为零件相应尺寸与机械加工余量之差。此外,对于重要的受力件,要求 100% 取样试验,或者为检验与机械加工定位的需要,还需考虑必要的工艺余块。过大的加工余量,将增加切削加工量和金属损耗;相反当加工余量不足时,则将导致锻件废品率增加。机械加工余量的大小与零件的形状复杂程度和锻件尺寸、加工精度、表面粗糙度、锻件材质和模锻设备等因素有关。

由于受到多种工艺因素的影响,锻件实际尺寸不可能与名义尺寸相同,无论在高度方向还是水平方向都会有一定偏差,因而对锻件应规定允许的尺寸偏差范围。这对于控制锻模使用寿命和锻件检验都是必要的。锻件尺寸公差具有非对称性,即正公差大于负公差。这是由于高度方向影响尺寸发生偏差的根本原因是锻不足,而模腔底部磨损及分模面压陷引起的尺寸变化是次要的。水平方向的尺寸公差也是正公差大于负公差,这是因为模锻中模腔磨损和锻件错移是不可避免的现象,而且均属于增大锻件尺寸的影响因素。此外,负公差指锻件尺寸的最低界限,不宜过大;正偏差的大小不会导致锻件报废,因此正偏差值有所放宽。

确定锻件机械加工余量和锻件公差的方法较多,各工厂采用方法不同,但可归纳为按锻件形状和按设备吨位两种方法。具体数值可以从国家标准 GB/T 12362—1990《钢质模锻件公差及机械加工余量》的规定中查取。

3. 模锻斜度

为使锻件容易出模,在锻件的出模方向设有斜度,称为模锻斜度,或称拔模斜度。模锻斜度可以是锻件侧表面上附加的斜度,也可以是侧表面上的自然斜度。锻件冷缩时与模壁之间间隙增大部分的斜度称为外模锻斜度(α),与模壁之间间隙减小部分的斜度称为内模锻斜度(β),如图 5-17 所示。

模锻时金属被压入模腔后,锻模也受到弹性压缩,外力去除后,模壁在弹性作用下而夹住锻件。同时由于金属与模壁间存在摩擦,故锻件不易取出。为了易于取出锻件,模壁需要一定的斜度 α,模锻好的锻件侧面也具有相同斜度 α。这样,锻件在模膛成型后,模壁就会产生一个脱模分力 $F\sin\alpha$ 来抵消模壁对锻件的摩擦阻力 $F_r\cos\alpha$,从而减少取出锻件所需的力,如图 5-18 所示,即

$$F_{取} = F_r\cos\alpha - F\sin\alpha = F(\mu\cos\alpha - \sin\alpha) \tag{5-1}$$

由式(5-1)可以看出,模锻斜度 α 越大,取出力越小。α 大到一定值后,锻件就会自行从模膛中脱开。由于 α 加大会增加金属消耗和机械加工余量,同时模锻时金属所遇阻力也大,使金属充填困难。因此,在保证锻件能顺利取出的前提下,模锻斜度应尽可能取小值。

模锻斜度与锻件形状和尺寸、斜度的位置、锻件材料等因素有关。钢质模锻件的模锻斜度可按 GB 12361—1990《钢质模锻件通用技术条件》规定确定。对于窄而深的模膛,锻件难以取出,应采用较大的斜度。锻件内模锻斜度 β 应比外模锻斜度 α 大一级,因为锻件在冷却时,外壁趋向离开模壁,而内壁则包在模膛凸起部分不易取出。不同模锻材料所需模锻斜度不同,铝、镁合金锻件较钢锻件和耐热合金锻件所需模锻斜度小。

模膛上的斜度是用指状标准铣刀加工而成的,所以模锻斜度应选用 3°、5°、7°、10°、12°、15°等标准度数,以便与铣刀规格相一致。同一锻件上的外模锻斜度或内模锻斜度不易用多种斜度,一般情况下,内外模锻斜度各取其统一数值。

在确定模锻斜度时还应注意以下几点。

(1) 为使锻件容易从模膛中取出,对于高度较小的锻件可以采用较大的斜度。如生产中对于高度小于 50mm 的锻件,若查到的斜度为 3°时,应改为 5°;对于高度小于 300mm 的锻件,若查得的斜度为 3°或 5°时,均改为 7°。此时因锻件高度不大,由增加斜度而消耗的金属量不多。

(2) 应注意上、下模膛深度不同的模锻斜度的匹配关系,此时称为匹配斜度,如图 5-19所示。匹配斜度是为了使分模线两侧的模锻斜度相互接头,而人为地增大了的斜度。

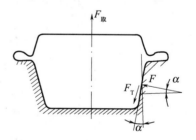

图 5-18　锻件出模受力分析

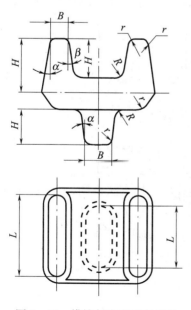

图 5-17　模锻斜度和圆角半径

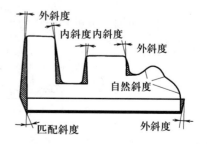

图 5-19　模锻件上的各种斜度

（3）自然斜度是锻件倾斜侧面上固有的斜度，就是将锻件倾斜一定的角度所得到的斜度。只要锻件能够形成自然斜度，就不必另外增设模锻斜度。

4. 圆角半径

锻件圆角半径对于保证金属流动、防止锻件产生夹层和提高锻模使用寿命等十分重要。因此，在锻件上各垂直剖面上交角处必须做出圆角处理，不允许呈现尖角状。相应地在锻件上形成的圆角，称为圆角半径。锻件上的凸出的圆角半径称为外圆角半径 r，凹入的圆角半径称为内圆角半径 R。锻件上的外圆角相当于模具模膛上的凹圆角，其作用是避免锻模在热处理时和模锻过程中因应力集中而开裂，并保证锻件充满成形。如果外圆角半径过小，金属充满模膛就十分困难，而且容易引起锻模崩裂，如图 5-20 所示；若外圆角半径过大，机械加工余量将受到影响。锻件上的内圆角相当于模具模膛上的凸圆角，其作用是使金属易于流动充填模膛，防止产生折迭和模膛过早被压塌，如图 5-20 所示。如果锻件内圆角半径过小，模锻时金属流动形成的纤维会被割断，如图 5-21、图 5-22 所示，导致力学性能下降，或使模具模膛产生压塌变形，影响锻件出模，也可能产生折叠，使锻件报废；如果内圆角半径太大，将使机械加工余量和金属损耗增加，对于某些锻件，内圆角半径过大，会使金属过早流失，导致充不满现象发生。

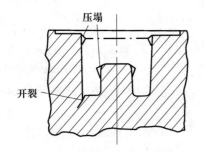

图 5-20　圆角半径过小对模具的影响

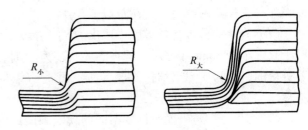

图 5-21　圆角半径对金属纤维的影响

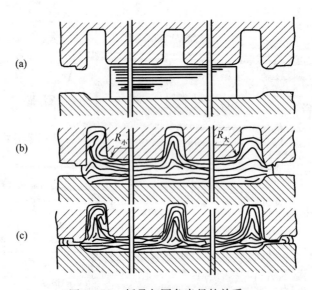

图 5-22　折叠与圆角半径的关系

（a）模锻前情况；（b）模锻中间情况；（c）模锻后情况。

圆角半径与锻件形状和尺寸有关。锻件高度尺寸大,圆角半径也相应增大,其值可按GB/T 12362—1990《钢质模锻件通用技术条件》的规定确定。在确定锻件圆角半径时应注意以下3点。

(1)为保证制造模具所用的刀具标准化,圆角半径(mm)应按以下标准数值选取:1.0、1.5、2.0、2.5、3.0、5.0、8.0、10.0、15.0、12.0。

(2)圆角半径 r 和 R 的大小,取决于所在部位尺寸比例,可根据圆角处的高度 h 与相对高度 $\dfrac{h}{b}$ 选取,同一锻件的圆角半径应力求统一。当锻件高度不大时,为保证锻件外圆角半径 r 处实际的加工余量,外圆角半径 r 取锻件的单边余量,内圆角半径 R 取为 r 的2倍~3倍。

(3)圆角半径的选择还与金属成形方式有关,当用镦粗法成形时,由于金属易于充满模膛,外圆角半径可以选取小一些;若用挤压法成形时,金属难于充满,外圆角半径可以取大些。金属流动剧烈的部位,为了避免夹层等缺陷,内圆角半径 R 应适当加大。

5. 冲孔连皮

对于有内孔的模锻件,锤上模锻不能直接锻出透孔,必须在孔内保留一层连皮形成盲孔,中间留一层金属,然后在切边压力机上冲除,这层金属就称为连皮。连皮厚度对锻件的充满程度、模具的磨损和金属利用率等因素影响较大。因此连皮的形式可根据锻件孔尺寸和模膛选择模锻件常采用如图5-23所示4种连皮;连皮厚度也应设计合理,若连皮过薄,锻件成形需要较大的打击力,并容易发生锻不足现象,从而导致模膛凸出部分加速磨损或打塌;若连皮太厚,会使锻件冲除连皮困难,使锻件形状走样造成金属浪费。所以在设计有内孔的锻件时,必须正确设计连皮的形状和尺寸。

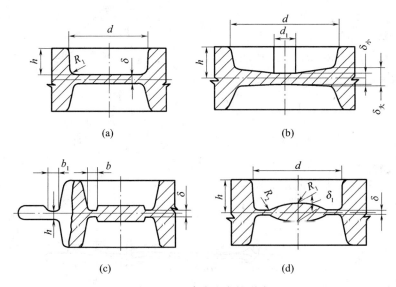

图5-23　冲孔连皮的形式

(a)平底连皮;(b)斜底连皮;(c)带仓连皮;(d)拱底连皮。

(1)平底连皮如图5-23(a)所示。平底连皮是较常用的一种形式,其适用于直径不大的孔($d < 2.5h$ 或 $25\text{mm} < d < 60\text{mm}$),其厚度 δ 和圆角半径 R_1 可根据式(5-2)计算,也可按表5-1选取。

$$\delta = 0.45\sqrt{d - 0.25h - 5} + 0.6\sqrt{h}\ (\text{mm}) \tag{5-2}$$

式中:d 为锻件内孔直径;h 为锻件内孔深度的 $\frac{1}{2}$。

因模锻成形过程中金属流动激烈,连皮上的圆角半径 R_1 应比锻件上其他内圆角半径 R 大一些,可按式(5-3)确定。

$$R_1 = R + 0.1h + 2(\text{mm}) \tag{5-3}$$

表 5-1　平底连皮厚度 δ 和圆角半径 R_1

锻锤吨位/t	1~2	3~5	10
δ/mm	4~6	5~8	10~12
R_1/mm	5~8	6~10	8~20

（2）斜底连皮如图 5-23(b)所示。斜底连皮适用于内孔较大（$d > 2.5h$ 或 $d > 60\text{mm}$）时采用。对于较大的孔,若仍用平底连皮,则锻件内孔处的多余金属不易向四周排除,而且由于金属流动激烈容易在连皮四周处产生折叠,模膛内的冲头也会过早的磨损或压塌,为此采用斜底连皮。斜底连皮的特点是:由于增加了连皮周边的厚度,即有助于排除多余金属,又有助于避免形成折叠。但斜底连皮在被冲出时容易引起锻件变形。斜底连皮的主要尺寸为

$$\delta_1 = 1.35\delta \tag{5-4}$$

$$\delta_2 = 0.65\delta \tag{5-5}$$

$$d_1 = (0.25 \sim 0.3)d \tag{5-6}$$

式中:δ 为按平底连皮计算的厚度(mm);d_1 为考虑坯料在模膛中定位所需平台直径(mm)。

（3）带仓连皮如图 5-23(c)所示。当锻制比较大的孔时,在预锻模膛中采用斜底连皮,而在终锻模膛中可采用带仓连皮,其原因是由于内孔中多余金属不能全部向外排出,而是挤入连皮仓部,这样可以避免折叠。带仓连皮的优点是周边较薄,容易冲除,而且锻件形状不走样。

带仓连皮的厚度 δ 和宽度 b,可按飞边槽桥部高度 $h_{飞边}$ 和桥部宽度 b_1 来确定。仓部体积应能够容纳预锻后连皮上的多余金属。

$$\delta = h_{飞边} \tag{5-7}$$

$$b = b_1 \tag{5-8}$$

（4）拱底连皮如图 5-23(d)所示。若锻件内孔很大,$d > 15h$,而高度又很小时,由于金属向外流出困难,应采用拱底连皮。拱底连皮可避免在连皮周边产生折叠或穿筋裂纹,可以容纳更多的金属,且冲除较省力。其尺寸可按下式确定:

$$\delta = 0.4\sqrt{d} \tag{5-9}$$

$$R_1 = 5h \tag{5-10}$$

R_2 由作图选定。

如果用自由锻制坯,孔径大于 100mm 的锻件,可以先冲通孔,然后再模锻成形。此时,锻模中的连皮可按飞边槽结构设计。

模锻件的连皮将损耗一部分金属,为了节约金属,在生产中可把连皮用来生产其他小锻件,或者同时锻出两种锻件,如图 5-24 所示。

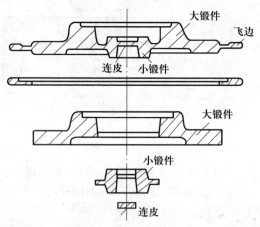

图 5-24　复合模锻

112

（5）压凹如图 5 - 25 所示。对于直径小于25mm 的小孔一般不在锻件上作出，因为对于这样的小孔，锻模冲头部分极易压塌磨损。有时为了使锻件充填饱满，采用压凹的形式，此时不是为了节省金属，而是通过压凹变形使小头充分变形，例如连杆小头常采用压凹，以利于小头成形，如图 5 - 25 所示。

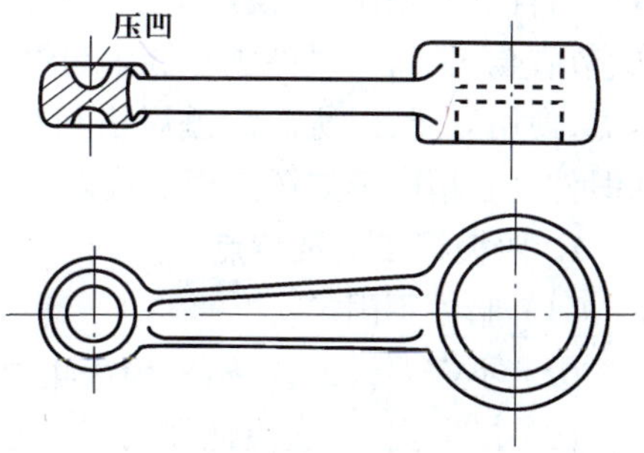

图 5 - 25　锻件压凸

6. 冷缩率

为保证金属在锻造冷缩后能达到锻件要求的尺寸，设计模具时，应将冷锻件各尺寸放大，即加上冷缩量。

冷缩率与金属物理性能、锻件终锻温度及外形尺寸有关。各种有色金属合金及黑色金属冷缩率如表 5 - 2 所列。对于终锻温度高，尺寸大的锻件取上限；对于小形件或细长、扁薄易冷件则不必考虑。

表 5 - 2　常用金属锻件的冷缩率

终锻温度	镁合金/%	铅合金/%	铜钛合金/%	黑色金属/%
较低（一般锻件）	0.5 ~ 0.8	0.6 ~ 1.0	0.7 ~ 1.1	0.8 ~ 1.2
较高	0.8 ~ 1.0	1.0 ~ 1.2	1.1 ~ 1.4	1.2 ~ 1.5

7. 技术要求

锤上模锻锻件图也是在零件图的基础上，加上机械加工余量、余块或其他特殊留量后绘制的。模锻锻件图中锻件外形用粗实线表示，零件外形用双点划线表示，以便了解各处加工余量是否满足要求。锻件的公称尺寸与公差注在尺寸线上面，而零件的尺寸注在尺寸线下面的括号内。

锤上模锻的锻件图中无法表示的有关锻件质量和检验要求的内容，均应列入技术条件中说明。一般技术条件包括以下内容。

（1）未注明的模锻斜度和圆角半径。

（2）允许的错移量和残余飞边宽度。

（3）允许的表面缺陷深度。

（4）表面清理方法。

（5）锻后热处理的方法和硬度要求。

（6）需要取样进行金相组织检验和力学性能试验时，应注明在锻件上的取样位置。

其他特殊要求，如锻件同轴度、直线度等可按 GB/T 12362—1990《钢质模锻件通用技术条件》的规定确定。

5.3　自由锻锤上胎模锻

它也是介于自由锻和模锻之间的一种锻造方法。常采用自由锻的镦粗或拔长等工序初步制坯，然后在胎模内终锻成形。因此，胎模锻同时具有自由锻和模锻的某些特点。胎模的结构简单且形式较多，图 5 - 26 为其中一种合模，它由上、下模块组成，模块间的空腔称为模膛，模块上的导销和销孔可使上、下模膛对准，手柄供搬动模块用。

与自由锻相比，胎模锻生产率和锻件尺寸精度高、表面质量高、节省金属材料、锻件成本低。与模锻相比，胎模制造简单，成本低，使用方便；但所需锻锤规格和操作者劳动强度大，生产率和锻件尺寸精度不如锤上模锻高。

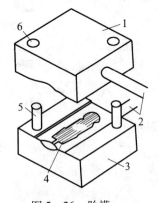

图 5-26　胎模
1—上模块；2—手柄；3—下模块；
4—模膛；5—导销；6—销孔。

1. 胎模锻工艺及特点

（1）胎模不固定。

（2）不需要模锻设备，锻模简单，加工成本低。

（3）工艺灵活，适应性强。

（4）劳动强度大，效率低。

（5）适用于小型锻件，中小批量的生产。

2. 胎模的结构及应用

胎模锻造所用胎模不固定在锤头或砧座上。锻造时，先把下模放在下砧铁上，再把加热的坯料放在模膛内，然后合上上模，用锻锤锻打上模背部。待上、下模接触，坯料便在模膛内锻成锻件。按其结构可大致分为扣模、合模和套模 3 种主要类型。

（1）扣模。它用于对坯料进行全部或局部扣形，如图 5-27 所示。主要生产长杆非回转体锻件，也可为合模锻造制坯。用扣模锻造时毛坯不转动。

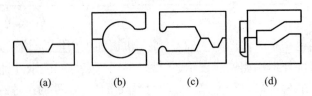

（a）　　　　　（b）　　　　　（c）　　　　　（d）

图 5-27　扣模种类
（a）单扇扣模；（b）双扇扣模；（c）导锁式扣模；（d）导板式扣模。

（2）合模。它通常由上模和下模组成，如图 5-28 所示。主要用于生产形状复杂的非回转体锻件，如连杆、叉形锻件等。

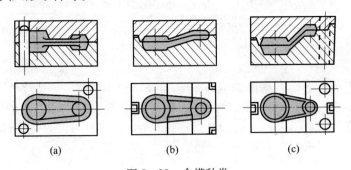

（a）　　　　　　（b）　　　　　　（c）

图 5-28　合模种类
（a）导柱式；（b）导锁式；（c）导锁导柱联合式。

（3）套筒模。磁筒模简称筒模或套模，锻模呈套筒形，可分为开式筒模和闭式筒模，如图 5-29 和图 5-30 所示。主要用于法兰盘、齿轮等回转体锻件的锻造。

胎模锻适合于中、小批量生产小型多品种的锻件，特别适合于没有模锻设备的工厂。胎模锻工艺过程包括制订工艺规程、制造胎模、备料、加热、胎模锻及后续加工工序等。在工艺规程制订中，分模面的选取可灵活一些，分模面的数量不限于一个，而且在不同工序中可选取不同

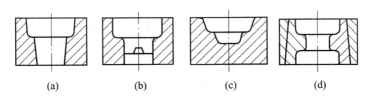

图 5-29　开式筒模结构类型

（a）无垫模；（b）有垫模；（c）跳模；（d）拼分模。

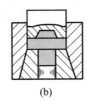

图 5-30　闭式筒模结构类型

（a）活动模冲式套模；（b）模冲模垫式套模；（c）活动冲头套模；（d）拼分式套模。

的分模面，以便于制造胎模和使锻件成形。

5.4　模锻锤上模锻

5.4.1　锤上模锻的特点和要求

设计模锻零件时，应根据模锻特点和工艺要求，使其结构符合下列原则。

（1）模锻零件应具有合理的分模面，以使金属易于充满模腔，模锻件易于从锻模中取出，且敷料最少，锻模容易制造。

（2）模锻零件上，除与其他零件配合的表面外，均应设计为非加工表面。模锻件的非加工表面之间形成的角应设计模锻圆角，与分模面垂直的非加工表面应设计出模锻斜度。

（3）零件的外形应力求简单、平直、对称，避免零件截面间差别过大，或具有薄壁、高肋等不良结构。通常零件最小截面与最大截面之比要大于 0.5，如图 5-31（a）所示零件的凸缘太薄、太高，中间下凹太深，金属不易充型。如图 5-31（b）所示零件过于扁薄，薄壁部分金属模锻时容易冷却，不易锻出，对保护设备和锻模也不利。如图 5-31（c）所示零件有一个高而薄的凸缘，使锻模的制造和锻件的取出都很困难。改成如图 5-31（d）所示形状则较易锻造成形。

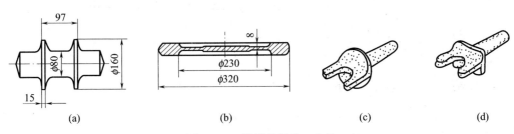

图 5-31　模锻件结构工艺性

（a）零件的凸缘太薄、太高；（b）零件过于扁薄；（c）零件有一个高而薄的凸缘；（d）改善后的零件。

（4）在零件结构允许的条件下，应尽量避免有深孔或多孔结构。孔径小于 30mm 或孔深大于直径两倍时，锻造困难。如图 5 - 32 所示齿轮零件，为保证纤维组织的连贯性以及更好的力学性能，常采用模锻方法生产，但齿轮上的 4 个 ϕ20mm 的孔不方便锻造，只能采用机加工成形。

（5）对复杂锻件，为减少敷料，简化模锻工艺，在可能条件下，应采用锻造—焊接或锻造—机械连接组合工艺，如图 5 - 33 所示。

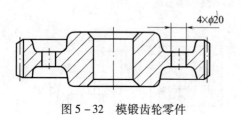

图 5 - 32　模锻齿轮零件

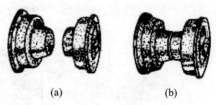

图 5 - 33　锻焊结构模锻零件
（a）模锻件；（b）焊合件。

5.4.2　模锻设备吨位的确定

选用适当的模锻设备是获得优质锻件、节省能源和保证正常生产的必要条件。关于模锻变形力的计算，尽管有理论求解的方法，但模锻过程受许多因素的影响，这些因素不仅相互作用，而且具有随机特征，所以只考虑理论是不现实的。在实际生产中，多用经验公式或近似解的理论公式确定设备吨位。甚至更为简易的办法是，参照类似锻件的生产经验用类比的方法判断所需的设备吨位。下面介绍模锻锤吨位的确定：

1. 经验理论公式

苏联学者烈别耳斯基在前人理论推导的基础上，结合生产实际简化得出双作用模锻锤吨位的经验计算法。选用模锻锤吨位必须以变形力最大的最后一次打击所需的模锻变形功为依据，同时考虑锻件生产的经济性和打击效率。变形功在数值上为

$$A_{件} = \varepsilon p_k V_{件} \qquad (5 - 11)$$

式中：$A_{件}$ 为变形功；ε 为最后一次打击时的变形程度；p_k 为最后一次打击时的金属变形抗力或单位流动压力（MPa）；$V_{件}$ 为锻件体积（cm^3）。

根据生产经验，最后一次打击时的压下量 Δh 与锻件直径 D 有如下关系：

$$\Delta h = \frac{2.5(0.75 + 0.001D^2)}{D} (mm) \qquad (5 - 12)$$

因此，平均变形程度为

$$\varepsilon = \frac{\Delta h}{h_{均}} = \frac{2.5(0.75 + 0.001D^2)}{D h_{均}} \qquad (5 - 13)$$

式中：$h_{均}$ 为锻件平均高度（mm），即 $h_{均} = \dfrac{V_{件}}{S_{件}}$。

单位流动压力除与材料变形抗力有关外，还受一些工艺因素影响，可列式如下

$$p_k = \omega z q \sigma_b \qquad (5 - 14)$$

式中：ω 为变形速度系数，与锻件尺寸有关，$\omega = 3.2(1 - 0.005D)$；z 为应力不均系数，一般 $z = 1.2$；q 为摩擦力、锻件形状、应力状态影响系数，一般取 $q = 2.4$；σ_b 为终锻时材料的变形抗力

（MPa）。

因此，单位流动压力可按下式计算

$$p_k = 9.2(1 - 0.005D)\sigma_b \tag{5-15}$$

锻件体积按下式确定

$$V_件 = \frac{\pi D^2}{4} h_均 \tag{5-16}$$

将以上各参数代入上述锻件所需变形功为

$$A_件 = 18(1 - 0.005D)(0.75 + 0.001D^2)D\sigma_b \tag{5-17}$$

最后一次打击成形所消耗的变形功还应包括飞边变形功，那么总变形功为

$$A = A_件 + A_边 \tag{5-18}$$

式中：$A_边$ 为飞边成形所需变形功，可使其与锻件模锻变形功联系求得，$A_边 = (\xi - 1)A_件$，ξ 为折算系数，$\xi > 1$。

因此可以得到

$$A = A_件 + \xi A_件 - A_件 = \xi A_件 \tag{5-19}$$

根据实践经验得出

$$\xi = \left(1.1 + \frac{2}{D}\right)^2 > 1 \tag{5-20}$$

至此，可以列出圆饼类锻件最终锤击所需总变形功的计算公式为

$$A = 18(1 - 0.005D)\left(1.1 + \frac{2}{D}\right)^2(0.75 + 0.001D^2)D\sigma_b \tag{5-21}$$

双作用模锻锤有效变形能量与锻锤下落部分质量的关系为

$$E = 18G \tag{5-22}$$

因为有效变形能与总变形功的关系为 $E = A$，所以圆饼类锻件所需模锻锤的吨位为

$$G = (1 - 0.005D)\left(1.1 + \frac{2}{D}\right)^2(0.75 + 0.001D^2)D\sigma_b \tag{5-23}$$

对于长轴类锻件，计算模锻锤吨位应考虑形状因素，模锻锤吨位 G'（kg）可按式（5-24）计算

$$G' = G\left(1 + 0.1\sqrt{\frac{L_件}{B_均}}\right) \tag{5-24}$$

式中：G 为按换算直径 $D = 1.13\sqrt{A_件}$（$A_件$ 为锻件的水平投影面积）计算的圆饼类锻件所需模锻锤吨位；$L_件$ 为锻件长度；$B_均$ 为锻件平均宽度，$B_均 = \frac{S}{L_件}$。

该计算方法适用于锻件直径或换算直径小于 600mm 的锻件所需模锻锤吨位的计算。

2. 经验公式

根据锻件在分模面上的投影面积和锻件材料特点来计算。

双作用模锻锤　　　　$G_双 = (3.5 \sim 6.3)KS \tag{5-25}$

单作用模锻锤　　　　$G_单 = (1.5 \sim 1.8)G_双 \tag{5-26}$

无砧座锤　　　　　　$G_砧 = 2G_双 \tag{5-27}$

式中：$G_双$ 为双作用锻锤下落部分重量；K 为材料钢种系数，可在 0.9 ~ 1.55 范围内查手册确定，高强度钢材选用大系数；S 为锻件和飞边在水平面上的投影面积（cm^2）。

双作用模锻锤吨位计算式中的系数 3.5 用于生产率不高且锻件形状简单的锻件；而系数

6.3 则用于要求高生产率或锻件形状复杂的锻件;一般情况取中间值。

事实上,计算公式不能完全反映锻件的实际需要,可能偏大或偏小,但只要在一定范围内,不影响锻件成形即可。如果选用的锻锤吨位不足,只要增加锤击次数,同样可以达到锻件成形的目的。但必须指出,锤击次数的增加是有限的,否则由于次数增加过多,坯料温度下降,引起变形抗力直线上升,将失去增加打击次数的意义,无法达到成形的目的。

5.4.3 毛坯尺寸的确定

生产上由于方钢品种少、工艺适应性差,通常采用圆钢作为毛坯,毛坯尺寸包括坯料的直径和长度。毛坯的体积应包括锻件、飞边、连皮、钳夹头和加热引起的氧化皮总和。计算所需的体积后,就可确定毛坯的下料长度。不同类别的锻件,变形特点不同,所需坯料的计算方法也不同。

1. 长轴类锻件

长轴类锻件的坯料体积按下式计算

$$V_{坯} = (V_{锻} + V_{飞})(1 + \delta) \tag{5-28}$$

式中:$V_{坯}$ 为坯料体积;$V_{锻}$ 为锻件体积,计算时取锻件正公差之半计入;$V_{飞}$ 为飞边体积;δ 为金属损耗率,如表 3-25 所列。

求出毛坯断面积后,按照材料规格选用钢号,然后按式(5-29)确定毛坯的下料长度。

$$L_{坯} = \frac{V_{坯}}{F_{坯}} + L_{钳} \tag{5-29}$$

式中:$V_{坯}$ 为坯料体积(包括飞边、连皮);$F_{坯}$ 为所选规格钢号毛坯的断面积;$L_{钳}$ 为钳夹头损耗长度。

2. 圆饼类锻件

圆饼类锻件毛坯尺寸一般用镦粗制坯,所以毛坯尺寸应以镦粗变形为依据进行计算。毛坯体积为

$$V_{坯} = (1 + k)V_{锻} \tag{5-30}$$

镦粗时常用的高径比 m 为 $m = \dfrac{L_{坯}}{d_{坯}} = 1.5 \sim 2.2$

因此,毛坯直径为 $\qquad d_{坯} = (0.83 \sim 0.95)\sqrt[3]{V_{坯}} \tag{5-31}$

式中:k 为宽裕系数,考虑到锻件复杂程度影响飞边体积及烧损量,若为圆形锻件,$k = 0.12 \sim 0.25$,若为非圆形锻件 $k = 0.2 \sim 0.35$;m 为高径比,毛坯高度与直径之比。

5.4.4 锻模结构设计

加热后坯料在锻模的一系列模膛中逐步变形,最终成为锻件,坯料在锻模的每一个模膛中的变形过程称为模锻工步。选择模锻工步时要结合各类模膛的作用综合考虑。模膛的作用是与模锻工步特点相一致的,所以模膛名称与工步名称相同。

1. 模锻变形工步

模锻基本工步包括以下几点。

(1)制坯工步,包括镦粗、拔长、滚挤、卡压、成形、弯曲等工步。制坯工步的作用是改变毛坯的形状,合理分配坯料体积,以适应锻件横截面形状和尺寸的要求,使金属更好的充满模膛。

（2）模锻工步,包括预锻和终锻工步,其作用是获得冷锻件图所要求的形状和尺寸。预锻工步要根据具体情况决定是否采用。终锻工步一般都需要。

（3）切断工步,切断工步的作用是当采用一料多件模锻时,用于切断已锻好的锻件或用来切断钳口。

2. 锻模结构及模膛分类

锻模一般由上模和下模组成,下模固定在砧座或工作台上,上模固定在锤头或压力机的滑块上,并同锤头一起上、下运动。坯料置于下模膛,而当上、下模膛合拢时,坯料受锤击或压力变形充满模膛,最后获得与模膛形状一致的模锻件。锻件从模膛中取出,多数带飞边,还需用切边模切除飞边,切边时可能引起锻件变形,又需要校正模进行校正。锻模模膛按其作用分为制坯模膛、模锻模膛两类。

1）制坯模膛

制坯模膛是使坯料具有与锻件相适应的截面变化和形状。制坯模膛主要包括镦粗模膛、拔长模膛、滚挤模膛、卡压模膛、弯曲模膛、成形模膛、切断模膛。

镦粗模膛包括镦粗台和压扁台,置于模膛一角,镦粗台适用于圆饼类锻件,压扁台适合于锻件平面图近似矩形的情况。其作用是使毛坯高度减小,水平尺寸增大,以利于充满模膛,防止折叠,还可去氧化皮。

拔长模膛的主要作用是使坯料局部截面积减小,长度增加,从而使坯料的体积沿轴线重新分配以适应进一步模锻的需要。

滚挤模膛是通过减小毛坯局部截面积,增大另一部分的横截面积,使坯料沿轴向的体积分配更精确。对毛坯有少量拔长作用,并还有滚光和去氧化皮的作用。

卡压模膛又称压肩模膛,其功能类似滚挤模膛,不同的是卡压毛坯在模膛中只锤击一次。稍微使头部金属少量聚积,从而改善终锻的金属流动。

弯曲模膛是改变经拔长、滚挤后坯料的轴线,达到弯曲成形的目的。

成形模膛类似于滚挤和卡压模膛,多用于形状不对称而又无法采用滚挤制坯的锻件制坯,经制坯后翻转90°送入预锻或终锻模膛。

切断模膛用于切断已锻好的锻件或钳口,以便实现连续模锻或一火多次模锻。

2）模锻模膛

模锻模膛分为预锻模膛和终锻模膛。

预锻模膛是当锻件形状较复杂时,需经过预锻以保证终锻成形的饱满,延长模膛使用寿命。预锻模膛的形状、尺寸与终锻模膛相近,但具有较大的斜度和圆角,如图5-34所示。

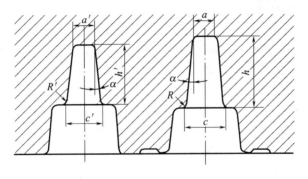

图5-34　预锻与终锻的尺寸关系

119

当预锻后的坯料在终锻模膛中以镦粗方式成形时,预锻模膛的高度尺寸比终锻模膛大 2mm ~ 5mm,宽度比终锻模膛小 1mm ~ 2mm,截面积应比终锻模膛的截面积大 1% ~ 3%。

若预锻后的坯料在终锻模膛中以压入方式成形时,则预锻模膛的高度尺寸比终锻模膛小,即 $h' = (0.8 \sim 0.9)h$,顶部宽度相同 $a' = a$。

预锻模膛的拔模斜度一般与终锻模膛的拔模斜度相同,但当模膛某些部分较深时,应将这部分拔模斜度增大。预锻模膛的内圆角半径 R' 比终锻模膛大,即 $R' > R$,预锻模膛在水平面上拐角处的圆角半径应适当增大,使坯料逐渐过渡,以防预锻和终锻时产生折叠。

终锻模膛是用来完成锻件最终成形的模膛,模膛尺寸应为模锻件图的相应尺寸加上收缩量(钢制锻件的收缩量约为 1% ~ 1.5%),其设计方法按热锻件图加工制造和检验。

3. 热锻件图设计

热锻件图以冷锻件图设计为依据,即按式(5 - 32)计算。

$$L = l(1 + \delta) \tag{5 - 32}$$

式中:L 为热锻件尺寸;l 为冷锻件尺寸;δ 为终锻温度下金属的收缩率。

热锻件图的分模面、加工余量、拔模斜度、圆角半径、冲孔连皮在 5.3 节中已经介绍。

4. 终锻模膛的设计

终锻模膛和预锻模膛的前部一般开有凹腔,称为钳口,主要用于容纳夹持坯料的钳子,便于从模膛中取出锻件。形状简单的锻件,在锻模上只需要一个终锻模膛;形状复杂的锻件,根据需要可在锻模上安排多个模膛,图 5 - 10 是弯曲连杆的锻模(下模)及工序图。锻模上有 5个模膛,坯料经拔长、滚压、弯曲 3 个制坯工序,使截面变化成与锻件相适应的形状,再经过预锻、终锻制成带有飞边的锻件,最后在切边模上切去飞边。

5. 计算坯料质量与尺寸

坯料质量包括锻件、飞边、连皮、钳口料头以及氧化皮等的质量。通常,氧化皮约占锻件和飞边总和质量分数的 2.5% ~ 4%。

5.4.5 确定模锻工序

模锻工序主要根据锻件的形状与尺寸来确定。根据已确定的工序即可设计出制坯模膛、预锻模膛及终锻模膛。模锻件按形状可分为两类:长轴类零件与盘类零件,如图 5 - 35 所示。长轴类零件的长度与宽度之比较大,例如台阶轴、曲轴、连杆、弯曲摇臂等;盘类零件在分模面上的投影多为圆形或近于矩形,例如齿轮、法兰盘等。

1. 长轴类模锻件基本工序

长轴类模锻件常用的工序有拔长、滚挤、弯曲、预锻和终锻等。

拔长和滚挤时,坯料沿轴线方向流动,金属体积重新分配,使坯料的各横截面积与锻件相应的横截面积近似相等。坯料的横截面积大于锻件最大横截面积时,可只选用拔长工序;当坯料的横截面积小于锻件最大横截面积时,应采用拔长和滚挤工序。

锻件的轴线为曲线时,还应选用弯曲工序。

对于小型长轴类锻件,为了减少钳口料和提高生产率,常采用一根棒料上同时锻造数个锻件的锻造方法,因此应增设切断工序,将锻好的工件分离。

当大批量生产形状复杂、终锻成形困难的锻件时,还需选用预锻工序,最后在终锻模膛中模锻成形。

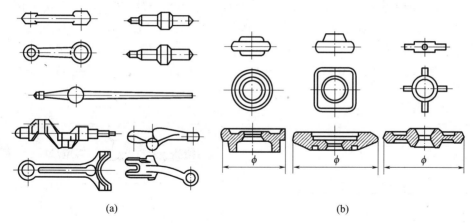

(a)   (b)

图 5 - 35　模锻零件

（a）长轴类零件；（b）盘类零件。

某些锻件选用周期轧制材料作为坯料时,如图 5 - 36 所示,可省去拔长、滚挤等工序,以简化锻模,提高生产率。

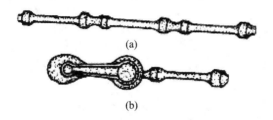

(a)

(b)

图 5 - 36　轧制坯料模锻

（a）周期轧制材料；（b）模锻后形状。

2. 盘类模锻件基本工序

盘类模锻件常选用镦粗、终锻等工序。

对于形状简单的盘类零件,可只选用终锻工序成形。对于形状复杂,有深孔或有高肋的锻件,则应增加镦粗、预锻等工序。

3. 修整工序

坯料在锻模内制成模锻件后,还须经过一系列修整工序,以保证和提高锻件质量。修整工序包括以下内容。

（1）切边与冲孔。模锻件一般都带有飞边及连皮,须在压力机上进行切除。

切边模如图 5 - 37（a）所示,由活动凸模和固定凹模组成。凹模的通孔形状与锻件在分模面上的轮廓一致,凸模工作面的形状与锻件上部外形相符。

冲孔模如图 5 - 37（b）所示,凹模作为锻件的支座,冲孔连皮从凹模孔中落下。

（2）校正。在切边及其他工序中都可能引起锻件的变形,许多锻件,特别是形状复杂的锻件在切边冲孔后还应该进行校正。校正可在终锻模膛或专门的校正模内进行。

（3）热处理。热处理的目的是消除模锻件的加工硬化组织,以达到所需力学性能。常用热处理方式为正火或退火。

（4）清理。为了提高模锻件的表面质量,改善模锻件的切削加工性能,模锻件需要进行表面清理,去除在生产中产生的氧化皮、所沾油污及其他表面缺陷等。

(5) 精压。对于要求尺寸精度高和表面粗糙度小的模锻件,还应在压力机上进行精压。精压分为平面精压和体积精压两种。平面精压如图5-38(a)所示,用来获得模锻件某些平行平面间的精确尺寸。体积精压如图5-38(b)所示,主要用来提高锻件尺寸精度、减小模锻件质量差别。精压模锻件的尺寸精度偏差可达 ±(0.1~0.25)mm,表面粗糙度 Ra 可达0.8μm~0.4μm。

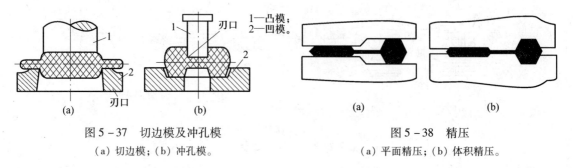

图5-37 切边模及冲孔模
(a)切边模;(b)冲孔模。

图5-38 精压
(a)平面精压;(b)体积精压。

5.5 高速锤及对击锤上模锻

5.5.1 高速锤上模锻

高速锤具有较高的打击速度,有助于提高金属的流动性,因而可将毛坯锻出形状复杂、尺寸精确的锻件。

1. 高速锤锻造的特点

(1) 充填性好。变形金属承受高速打击时,热量散失少,流动性好。因此,利用这一特点,高速锤可用于锻造复杂形状、壁薄及有高突起的精密锻件。

(2) 惯性力大。高速锤打击时,锤头速度在极短时间内突降到零,所以金属具有很大的惯性力,引起径向和轴向流动。径向惯性流动有利于金属变形,尤其当毛坯直径大大超过其高度时,这种现象更为明显,所以为锻造薄辐板类的齿轮、叶轮等锻件提供了有利条件。轴向惯性流动对直杆类件的挤压,能引起惯性断裂。

(3) 热效应显著。高速成形因变形时间短,所引起的热效应使金属的变形抗力减小,有利于成形,但热效应也可能导致材料过热或过烧。因此,高速锤锻造时加热温度应适当降低。

(4) 摩擦因数小。锻造时,金属与模具之间的相对滑移速度主要取决于打击速度。打击速度越高,金属与模具之间的相对滑移速度也就越快,而相应的摩擦因数也就越小。摩擦因数与打击速度有关系,当打击速度 v 小于 10m/s 时,摩擦因数基本上不变化。打击速度超过10m/s 以后,摩擦因数随打击速度的提高而显著下降。当打击速度达到30m/s 后,摩擦因数减小到最小值并趋于稳定。摩擦因数越小,金属在变形过程中受到的阻力越小,流动性越好,变形越均匀,坯料的可成形性也越好。

2. 高速锤锻造存在的问题

(1) 高速锤的应用范围有一定的局限性,并不是任何锻件、任何材料都可以采用高速锤锻造。

(2) 高速锤锻造的模具寿命较短,对模具的硬度、耐磨性、耐冲击性的综合性能要求较高。

(3) 大能量高速锤的整体框架制造较难,铸件不易保证质量。

（4）接头和紧固件等易于松动,维修工作量较大。

3. 高速锤锻造的工艺基础及锻件设计

高速锤锻造工艺的制订与模具的设计,除应遵循锤上模锻和压力机模锻工艺及模具设计的一般原则外,由于打击速度高和设备结构的固有特点,还必须考虑下列各点。

1）锻件材料对高速变形的适应性

各种金属材料在高速打击下的塑性是有差别的,因此必须首先考虑锻件材料对高速变形的适应性。

2）变形工序的可行性

在高速锤上可进行模锻或挤压成形。由于多数高速锤是一次打击成形的,所以不适于滚挤、拔长等需多次锤击的工序。

3）高速锤锻造的加热规范和润滑防护措施

由于变形热效应会引起温升,所以要防止过热或过烧。高速锤锻造的加热温度应比一般锻造加热温度低一些,具体温度可根据计算和试验确定。高速锤锻造应采用无氧化或少氧化加热和有效的润滑措施。

4）锻件设计特点

（1）对于填充性好的金属,锻件可以设计得更精确些。模锻件的加工余量可取 0.5mm ~ 2mm,挤压件可取 0.2mm ~ 1.0mm。

（2）因高速锤有顶出机构,模锻斜度可取 0.6 ~ 3.0。

（3）为了提高锻件精度,外圆角半径可取 1mm ~ 3mm,内圆角半径可取 0.5mm ~ 1mm。

5）锻模设计原则

高速锤锻模设计除应遵守锤上模锻的锻模设计基本原则外,还要考虑设备和工艺特点。

（1）模具安装。大多数高速锤都采用螺栓固定安装模具,不宜采用燕尾安装形式。

（2）型槽布置。高速锤承受偏载能力差,不宜在同一模块上布置多型槽。型槽较深和难成形的部位应尽量设计在上模,以便型槽充满。上模的模锻斜度较下模的大。型槽深处应开排气孔或储气孔(盲孔),以减小金属的流动阻力,排气孔直径一般取 3mm ~ 5mm。

（3）模具精度。高速锤可以锻出薄壁和较精密的锻件,甚至可以不进行或只进行少量机械加工。因此,对模具精度要求较高,特别是对组合型槽要求更高,配合不严所形成的间隙,将使锻件产生毛刺和缩短模具使用寿命。

（4）模具结构。为防止金属碎块飞出,尽可能使用封闭式结构。高速锤锻模经受冲击载荷和高速流动金属的激烈摩擦,模具平均寿命一般均短于锤锻模,因此应尽量采用镶块结构。凹模应采用多层套式补强结构,以便提高模具强度和降低制造成本。组合凹模常用双层或三层套圈,凹模各圈的直径可按下列经验数据选定。

5.5.2　对击锤上模锻

1. 对击锤上模锻特点

（1）变形速度较小,变形均匀性较好。对击锤上、下锤头速度都是3m/s多,其相对打击速度是 6m/s多,比模锻锤打击速度稍小。而上、下锤头作相向打击,上、下型槽金属变形的激烈程度之差明显减小,锻件各部位真实变形程度之差明显减小,即上、下型槽金属填充性差异减小,且变形均匀性较好。这对于变形速度敏感的低塑性材料,提高塑性、避免裂纹和避免金属流动缺陷较为有利,对单相组织金属锻件质量控制,即组织性能均匀性较为有利。根据统计,对击锤上模锻铝、镁合金锻件金属流动缺陷较少,模锻高强合金、钛合金锻件组织均匀性较好。

（2）利用顶出装置扩大锻件成形范围。液压联动对击锤,下锤头可带顶杆装置,对有大法兰盘的轴类件,如航空发功机的后轴颈、涡轮轴、梅花轴等锻件,就会跟在摩擦压力机、机械锻压机上模锻类似锻件一样方便。在模锻锤用楔铁顶杆、人工撞击出模既安全又省力。

（3）更适合中小批量模锻件生产。

（4）对击锤的主要缺点是操作不便,不宜进行多槽模锻。通常,对击锤上是不适宜进行多槽模锻的。但如果工艺需要,在对击锤锻模上可增设镦粗、压扁、成形、弯曲、预锻型腔。对较大型锻件,因锻件尺寸或质量大,设置制坯模槽在设备装模空间和操作上都有限制,即使是模锻锤也难免。实际上对击锤这一缺点,在中、大型模锻件生产或大吨位设备上是不突出的或者说是不存在的。

2. 对击锤上模锻设计要点

1）锻件图设计

对击锤是锻锤的一种,对于锤上模锻件的设计原则都应遵守。在设置切削加工余量时,应特别考虑错移对模锻件尺寸的影响,当零件壁厚有特别要求时,即使是非加工表面,也要适当设置一定的错移补偿量,以保证零件尺寸要求。

鉴于锻打过程中,不能用钳子挟持坯料。要尽可能完善锻件结构,使锻件成型后易脱模,又便于坯料放置时定位准确。

2）应注意上、下模的成形性

对击锤上、下模充填难易相当,无明显差别。因坯料通常是放在下模,下模型槽部分金属与锻模接触时间较长,该处金属温度下降较上模部分温度下降要小一些,实际效果是上模腔金属充填比下模好一些,因此,锻件较难充满成形部分应放置在上模。

3）锁扣设置

对击锤上模锻,除型腔全部在一块模块的特殊情况外,一般应在锻模上设置锁扣。需要注意的是:对角式、侧块式和四角式锁扣的凸台部分应设在下模;圆形、不完全圆形、方形封闭式和条形锁扣的凹下部分应设在下模。这种设置既可以防止下模受热膨胀导致上、下模卡死;又可以防止模锻件弹出型槽时摔落到模块外边。

5.6　螺转压力机上模锻

在中、小批量生产的锻工车间和部分大批量生产的专用生产线上,广泛使用螺旋压力机模锻。按驱动方式的不同,螺旋压力机主要有摩擦螺旋压力机(简称摩擦压力机)、电动螺旋压力机、液压螺旋压力机及离合器式螺旋压力机四大类。

1）螺旋压力机上模锻优点

（1）工艺用途广。螺旋压力机应用于变形量较大的工艺过程,提供较大的变形能;也应用于变形量较小的工艺过程,提供适合的力能。故在其上可完成模锻、挤压、精压、校正及弯曲等多种工序;螺旋压力机有顶出锻件的装置,可进行一些模锻锤上难以完成的顶锻长杆件、挤压筒形件、闭式模锻及精锻等工序。此外,由于螺旋压力机的打击速度较模锻锤低,所以,金属变形过程中再结晶过程进行得较充分,有利于锻造一些再结晶速度较低的有色金属及低塑性合金钢锻件。

（2）锻模的寿命较高、成本较低。螺旋压力机打击速度远低于模锻锤，模具承受冲击小，并且在其上有利于用镶块模，所以，可使相应的模块尺寸减少；在螺旋压力机上模锻时，毛坯与模具加压接触的时间比在热模锻压力机上短，毛坯传给模具的热量少，因此模具寿命高。

（3）锻件竖向精度高。在热模锻压力机上模锻时，同一批毛坯中，如尺寸大小或加热温度变化，将使机身等零件有不同的弹性变形量。该变形量的不同将反映到锻件的高度尺寸中，从而影响锻件的竖向精度。而在螺旋压力机上模锻时，由于没有固定的下止点，机身等零件的弹性变形及热变形均可由滑块位移来朴偿，即锻件竖向精度是由模具打靠来保证的，所以锻件的竖向精度高。

（4）设备成本低，使用和维修方便。

2）螺旋压力机上模锻缺点

（1）普通螺旋压力机的行程次数较低，而且承受偏击载荷的能力差，所以一般用于单腔模锻，复杂锻件的制坯工序需配备其他设备来完成，其生产率也不如模锻锤高。

（2）如能量（设备吨位）预选不当，会产生打击能量不足或能量过剩问题。操作控制失误可能产生冷击（没有毛坯，模具对模具的直接打击），致使设备、模具受到损伤。

（3）每次行程的时间不固定，不易形成严格的生产节拍，不便实现自动化。随着现代控制技术的快速发展，上述缺点在不断得到克服。现代螺旋压力机多配有超载保险装置、精确的能量预选及控制装置。如德国生产的 NPS 型电动螺旋压力机，具有打击能量大、行程次数高、导向精度好、承受偏击载荷的能力较强、锻后闭模时间短以及压力机在行程的任意位置都有很高的打击力等优点，为在螺旋压力机上进行多腔模锻、精密模锻以及模锻高度大、变形量大的锻件提供有利条件。

用于模锻生产的压力机有摩擦压力机、平锻机、水压机、曲柄压力机等，其工艺特点比较如表 5-3 所列。

表 5-3　压力机上模锻方法的工艺特点比较

锻造方法	设备类型		工艺特点	应用
	结构	构造特点		
摩擦压力机上模锻	摩擦压力机	滑块行程可控，速度为(0.5~1.0)m/s，带有顶料装置，机架受力，形成封闭力系，每分钟行程次数少，传动效率低	适合锻造低塑性合金钢和非铁金属；简化了模具设计与制造，可锻造更复杂形状锻件；承受偏心载荷能力差；可实现轻、重打，能进行多次锻打，还可进行弯曲、精压、切飞边、校正等工序	中、小型锻件的小批和中批生产
曲柄压力机上模锻	曲柄压力机	工作时，滑块行程固定，无振动，噪声小，合模准确，有顶杆装置，设备刚度好	金属在模膛中一次成形，氧化皮不易除掉，终锻前常采用预成形及预锻工步，不宜拔长、滚挤，可进行局部镦粗，锻件精度较高，模锻斜度小，生产率高，适合短轴类锻件	大批大量生产
平锻机上模锻	平锻机	滑块水平运动，行程固定，具有互相垂直的两组分模面，无顶出装置，合模准确，设备刚度好	扩大了模锻适用范围，金属在模膛中一次成形，锻件精度较高，生产率高，材料利用率高，适合锻造带头的杆类和有孔的各种合金锻件，对非回转体及中心不对称的锻件较难锻造	大批大量生产
水压机上模锻	水压机	行程不固定，工作速度为(0.1~0.3)m/s，无振动，有顶杆装置	模锻时一次压成，不宜多腔模锻，适合于锻造镁铝合金大锻件，深孔大锻件，不太适合于锻造小尺寸锻件	大批大量生产

5.7　热模锻机上模锻

1. 热模锻压力机上锻件图的设计特点

热模锻压力机上模锻件图设计原则、内容、方法与锤上模锻基本相同。根据热模锻压力机设备特点可知其锻件图设计有以下特点。

1）确定分模面

通常热模锻压力机模锻件的分模位置选择与锤上模锻是相同的。但对带粗大头的杆类锻件和矮筒类锻件，如图 5-39 和图 5-40 所示，由于热模锻压力机模锻后可采用顶料装置将锻件顶出，因此可选择 B—B 为锻件分模面，将坯料垂直放在模腔中局部镦粗并冲孔成形，可节约金属，减少机械加工量。而锤上模锻则采用 A—A 为分模面，飞边体积较多，金属浪费大。

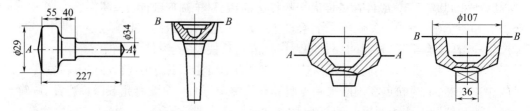

图 5-39　杆形锻件的两种分模方法　　　　图 5-40　矮筒类锻件的两种分模方法

当采用手工从终锻模膛中取出锻件时，热模锻压力机的模锻斜度与锤上相同。若采用顶杆将锻件顶出，模锻斜度可相应减小 2°～3°，一般为 2°～7°或更小。

2）机械加工余量和公差

热模锻压力机模锻件的机械加工余量和公差比锤上模锻要小，当加热条件稳定时，可按表 5-4 选取。

表 5-4　热模锻压力机模锻件的单边余量及公差

压力机吨位/kN	机械加工余量/mm		公差/mm	
	高度	水平	高度	水平
≤10000	1.0～1.5	1.0～1.5	+1.0 −0.5	锻件自由公差
16000～20000	1.5～2.0	1.5～2.0	+1.5 −0.5	
25000～31500	2.0～2.5	2.0～2.5	+1.8 −0.5	
40000～63000	2.0～2.5	2.0～3.0	+2.0 −0.8	
80000～120000	2.0～3.0	2.0～3.0	+2.0 −1.0	

2. 热模锻压力机吨位的确定

热模锻压力机吨位应根据锻件终锻时最大变形力确定。当锻件变形力超过公称压力时，时常发生闷车现象，引起设备事故。所以选用设备吨位应稍大于锻件的最大变形力。

126

1）理论—经验公式

（1）在分模面上的投影为圆形的锻件,这类锻件可按式(5－33)确定热模锻压力机的吨位

$$P_1 = 8(1 - 0.001D)\left(1.1 + \frac{20}{D}\right)^2 \sigma_b F \qquad (5－33)$$

（2）在分模面上投影为非圆形的锻件,热模锻压力机的吨位可按式(5－34)计算。

$$P_2 = 8(1 - 0.001D')\left(1.1 + \frac{20}{D'}\right)^2\left(1 + 0.1\sqrt{\frac{L}{B_{均}}}\right)\sigma_b F \qquad (5－34)$$

式中:D 为锻件(不含飞边)直径(mm);D' 为非圆形锻件的折算直径,$D' = 1.13\sqrt{F}$(mm);L 为锻件在投影面上的最大外廓尺寸;$B_{均}$ 为锻件在投影面上的平均宽度,$B_{均} = \frac{S}{L}$;σ_b 为终锻温度下材料的抗拉强度;F 为锻件在分模面上的投影面积,对于圆形锻件,$F = \frac{\pi D^2}{4}$。

2）经验公式

式(5－35)为计算热模锻压力机的吨位的公式。

$$P = (64 \sim 73)KF \qquad (5－35)$$

式中:F 为包括飞边桥部的锻件投影面积(cm^2);K 为与钢种相关的系数,一般取 0.9 ~ 1.25,高强度钢材选用大系数。

5.8　平锻机上模锻

1. 平锻机上锻件图设计

平锻机主要适合于生产顶镦类锻件,是锻压机的工作部分作水平往复运动,区别于模锻锤、热模锻压力机、摩擦压力的工作部分作垂直往复运动,因此其锻件图设计方法与其他方法的锻件图有较多区别。

1）分模面的选择

平锻机具有两个互相垂直的分模面,分别为凸模与凹模、固定凹模与活动凹模。因此可生产带双凸缘的锻件,如图 5－41 所示。

平锻机模锻常采用闭式模锻和开式模锻两种形式。对于使用前挡板的锻件,因能控制变形的体积,多采用闭式模锻,如图 5－42(a)所示。对于使用后挡板或钳口挡板的锻件,多采用开式模锻,如图 5－42(b)所示。对于形状复杂的锻件,虽然使用前挡板,但也采用开式模锻,以便于用飞边槽存贮多余金属。

图 5－41　两个方向有凹坑的锻件

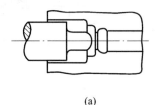
(a)

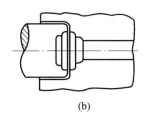
(b)

图 5－42　模锻形式

(a) 闭式模锻；(b) 开式模锻。

分模面位置应选择在锻件最大轮廓处。图 5 – 43（a）、（b）、（c）分别为分模面选在锻件最大轮廓的前端面、中间和后端面 3 种形式。图 5 – 43（a）所示结构的优点是凸模结构简单,可保证头部和杆部的同心度,缺点是在切边时易产生纵向毛刺。图5 – 43（b）所示结构的优点是锻件切边质量好,但当凸凹模调整不好时,易产生错移。图 5 – 43（c）所示结构的优点是锻件全部在凸模内成形,能获得内外径和前后台阶同心度好的锻件,但锻件在切边模腔内不易定位,并且锻件和坯料之间易产生错移。

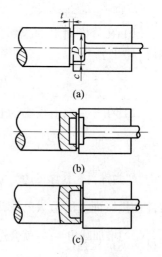

图 5 – 43　分模面位置
（a）分模面选在锻件最大轮廓的前端面;
（b）分模面选在锻件最大轮廓中间;
（c）分模面选在锻件最大轮廓的后端面。

2）机械加工余量和公差

平锻件的机械加工余量和公差可根据估算的锻件重量、加工精度和锻件形状复杂系数,按 GB/T 12363—1990 来确定。

3）模锻斜度和圆角半径

锻件在冲头内成形的部分及需要采用冲头冲孔的锻件,为保证冲头在机器回程时,锻件外侧及内孔不被冲头拉毛,应在锻件外侧及内孔设置模锻斜度 α 和圆角半径 r,在凹模内成形的带双凸缘的锻件,在内侧壁应设置模锻斜度 β,其值由凸缘高度 Δ 决定,如图 5 – 44 所示。

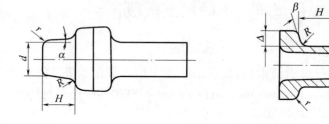

图 5 – 44　平锻件模锻斜度及圆角半径

由于平锻件具有两个互相垂直的分模面,所以仅个别部位需设计模锻斜度,如表 5 – 5 所列。

表 5 – 5　平锻件模锻斜度

平锻模锻斜度示意图						
$\dfrac{H}{D}$	<1	1 ~ 5	>5	Δ/mm	<10	10 ~ 20	20 ~ 30
α/β	15′ ~ 30′/15′	30′ ~ 1°/30′	1°30′/1°	γ	5° ~ 7°	7° ~ 10°	10° ~ 12°

128

其圆角半径的规定如下。

在冲头中成形部分：

外圆角半径
$$r = 0.7H + 1\text{mm}\tag{5-36}$$

内圆角半径
$$R = 0.2H + 1\text{mm}\tag{5-37}$$

式中：H 为冲头中成形部分深度。

在凹模中的成形部分，外圆角半径：

$$r = \frac{a_1 + a_2}{2} + s\tag{5-38}$$

一般应使 $r \geqslant 3\text{mm}$

式中：a_1、a_2 为组成圆角相邻两边的余量值；s 为零件的倒角值或圆角值。

如果上式计算得到的圆角半径过小，可以增大相邻两边余量以增大圆角半径；若不加大余量，而过分地增加圆角半径，就会过多地减少圆角部分的加工余量，并容易引起由于黑皮而产生废品。

内圆角半径：

$$R = 0.2\Delta + 0.1\text{mm}\tag{5-39}$$

一般 $R \geqslant 3\text{mm}$，R 不可过大，否则将使机械加工余量增加。

2. 平锻机吨位的确定

1）经验—理论公式

按终锻工步顶镦变形所需力计算：

闭式模锻时
$$P_{闭} = 5(1 - 0.001D)D^2\sigma_b\tag{5-40}$$

开式模锻时
$$P_{开} = 5(1 - 0.001D)(D + 10)^2\sigma_b\tag{5-41}$$

式中：D 为锻件镦锻部分的最大直径（mm），应考虑收缩量和正公差尺寸；σ_b 为终锻时的流动应力（MPa）。

上述公式适用于 $D \leqslant 300\text{mm}$ 的锻件。如锻件镦锻部分为非圆形，可用 $D' = 1.13\sqrt{F}$ 换算直径，F 为包括飞边的锻件在平面图上的投影面积。

2）经验公式

$$P = 57.5KF\tag{5-42}$$

式中：F 为包括飞边的锻件最大投影面积（cm^2）；K 为钢种系数，一般取 $0.9 \sim 1.55$，对于中碳钢，如 45、20Cr，$K = 1$，对于高碳钢及中碳合金钢，如 60、45Cr、45CrNi，$K = 1.1$，对于合金工具钢，如 3Cr2W8、7Cr3，$K = 1.55$。

根据以上公式计算所得的模锻力，在确定平锻机吨位时还应考虑到，若锻件是薄壁及形状复杂的锻件，或锻件精度要求较高时，应选用较大规格的平锻机；当模锻工步过多，平锻机模具固定空间尺寸不足时，可越级选用大规格平锻机。相反，如进行单模腔单件模锻时，因锻造温度较高，则可按下限选用较小规格的平锻机。

5.9 典型模锻工艺举例——壁薄筋高叉形类锻件锻造工艺

马蹄铁主要用于汽车上弹簧的装卸，其特点是：壁薄、筋高、重量轻、复杂系数高，毛坯属 S4 级锻件，加工难度较大，零件形状与尺寸如图 5-45 所示。该零件的材质为 45 钢，重量 1.7kg。在对该零件工艺性进行了分析和实验分析的基础上，制定了一套采用空气锤制坯与热模锻压力机模锻成形相结合的联合锻造工艺方案。

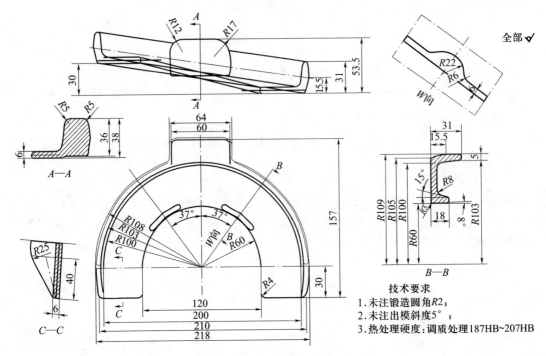

图 5 - 45　壁薄筋高叉形类锻件图

1. 工艺分析

在锻造生产中,叉形类锻件的锻造工艺路线通常为:下料—加热—制坯—预锻—终锻成形—切边及其后续加工工序等。不同工艺方案之间的主要区别是制坯工步。叉形锻件制坯方法一般采用劈料台,将叉部料劈开。其优点是生产效率高,劳动条件好,但只适用于叉部尺寸较小的叉形件,对于重量轻、叉部尺寸大,壁薄的叉形件,采用同样制坯方法就比较困难。

马蹄铁就属于这种有难度的锻件,其叉部尺寸为 218mm,而两叉截面积总和仅为 1056mm²,加飞边时截面积为 1500mm²,当采用 φ44 棒材锻造叉部时,要将 φ44 棒材在劈料台上劈料至 218mm 难度较大,且容易放偏,使金属分配不均匀,造成在终锻时局部充不满或穿筋等锻造缺陷,严重影响产品质量。

为解决这一问题,通过在空气锤上进行胎模锻弯曲制坯(热棒材在空气锤上经拍扁、卡压、摔拔两端、弯曲),制坯精度高,尺寸一致性好,生产效率较高。考虑到马蹄铁锻件存在 30mm 的落差,会增加模具设计、制造的难度并影响模块尺寸的确定,决定将该落差在制坯、预锻、终锻工步中取消,改为平底,以简化模具结构,降低模块尺寸,降低成本。在以后的整形过程中,再整出落差。

经过分析,最后确定采用马蹄铁的空气锤胎模锻制坯与热模锻压力机模锻相结合的联合锻造工艺方案。棒料剪切下料—中频感应加热—制坯(拍扁、卡压并拔长两端、弯曲成形)—预锻—终锻—切边—整形—人工修磨毛刺—精整—抛丸处理—锻件质量检查—调质处理—抛丸处理—防锈处理—检验装箱,这种工艺方案使锻件的金属流动更合理,分配均匀准确,产品质量稳定,显著提高了产品的合格率。

2. 工艺设计

1) 设备吨位的选择

考虑到工厂的设备拥有情况,制坯决定采用 C42 - 750 空气锤。预锻及终锻成形的压力

机吨位,可根据下式确定

$$P = (6.4 \sim 7.3)KF \tag{5-43}$$

式中:K 为钢种系数,45 钢取 1;F 为包括飞边桥的锻件投影面积。

在本例中为 $300cm^2$,由于该锻件为 S4 级锻件,式中系数$(6.4\sim7.3)$项取值 7.0,将以上数据代入公式得:$P = 21000kN$。

为防止在锻造过程中出现闷车现象,应预留一定的安全系数,所以初步选择 23000kN 热模锻压力机。经实际生产测试,预锻及终锻的数显变形力在 14500kN ~ 17500kN 之间,因此,最终选用 20000kN 热模锻压力机,完全满足生产需要。

2)下料

由于锻件批量大,如果采用锯床下料,切口的料耗较大,材料利用率低,为提高材料利用率及生产效率,降低成本,应优先考虑无切口下料。例如:可以采用棒料剪切机下料。

3)加热

加热采用中频感应加热,它有利于加热温度控制,减少氧化皮产生,可显著提高锻件表面质量,稳定工艺过程。

4)制坯工步设计

由于锻件叉部较宽、重量轻、投影面积大,直接采用在劈料台上劈料有一定的难度,若在热模锻压力机上制坯,效率低,能耗大。为此,决定在空气锤上胎模锻煨弯制坯(不用劈料台),其制坯成形过程如图 5-46 所示。

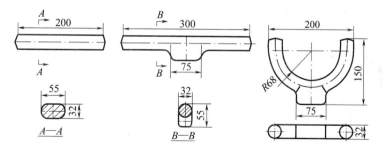

图 5-46 制坯工步示意图

5)预锻工步设计

预锻毛坯如图 5-47 所示,采用预锻工步的主要目的是改善终锻模腔的金属填充状况。预锻模设计应注意以下几点。

(1)为保证终锻模腔能够很好地充满,预锻工步应在终锻模腔内尽可能以镦粗的形式成形,即预锻工步图的高度应比终锻大,而宽度尺寸比终锻小。

(2)预锻坯的体积应比终锻坯略大一些,以保证终锻时能充满模腔。但是也应注意,预锻坯的体积要严格控制,并应使多余的金属在终锻时能够合理流动,避免产生摺纹或穿筋现象。

(3)预锻工步图中某些部位的形状要与终锻工步基本吻合,以便于终锻时能很好地定位和防止摺纹产生。

(4)在锻件内挡的两个凸耳部位,预锻时应特别注意严格控制所留的余量,以避免在终锻时,由于余量过小或过大而出现耳部充不满或出现穿筋的现象,以致锻件大量报废。

6)终锻及整形工步设计

由于该锻件存在着 30mm 高度落差,若在终锻模上锻出,锻模结构将非常复杂,不便加工

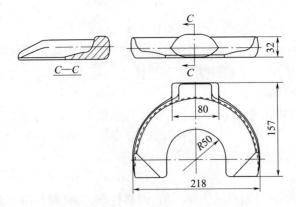

图 5 – 47　预锻工步图

和维修,并显著增加模块重量及成本。因此这种方案不是最佳方案。如果将 30mm 高度落差在终锻模上取消,改为平底,以简化终锻模结构,而在最后的整形模中整出 30mm 的落差,可以很好地解决这个问题,终锻件如图 5 – 48 所示。整形后的锻件如图 5 – 49 所示。在终锻模腔及整形模设计中应注意如下几点。

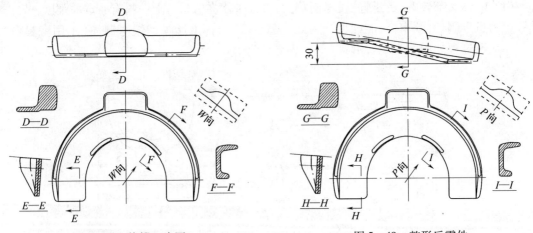

图 5 – 48　终锻工步图　　　　　　　　　图 5 – 49　整形后零件

　　(1) 在终锻模的设计中,由于终锻温度较高,其型腔尺寸应在冷锻件图的基础上,考虑留有一定的精整余量,再加 1.5% 的收缩量,同时将 30mm 的落差取消,改为平底。

　　(2) 整形工步应在切边后进行,整形模具设计是在终锻模基础上,做出 30mm 落差,并考虑到为以后精整工步留有精整余量,以提高精整后产品的表面质量及尺寸精度。

　　(3) 终锻模的飞边槽的形式,如图 5 – 50 所示,在实际生产中可根据需要增加阻力沟,以保证能够使金属充满模腔。

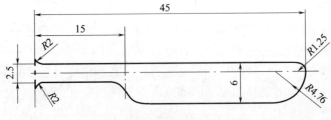

图 5 – 50　飞边槽的形式及尺寸

132

由于马蹄铁锻件为非回转类锻件,径向错移力较大,虽然有压力机模架导向,但是在预锻模、终锻模、整形模、精整模的设计过程中仍应注意设置合理锁扣,以减轻其径向错移力,提高模架寿命,保证产品质量。

对于叉形类锻件,当制坯工步采用劈料台劈料困难时,可以采用胎模锻弯曲成形方法制坯;对于有落差的模锻件,为简化模具设计及降低制造难度,可以在终锻成形时将落差取消,改为平底,而在最后的精整过程中,整出落差,但应考虑回弹。

第6章 特种锻造

6.1 精密模锻

精密模锻是在模锻基础上发展起来的一种少、无切削加工的新工艺。与普通模锻相比,它能获得表面质量好、机械加工余量少和尺寸精度高的锻件,从而提高材料利用率,减少或取消切削加工工序,使金属流线沿零件轮廓合理分布,提高零件的承载能力。因此对于生产批量大的中小型锻件,若能采用精密模锻成形方法生产,则可显著提高生产率,降低产品成本和提高产品质量。特别是对一些材料贵重难以进行切削加工工作的材料,其技术经济效果更为显著。有些零件,例如汽车的同步齿圈,不仅齿形复杂,而且其上有一些盲槽,切削加工很困难,而用精密模锻方法成形后,只需少量的切削加工便可装配使用,因此精密模锻是现代机器制造工业中的一项重要新技术,也是锻压技术的发展方向之一。

6.1.1 精密模的特点及工艺要点

1. 精密模锻的特点

精密模锻件具有下列优点。

(1) 可节约大量金属材料。与自由锻件相比,材料利用率提高 80% 以上,与普通模锻件相比,材料利用率提高 60% 以上。

(2) 可节省大量机械加工工时。精密模锻件一般不需机械加工或只需少量机械加工就可装配使用。与自由锻件相比,机械加工量减少 80% 以上。

(3) 生产效率高。对于某些形状复杂和难于用机械加工方法成批生产的零件(如齿轮、叶片、高肋薄膜板零件等),采用精密模锻更能显示其优越性,它不仅生产效率高,而且在一定条件下,也能达到机械加工的精度。

(4) 金属流线能沿零件外形合理分布而不被切断,有利于提高锻件疲劳性能及抗应力腐蚀性能。

精密模锻虽然优点很多,但并不是在任何条件下都是经济的。因为精密模锻要求高质量的毛坯,精确的模具、少无氧化的加热条件、良好的润滑和较复杂的工序间清理等。所以只有在一定的批量下才能大幅度地降低成品零件的总成本。根据技术经济分析,零件的批量在 2000 件以上时,精密模锻将显示其优越性,如果现有的锻造设备和加热设备均能满足精密模锻工艺要求,则零件批量在 500 件以上,便可采用精密模锻技术进行生产。

2. 精密模锻工艺流程要点

(1) 在设计精锻件图时,选择分模面一般不允许选在精锻部位上。如直锥齿轮的分模面通常选在齿廓最大的直径和背锥面上,正齿轮的分模面选在最大的端面上。另外精密模锻一般都设有顶出装置,所以出模斜度很小。圆角半径按零件图确定。同时不应当要求所有部位尺寸都精确,而只需保证主要部位尺寸的精度,其余部位尺寸精度可低些。

(2) 下料准确,一般应采用锯切方法下料,长度偏差 ±0.2mm,端口平直,不歪斜。同时坯料需经表面清理,如打磨和抛光,去除氧化皮、油污、夹渣等。

(3)坯料的加热,要求采用少、无氧化加热。尽可能采用中频感应电快速加热。

(4)模锻,精密模锻工艺有一火或多火两种。一火精密模锻是将坯料进行无氧化加热后,经制坯和预锻,最后精锻。多火精密模锻是先将坯料进行普通模锻,留出 1mm ~ 2mm 的压下量。锻件经酸洗和表面清理后,喷涂一层防氧剂,再加热到 700℃ 左右,在精确的锻模内进行精密模锻后,然后切去毛边。一般在锻件形状复杂且没有无氧化加热设备和多模腔设备的情况下,采用多火精密模锻。

(5)锻件冷却,精锻后的零件需要在保护介质中冷却,如在砂箱、石灰石中冷却,或者在无焰油中进行淬火等。

(6)精密模锻设备可以在摩擦压力机、热模锻压力机、高速锤及液压螺旋压力机等设备上进行,但设备要有足够的刚度,并采用大一些吨位的锻压设备,以保证高度尺寸充分压靠,获得尺寸温度的精密锻件。

(7)精锻模具,精锻模具通常采用组合锻模,并设有预锻、精锻两个工序及两套或两套以上锻模模具。精锻模腔尺寸精度要高于锻件二级,且表面粗糙度要小。一般预锻模腔在高度方向上要比精锻模腔大 0.5mm ~ 1.2mm,以保证精锻时以镦粗方式充满模腔。

6.1.2 精密模锻锻件及模具设计

1. 精密模锻锻件

1)机械加工余量

精锻件的机械加工余量比普通模锻件小。如钛合金精锻件的非加工表面往往仅留单边化铣抛光余量 0.1mm ~ 0.3mm,用以去除表面 α 脆化层的影响。机械加工余量可根据后续加工方法预留,如表 6 - 1 所列。

表 6 - 1 钢质精锻件的机械加工余量选择

机械加工工序		锻件尺寸/mm						
		碳素钢				不锈钢		
		1 ~ 5	5 ~ 10	10 ~ 20	20 以上	1 ~ 10	10 ~ 20	20 以上
车铣刨		0.6	0.8	1.0	1.2	0.5	0.8	1.0
锉削或用砂轮	重要部位	0.3	0.3	0.5	0.75	0.2	0.3	0.5
	不重要部位	0.15 ~ 0.25				0.15 ~ 0.25		
磨削		0.1 ~ 0.2				0.1 ~ 0.15		
抛光		0.1				0.1		
滚光		0.1 ~ 0.2				0.1 ~ 0.2		

2)模锻斜度

精密模锻锻件的模锻斜度可参考表 6 - 2 确定。模锻斜度公差通常取 ±0.5 或 ±1。

3)收缩率

精密模锻后,锻件的收缩率对锻件尺寸精度影响很大。因为在锻造过程中,由于工人操作速度、模具预热温度及始锻温度的波动,或因锻件本身几何形状和尺寸的影响,使模锻件在终锻时各部位的温度不一样,导致锻件各处的收缩率也不一样。当实际温度波动过大时,精锻件尺寸就会产生大的变动,从而造成锻件和模具报废。收缩率的确定方法可参考表 6 - 3 中的生

表 6 - 2　各类锻件的加工余量和工艺参数

锻件类别	需加工表面百分比	锻件余量和精度	模锻斜度	圆角半径	需要锻模数量	表面粗糙度		肋的高宽比	
						钢	有色	铝合金	钢
自由锻	100%	余量大，精度低	—	—	—				
粗模锻件	80% ~ 100%	余量大，精度低	>7°	大	1 副	Ra50	Ra50	5:1	3:1
普通模锻件	60% ~ 80%	余量一般，普通精度	>5°	较大	1 ~ 2 副	>Ra20	>Ra10	8:1	5:1
半精密模锻件	20% ~ 60%	余量小，精度高	3° ~ 5°	较小	2 副	Ra10	Ra5	—	—
精密模锻件	<20%	无余量或小余量，精度高	<3°	小	2 ~ 3 副	Ra1	Ra1.6	23:1	8:1
高精度精密模锻件	<20%	无余量或小余量，精度高	0° ~ 1°	极小	3 副以上	Ra1	Ra1.6	23:1	10:1

表 6 - 3　精密模锻收缩率

截面厚度/mm	组成统一截面的长宽尺寸的收缩率			
	钢	铝合金	铜合金	镁合金
<10	0.8% ~ 1.0%	0.6% ~ 0.8%	0.7% ~ 0.8%	0.5% ~ 0.6%
10 ~ 25	1.1% ~ 1.2%	0.9% ~ 1.0%	0.9% ~ 1.0%	0.7% ~ 0.8%
25 ~ 30	1.2% ~ 1.3%	1.0% ~ 1.1%	1.0% ~ 1.1%	0.9% ~ 1.0%
>30	1.3% ~ 1.5%	1.1% ~ 1.2%	1.1% ~ 1.2%	1.0%

注：1. 表中数据应根据锻件的宽度和长短来考虑。锻件宽度大的，应取大值；长度长的应取小值；特别长的，还应比表列数据更小一些。

　　　2. 模锻铝或镁合金时，如果锻模预热温度超过 200℃，收缩率值取大值；预热温度低于 200℃，收缩率值取小值

产经验数据，并根据"见尺寸就放"的原则，绘制热锻件图。

　　4）分模面

　　为了尽量减少切削加工量，尽可能把零件各个方向的形状和尺寸都锻出来，精锻件设计时常取多个分模面，包括水平分模面、垂直分模面及倾斜分模面等。

　　2. 模具设计与制造

　　精密模锻毛边槽的桥部高度比普通模锻的要大一些（一般大 0.5mm ~ 1.5mm）。通常情况下，精密模锻的终锻温度偏低（为防止强烈氧化和脱碳），金属强度较高，流动较困难，若毛边槽桥部高度偏小，则变形阻力增大，对模具寿命不利。

　　为了防止模锻过程中上下模错移，在锻模上应设有导向装置。如模锻锤整体模可采用锁扣导向，锁扣间隙一般取 0.1mm ~ 0.4mm。对压力机用镶块模，可采用导柱导套。

　　为了减小或完全取消模锻斜度，并使锻件顺利出模，精锻模具需要有顶杆装置。根据零件形状及模具结构的不同，顶杆可以顶出活动凹模镶块，也可直接顶出锻件。

　　精密模锻的关键在于模具精度。通常精锻模型槽制造精度应比精锻件精度高一级，公差可根据精锻件的公差确定。一般型槽尺寸的正公差按精锻件正公差的 1/2 计算，型槽的负公差按精锻件负公差的 3/4 计算。如精锻件某部分的公差是 ±0.2，则型槽相应部分的制造公差为 $^{+0.1}_{-0.15}$。型槽的粗糙度，对于重要部分表面应在 $Ra = 0.4\mu m$ 以下，一般部位表面应为 $Ra = 3.2\mu m ~ 1.6\mu m$。有色金属比黑色金属精锻件的型槽粗糙度应低些，常取 $Ra = 0.2\mu m$。

　　精密模锻模具结构形式按凹模结构形式可分为整体凹模、组合凹模和可分式凹模 3 种。

整体凹模制造简单,常用于锤上模锻,利用锁扣作为上、下模的导向。组合凹模一般由几层不同材料组成,可以施加预应力,使凹模能承受较高的单位压力,并可节约贵重模具材料。组合凹模是精密模锻中常用的模具结构形式,如中温或室温反挤压模具常用此种结构形式。可分式凹模主要用于模锻形状复杂的锻件。当锻件需要两个以上的分模面成形和顺利地从型槽中取出时,才采用这种结构;但模较复杂,对模具加工要求很高。

精锻模应比普通锻模选用更优质的模具材料。热模锻时,一般锻模型槽工作温度可达400℃~500℃,具有复杂形状的型槽,其工作温度可高达600℃。另外精密模锻时,由于终锻温度较低等原因,模具承受均打击能量大,为了减少磨损,保证模腔尺寸精度,精锻模应比普通锻模具有更高的硬度。精锻模具材料可选用3Cr2W8V、Cr12MoV、8Cr3等,并常以镶块形式镶嵌在5CrMnMo等模体上。当终锻温度低至600℃~875℃时,可选用W18Cr4V、W6Mo5Cr4V2高速钢作为模具材料。对于有色金属或批量不大的形状简单钢锻件,锻模材料可选用5CrNiMo、5CrMnMo等。

6.1.3 精密模锻工艺

1. 毛坯准备

闭式精密模锻时,坯料体积的偏差将引起锻件高度的变化。因此,要提高锻件精度,首先要提高下料精度。毛坯尺寸误差应严格控制在±2%左右,用于闭式模锻的毛坯,其尺寸偏差应控制在±1%左右。依据外形定位的镦粗毛坯,尺寸和形状也要严格控制在一定的精度范围内。

毛坯应采用吹砂或酸洗进行清理,清理后的毛坯表面应无氧化皮、夹杂物、裂纹、折叠、凹坑等缺陷。

2. 毛坯加热

精密模锻时,应采用少、无氧化加热的方法加热坯料,毛坯加热后表面应无氧化或少氧化,并使脱碳层控制在最低限度内。在加热毛坯的过程中,要有良好的清洁条件,防止各种杂物、氧化皮、熔渣等粘在坯料表面。

3. 润滑

在精密模锻过程中,采取良好的润滑措施,可使金属易于充满型槽、易于脱模、减小变形抗力,防止表面缺陷和延长模具寿命等。表6-4为精密模锻常用的润滑剂。

由表6-4可见,在不锈钢、高温合金及钛合金的高温精密模锻中,大量用到玻璃防护润滑剂,这类润滑剂不仅可以防止或减少精锻毛坯的氧化、脱碳和渗氧等,而且在坯料变形时起到良好的润滑作用,从而有利于提高模具寿命。

4. 工序间表面清理

为获得表面高质量和尺寸精度合格的模锻件,从备料开始到生产出精锻件成品的整个过程,每道工序之间均要严格清理和控制表面质量。清理方法和普遍模锻相似,如喷砂、喷丸、滚筒清理和酸洗、碱腐蚀等。但表面清理的要求较普通模锻高,除一般清理外,还要进行光饰加工。

5. 锻件冷却

精密模锻后,因温度高,空冷将会产生表面二次氧化,影响其表面质量。为此,热锻后锻件应迅速放在保护介质中冷却。常用的保护介质有黄砂、石墨砂和保护气体。大批生产时,采用保护气体冷却是比较理想的。为防止锻件在冷却过程中产生挠曲和变形,一般采用堆冷。

表 6 - 4　精密模锻常用润滑剂

状态	锻件材料	选 用 润 滑 剂
	铝镁合金	(1)动物油;(2)水基或油基石墨;(3)液化处理石蜡
高温	碳钢、低合金结构钢	(1)水基石墨(石墨 7%,粒度 20μm ~ 25μm);(2)MoS₂;(3)油基石墨(20% ~ 25% 石墨 + 矿物油 + 稀释油)
	高温合金	FR21、FR22、FR30、FR35
	不锈钢	FR41、FR42
	钛合金	FR2、FR3、FR4、FR5、FR6;水基石墨(石墨 18% + 少量硅酸钠)
中温	钢、不锈钢	(1)低温玻璃润滑剂(石英砂 23%、硼酸 41%、红丹 30%、三氧化二铝 1.8%、硝酸 钠 4.2%) + MoS₂;(2)油酸 57% + MoS₂17% + 石墨 26%
室温	钢	磷化处理 + 皂化液或 MoS₂
	不锈钢	(1)草酸处理;(2)氮化石蜡 85% + MoS₂15%
	铝、铝合金	(1)磷化处理 + 粉状硬脂酸锌;(2)硬铝用氧化处理 + MoS₂
	铜、铜合金	钝化处理 + 粉状硬脂酸锌

6. 工艺过程与检测技术

一般精密模锻的工艺过程是:首先粗模锻成形,获得近似精锻件的形状,但应具有一定的精锻余量,随后将此锻件进行严格清理,排除表面脏物和缺陷。最后,进行少、无氧化加热并精锻成形。对个别要求高的锻件,还要增加精压或冷校正等工序。

精密模锻各工序之间,要进行严格的检验,才能保证随后获得高精度的锻件。常规检验使用的量具、样板等已不能满足全部精锻的需要,现代先进检测仪器是保证精锻工艺得以实现的重要条件。

目前,精密模锻采用的方法有高温精密模锻、中温精密模锻、室温精密模锻 3 种。精密模锻主要应用于两个方面。

(1)精化坯料,用精锻工序代替粗切削工序,即将精锻件直接进行精切削加工得到成品零件。随着数控加工设备的大量采用,对坯料精化的需求越来越迫切。

(2)精锻零件,一般用于精密成形零件上难切削加工的部位,而其他部位仍需进行少量切削加工。

6.2　等 温 锻 造

在常规锻造条件下,一些难成形金属材料,如钛合金、铝合金、镁合金、镍合金、合金钢等,锻造温度范围比较窄,尤其是在锻造具有薄的腹板、高筋和薄壁的零件时,毛坯的热量很快地从模具中散失,温度迅速降低,变形抗力迅速增加,塑性性能急剧降低,不仅需要大幅度提高设备吨位,也易造成锻件开裂。因此不得不增加锻件厚度,增加机械加工余量,降低了材料的利用率,提高了制件成本。自 20 世纪 70 年代以来得到迅速发展的等温锻造为解决上述问题提供了强有力的方法。

6.2.1　等温锻造的特点及分类

1. 等温锻造的特点

(1)为防止毛坯的温度散失,等温锻造的温度范围介于热锻温度和冷锻温度之间,或对某些材料而言,等于热锻温度。

(2)考虑到材料在等温锻造时具有一定的黏性,即应变速率敏感性,等温锻造的变形速率很低,一般等温锻造要求液压机活动横梁的工作速度为 0.2mm/s ~ 2mm/s。

在上述两个条件下,等温锻造坯料所需的变形力很低。如用 5000kN 液压机等温锻造,可替代常规锻造时的 20000kN 水压机。对于航空航天工业应用的钛合金和铝合金及一些叶片和翼板类零件很适合这种工艺。如美国依利诺斯研究所为军用飞机 F - 15 生产的隔框钛合金锻件,零件成品质量为 10kg,原采用常规锻造,锻件质量 154kg,而采用等温锻造后,锻件质量 16.3kg,只是常规锻造的 1/10 左右,使材料的利用率由原来的 6.5% 提高到 61%。

等温锻造与常规锻造不同,在于它解决了毛坯与模具之间的温度差带来的塑性急剧变化,使热毛坯在被加热到锻造温度的恒温模具中,以较低的应变速率成形。从而解决了在常规锻造时由于变形金属表面激冷所造成的流动阻力和变形抗力的增加,以及变形金属内部变形不均匀而引起的组织性能的差异,使得变形抗力降低到常规模锻时的 1/10 ~ 1/5,实现了在现有设备上完成较大锻件的成形,也使复杂程度较高的锻件精锻成形成为可能。

等温锻造温度通常指的是毛坯加热的温度,它不包含毛坯在变形过程中产生热效应引起的温升所造成的温差:由于热效应与金属成形时的应变速率与关,所以在考虑到这一影响时,一般在等温成形条件下,尽可能选用运动速度低的设备,如液压机。

热模锻造是等温锻造前期的工艺方法,它是人们探讨解决模具材料与等温锻工艺之间关系的中间过程。热模锻造,实质上是将模具加热到比变形金属的始锻温度低 110℃ ~ 225℃ 的温度范围。由于模具温度降低,因此,可以较广泛地选用模具材料,但形成很薄很复杂几何形状工件的能力稍差。

等温锻造与热模锻造的原理相似,而等温锻造比热模锻造有更大的难度,因此,只要掌握了等温锻造工艺方法,实现热模锻造就更容易些。等温锻造的锻件具有以下特点。

(1)锻件纤维连续、力学性能好、各向异性不明显。由于等温锻毛坯一次变形量大而金属流动均匀,锻件可获得等轴细晶组织,使锻件的屈服强度、低周疲劳性能及抗应力腐蚀能力有显著提高。

(2)锻件无残余应力。由于毛坯在高温下以极慢的应变速率进行塑性变形,金属充分软化,内部组织均匀,不存在常规锻造时变形不均匀所产生的内外应力差,消除了残余变形,热处理后尺寸稳定。

(3)材料利用率高。由于采用了小余量或无余量锻件尺寸精密化设计,使常规锻造时的锻件材料利用率由 10% ~ 30% 提高到等温锻时的 60% ~ 90%。

(4)提高了金属材料的塑性。由于在等温慢速变形条件下,变形金属中的位错来得及恢复,并发生动态再结晶,使得难变形金属也具有较好的塑性。

2. 等温锻造的分类

从等温锻造技术的研究与发展看,等温锻造可分为三类。

1)等温精密模锻

金属在等温条件下锻造得到小斜度或无斜度、小余量或无余量的锻件。这种方法可以生产一些形状复杂、尺寸精度要求一般、受力条件要求较高、外形接近零件形状的结构锻件。

2)等温超塑性模锻

金属不但在等温条件下,而且在极低的变形速率($10^{-4}s^{-1}$)条件下呈现出异常高的塑性状态,从而使难变形金属获得所需形状和尺寸。

3）粉末坯等温锻造

这类工艺方法是以粉末冶金预制坯（通过热等静压或冷等静压）为等温锻原始坯料，在等温超塑条件下，使坯料产生较大变形、压实，从而获得锻件。这种方法可以改善粉末冶金传统方法制成件的密度低、使用性能不理想等问题，为等温锻工艺与其他压力加工新工艺的结合树立了典范。

上述三类等温锻工艺方法，可根据锻件选材及使用性能要求选用，同时还应考虑工艺的经济性和可行性等。

6.2.2 等温锻造工艺及模具

1. 等温锻造的工艺特点

等温锻造与常规锻造相比，具有以下特点。

（1）等温锻造一般在运动速度较低的液压机上进行。根据锻件外形特点、复杂程度、变形特点和生产率要求，以及不同工艺类型，选择合理运动速度。一般等温锻造要求液压机活动横梁的工作速度为 0.2mm/s~2.0mm/s 或更低，在这种条件下，坯料获得的应变速率低于 $1 \times 10^{-2}\text{s}^{-1}$，坯料在这种应变速率下，具有超塑性趋势。应变速率的降低，不仅使流动应力降低，而且还改善了模具的受力状况。

（2）可提高设备的使用能力。由于变形金属在极低的应变速率下成形，即使没有超塑性的金属，也可以在蠕变条件下成形，这时坯料所需的变形力是相当低的。因此，在吨位较小的设备上可以锻造较大的工件。

（3）由于等温锻造时，坯料一次变形程度很大，如再配合适当的热处理或形变热处理，锻件就能获得非常细小而均匀的组织，不仅避免了锻件缺陷的产生，还可保证锻件的力学性能，减小锻件的各向异性。

等温锻造方法能使形状复杂、壁薄、筋高和薄腹板类锻件一次模锻成形，不仅改变了模锻设计方法，还实现了组合件整体锻造成形。通过简化零件外形结构及结构合理化设计，等温精锻能达到净形，降低材料消耗，缩短制造周期和总制造费用的目的。

2. 等温锻件与模具设计

等温锻件设计与其成形时采用的工艺方法和模具结构有密切的关系。因此，在锻件设计时应同时考虑其所采用的工艺方法，是开式模锻还是闭式模锻，是带余量锻造还是无余量锻造，是整体式模具还是组合式模具等。

1）等温锻件设计原则

（1）锻件分模位置的选择 应尽量采用平面分模。当开式模锻时，与常规开式模锻分模相同；闭式模锻时，多采用组合模具，考虑锻后易取出锻件，则应采用多向平面分模，或曲线分模等。

（2）模锻斜度的确定 开式模锻时，模锻斜度选取按 HB 6077—86 标准中推荐值选用，有顶出装置时选小值。闭式模锻时，在分模面上的侧壁外斜度 α 为 0，在其他部位一般取 $30' \sim 3°$，内斜度 β 可取 $30' \sim 1°30'$。由于闭式模锻多采用组合镶块模，模具材料的收缩率大于锻件材料的收缩率，镶块与锻件从模座中取出后，在大气中同时降温，镶块易从锻件中取出。

（3）圆角半径的确定 圆角半径是影响金属流动和模具使用寿命的主要因素之一。在等温锻时，由于采用多向分模和多镶块结构，锻件上的凸圆角在分模面上时可为 0；在其他部位时，与常规锻相同或略小；凹圆角不应太小，这主要考虑等温锻时，毛坯在模具中以压入成形为主,大圆角有利于金属流动和避免缺陷产生。

（4）余量与公差的确定　等温锻主要用于有色金属的成形,成形时须采用润滑与防护,成形后,锻件表面须经何种处理与加工,决定着锻件余量是否加放、加放多少,以及尺寸公差的选择等,一般分为3种情况。

① 普通余量等温锻件:这类锻件主要考虑锻件表面大部分需机械加工,应依据锻件尺寸大小选择相应的余量值,如表6-5所列。

表6-5　锻件的机械加工余量

锻件最大尺寸/mm	材　料					
	铁　合　金			铝、镁和铜合金		
	表面加工粗糙度					
	Ra12.5	Ra3.2	Ra0.8	Ra12.5	Ra3.2	Ra0.8
	单　边　余　量					
≤100	1.25	1.75	2.0	1.25	1.75	2.0
100～160	1.5	2.0	2.25	1.5	2.0	2.25
160～250	1.75	2.25	2.5	1.75	2.25	2.5
250～360	2	2.5	2.75	2	2.5	2.75
360～500	2.5	3.2	3.25	2.25	2.75	3.0
500～630	3.0	3.25	3.5	2.5	3.0	3.25
630～800	3.25	3.5	3.75	2.75	3.0	3.25
800～1000	3.5	4.0	4.25	3.0	3.25	3.5
1000～1250	4.0	4.5	4.75	3.5	3.75	4.0
1250～1600	4.5	5.0	5.5	4.0	4.25	4.5
1600～2000	5.0	5.5	6.0	4.5	5.0	5.5
2000～2500	6.0	6.5	7.0	5.5	6.0	6.5

② 小余量等温锻件:这类锻件余量大小是与普通锻件余量相比较而言的,其目的是尽可能地减少加工余量,使锻件更接近零件外形尺寸,一般为普通锻件余量的1/2左右。

③ 无余量等温锻件:这类锻件绝大部分表面为净锻表面,不需机械加工,只需进行表面处理后便可投入使用,少部分基准面或装配面处按小余量加放。铝、镁合金净锻表面余量为0;铁合金依锻后化学洗削量的要求,一般取0.3mm～0.5mm(单面)。

等温锻件尺寸受锻件的冷却收缩、模具制造误差、模具磨损、模具弹性变形和塑性变形以及工艺各因素的影响,其实际尺寸与理论值存在一定的差异,这种差异是不可避免的,因此,为了控制实际尺寸不超过某一范围,通常用尺寸公差给予限制。目前,国内等温锻锻件尺寸公差没有统一标准,设计时可参照企业标准,其主要用于铝、镁合金等温锻件。

2）等温锻模具设计原则

等温锻模具结构较为复杂。铝、镁合金等温锻模具的投资成本与其常规锻模相比,略高一些,但对于那些形状复杂的等温锻件的总加工成本,并不比常规锻时高,有时还低于后者。而钛合金的等温锻模,因其所用模具材料费用较高,加上加热、保温、控温、气体保护等装置的费用,其模具总费用比常规锻时高一个数量级。所以,在设计、制造和使用时应充分考虑等温锻模的使用寿命和使用效率,尽量降低锻件制造成本。因此,选择等温锻工艺及模具设计应遵循以下原则,注意有关事项。

（1）选择那些形状复杂,在常规锻时不易成形,或需经多火次成形的锻件以及组织、性能要求十分严格的锻件作为等温锻件。

（2）选择开式或闭式模锻方法,应根据锻件结构、尺寸及后续加工要求和设备安模空间来确定。

（3）模具总体设计应能满足等温锻工艺要求,结构合理,便于使用和维护。

（4）锻模工件部分应有专门的加热、保温、控温等装置,能达到等温锻成形所需的温度。

（5）除特殊锻件需专用模具外,模具应设计为通用型。

（6）应合理选用模具各部分所用材料,以保证模具零件在不同温度下有可靠的使用性能。

（7）等温锻造模具温度高,为防止热量散失和过多地传导给设备,应在模座和底板之间设置绝热层,上下底板还应开水槽通水冷却;同时还应注意电绝缘,以保证设备正常工作和生产人员安全。

（8）应考虑导向和定位问题。因等温锻模具被放置在加热炉中,不能发现模具是否错移,应在模架和模块上考虑导向装置,内外导向装置应协调一致;同时毛坯放进模具中应设计定位块,以免坯料放偏。

3. 等温锻造的应用

等温锻造应用范围如表6-6所列。

表6-6　等温锻造的分类与应用

分类	应用	工艺特点
开式模锻	形状复杂零件、薄壁件、难变形材料零件,如钛合金叶片等	余量小、弹性恢复小、可一次成形
闭式模锻	机械加工复杂、力学性能要求高的和无斜度锻件	无飞边、无斜度、需顶出、模具成本高、锻件性能好、精度高、余量小

6.3　超塑性锻造

超塑性是指在特定的条件下,即在低的应变速率($\varepsilon = 10^{-2}s^{-1} \sim 10^{-4}s^{-1}$),一定的变形温度(约为热力学熔化温度的一半)和稳定而细小的晶粒度($0.5\mu m \sim 5\mu m$)的条件下,某些金属或合金呈现低强度和大伸长率的一种特性。其伸长率可超过100%以上,如钢的伸长率超过500%,纯钛超过300%,铝锌合金超过1000%,微细晶 Ti-6Al-4V 合金的延伸率可超过1600%。超塑性锻造就是利用某些金属或合金的上述特性进行的低应变速率等温模锻。

超塑性锻造可分为微细晶超塑性锻造和相变超塑性锻造两大类。微细晶超塑性锻造用的毛坯必须经过超细晶处理,相变超塑性锻造用的毛坯则须进行温度循环处理。

微细晶超塑性属静态超塑性,它通过变形和热处理细化方法,使晶粒超细化和等轴化。微细晶粒超塑性具有3个条件,即材料等轴细晶组织(通常晶粒尺寸小于$10\mu m$);温度$T \geqslant 0.5T_m$,T_m为材料的熔点的绝对温度;应变速率$\varepsilon = 10^{-4}s^{-1} \sim 10^{-1}s^{-1}$时呈现塑性,即材料具有低的流动应力,较高的延伸率,良好的流动性。

超塑性模锻必须保证坯料在成形过程中保持恒温,即所谓的"等温模锻",同时保证变形速度较低(每件约需2min~8min),因此模具结构采用闭式模锻,成形部分的尺寸应考虑收缩率,一般取0.3%~0.4%,模具冷尺寸应小于锻件冷尺寸。设备选用可调的慢速水压机或液压机。

超塑性变形时,金属加工硬化极微小,甚至可忽略不计,变形后的晶粒基本保持等轴状,也没有明显的织构。即使原来存在织构,经超塑性变形破碎后,也会变成等轴状组织。超塑性变形机理涉及的面很广,要建立一个描述其变形过程中内部结构变化和力学特性的模型和表达式是困难的。各国学者积极开展了金属超塑性及其变形机理的研究,从不同角度提出了一系列的理论,如溶解—沉淀理论,亚稳态理论,扩散蠕变理论—位错攀移机理,动态再结晶理论、晶界滑动(滑移、迁移、转动)理论,原子定向扩散的晶界滑移机理等。

目前,常用的超塑性锻造的材料主要有铝合金、镁合金、低碳钢、不锈钢及高温合金等。

1. 超塑性锻造工艺特点

(1)金属的变形抗力小。超塑性变形进入稳定阶段后,几乎不存在应变硬化,金属材料的流动应力非常小,只相当于普通模锻的几分之一到几十分之一,适合于在中小型液压机上生产大锻件。

(2)流动应力对应变速率的变化非常敏感。超塑性材料拉伸时,随着应变速率的增加,流动应力急剧上升。超塑性变形时,由于金属的加工硬化极小,应变硬化指数近似等于零。

(3)形状复杂的锻件可以一次成形。在超塑性状态下,金属的流动性好。它适合于薄壁高肋锻件的一次成形,如飞机的框架和大型壁板等,也适合于成形复杂的钛合金叶轮和高温合金的整体涡轮。有的超塑性精密锻件只需加工装配面,其余为非加工表面,可达很高的精度。由于超塑性使得金属塑性大为提高,过去认为只能采用铸造成形而不能锻造成形的镍基合金,也可进行超塑性模锻成形,扩大了可锻金属的种类。

(4)超塑性模锻件的组织细小、均匀,且性能良好、稳定。超塑性锻造的变形程度大,而且变形温度比普通锻造的低,因此锻件始终保持均匀、细小的晶粒。根据使用性能的要求,可采用不同热处理规范调整晶粒尺寸。由于超塑性锻造是在等温条件下进行的,因此锻件的组织与性能比普通锻件更稳定。

(5)超塑性模锻件的精度高。超塑性锻造由于变形温度稳定,变形速度缓慢,所以锻件基本上没有残余应力,翘曲度也很小,尺寸精度较高。可利用超塑性锻造制备尺寸精密、形状复杂、晶粒组织均匀细小的薄壁制件,其力学性能均匀一致,机械加工余量小,甚至不需切削加工即可使用。因此,超塑性成形是实现少或无切削加工和精密成形的新途径。此外,应当指出,超塑性锻造需要使用高温合金模具及其加热装置,投资较大,而且只适用于中、小批量锻件的生产。

2. 超塑性锻造的分类与应用

(1)超塑性锻造分类 超塑性锻造分类和应用范围如表6-7所列。

表6-7 超塑性锻造的分类与应用

分 类	应 用	工 艺 特 点
超塑性开式模锻	铝、镁、钛合金的叶片、翼板等薄腹板带筋件或形状复杂零件	充模好、变形力低、组织性能好、变形道次少,弹复小
超塑性闭式模锻	难变形复杂形状零件模锻,如钛合金涡轮盘	减少机械加工余量,成形件精度高

(2)超塑性成形的应用领域 超塑性成形的应用领域主要包括以下几方面。

① 板料成形,其成形方法主要有真空成形法和吹塑成形法。真空成形法有凹模法和凸模

143

法。将超塑性板料放在模具中,并把板料和模具都加热到预定的温度,向模具内吹入压缩空气或将模具内的空气抽出形成负压,使板料贴紧在凹模或凸模上,从而获得所需形状的工件。对制件外形尺寸精度要求较高或浅腔件成形时用凹模法,而对制件内侧尺寸精度要求较高或深腔件成形时则用凸模法。

真空成形法所需的最大气压为 0.1MPa,其成形时间根据材料和形状的不同,一般只需 20s ~ 30s。它仅适于厚度为 0.4mm ~ 4mm 的薄板零件的成形。

② 板料深冲。在超塑性板料的法兰部分加热,并在外围加油压,一次能拉出非常深的容器。深冲比 H/d_0 可为普通拉深的 15 倍左右。

(3) 挤压和模锻。超塑性模锻高温合金和钛合金不仅可以节省原材料,降低成本,而且大幅度提高成品率。所以,超塑性模锻对那些可锻性非常差的合金的锻造加工是很有前途的一种工艺。

6.4 粉 末 锻 造

粉末锻造是将粉末冶金和精密模锻结合在一起的工艺。它是以金属粉末为原料,经过冷压成形、烧结,热锻成形或由粉末经热等静压、等温模锻,或直接由粉末热等静压及后续处理等工序制成所需形状的精密锻件。它的工艺流程如图 6 - 1 所示,将各种金属粉末(如钢粉)按一定比例配出所需的化学成分,在模具中冷压(或热等静压)出近似零件形状的坯料,并放在加热炉内加热到使粉末黏结,然后冷却到一定温度后,进行闭式模锻,得到内部组织紧密(相对密度在98%以上)、尺寸精度较高的锻件。

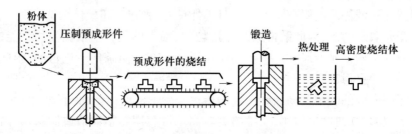

图 6 - 1 粉末锻造的工艺流程

6.4.1 粉末锻造特点与工艺

1. 粉末锻造特点

一般的粉末冶金制件含有大量的孔隙,致密度差,普通钢件的密度通常为 6.2g/cm^3 ~ 6.8g/cm^3,经过热等静压或加热锻造后,可使制件的相对密度提高至98%以上。

粉末锻造的毛坯为烧结体或挤压坯,或经热等静压的毛坯。与采用普通钢坯锻造相比,粉末锻造的优点如下。

(1) 材料利用率高。预制坯锻造时无材料耗损,最终机械加工余量小,从粉末原材料到成品零件总的材料利用率可达90%以上。

(2) 锻件尺寸精度高,表面粗糙度低,容易获得形状复杂的锻件。粉末锻造预制坯采用少、无氧化保护加热,锻后精度和粗糙度可达到精密模锻和精铸的水平。可采用最佳预制坯形状,以便最终形成形状复杂的锻件。

（3）有利于提高锻件力学性能。由于粉末颗粒都是由微量液体金属快速冷凝而成，而且金属液滴的成分与母合金几乎完全相同，偏析就被限制在粉末颗粒的尺寸之内。因此可克服普通金属材料中的铸造偏析及晶粒粗大不均（尤其是对无固态相变金属材料及一些新型材料）等缺陷，使材质均匀无各向异性，有利于提高锻件力学性能。但当粉末锻件中残留有一定量的孔隙和夹杂时，将使锻件的塑性和韧性降低。

（4）锻件成本低，生产率高，容易实现自动化。粉末锻件的原材料费用及锻造费用和一般模锻差不多，但与普通模锻件相比，尺寸精度高、表面粗糙度低，可少加工或不加工，从而节省大量工时。对形状复杂批量大的小零件，如齿轮、花键轴套、连杆等难加工件，节约效果尤其明显。

由于金属粉末合金化容易，因此有可能根据产品的服役条件和性能要求，设计和制备原材料，从而改变传统的锻压加工都是"来料加工"的模式，有利于实现产品→工艺→材料的一体化。

粉末锻造多用于各种钢粉制件。目前所用的钢种不下几十种，从普通碳钢到多种低合金钢，以及不锈钢、耐热钢、超高强度钢等高合金钢和高速工具钢。如为了提高性能，粉末耐热钢已在燃气轮机锻件上试用。

有色金属粉末锻造不像钢粉末锻造那样应用广泛和成熟。在航空工业中主要是高温合金、钛合金和铝合金粉末锻造。如高温合金涡轮盘、钛合金风扇盘和铝合金飞机大梁接头等。

2. 粉末锻造主要工序

1）粉末原材料制备

粉末原材料对粉末锻件性能有重要影响，但是优质粉末成本较高。所以应针对粉末锻件的不同要求合理选用粉末原材料。

粉末原材料中往往含有各种夹杂，包括异类金属颗粒和非金属颗粒，多是由粉末原料和工艺过程带入的，尤其是脆性的陶瓷夹杂对力学性能影响很大。因此，应对粉末原材料的夹杂含量加以限制，可用磁选法或采用真空双电极电弧重熔，电子束水冷坩埚精炼母合金和其他方法将夹杂含量降低到规定限度以下。

粉末的粒度及组成等直接影响粉末的物理性能和工艺性能，应列入质量控制项目。

粉末中的气体含量主要是指氧含量。氧在各种粉末合金中以氧化物形式存在。氧化物的形态不同，对粉末锻件性能的影响也不同。多数金属粉末在储存和运输期间被氧化，在配料前通常要进行还原处理。碳钢或铜钼钢粉可用天然气或煤气，低合金钢和铜粉末可用分解氨。含铬、锰、钒等元素的合金钢粉末须使用高纯氢进行还原处理。还原处理是在一定温度下进行的，应调整各种工艺参数，尽量减少粉末中的残留氧含量。

2）预制坯的制备

在预制坯设计时，要认真分析关键部位的应力应变状态，调整预制坯的几何形状和尺寸，防止出现锻造裂纹。如直齿正齿轮粉末锻造时，预制坯在锻压方向的投影与锻件基本一致，锻造时只有高度压缩，侧向流动很小。对于行星伞齿轮，预制坯形状比较简单，和锻件尺寸差别很大，金属侧向流动量大，锻造变形程度大，消除孔隙效果好，有利于提高锻件性能。

用冷压模压制预制坯时，要控制粉末装料的容积或质量，以减小预制坯压制件间的质量偏差。预制坯超重将造成粉末锻件高度超差，质量不足将造成粉末锻件高度不足或密度不足。冷压时也要注意模壁的润滑。

烧结的目的是增大预制坯的强度和可锻性，避免锻造时产生裂纹，使合金成分均匀化，有时还可降低氧含量。烧结是在保护气氛或真空中进行的。例如汽车行星牵齿轮预翻坯烧结是在通分解氨的钼丝炉中进行，烧结温度为 $1120℃ \sim 1180℃$，保温时间为 $1.5h \sim 2.0h$，保护气体分解氨的流量为 $1.5m^3/h \sim 2.0m^3/h$。

预制坯烧结时体积有所收缩，但内部仍含有大量孔隙。烧结致密机理有体积扩散、晶界移动、扩散蠕变等。

用挤压或热等静压压制高温合金粉末毛坯，应在氨气保护下、包套或装入陶瓷包套内，然后在真空状态下进行室温静态和热态除气，然后封焊，经吹砂、涂润滑剂后挤压或直接热等静压。

3）锻造

粉末锻造一般采用闭式模锻，开式模锻效果较差。锻模型槽尺寸按锻件尺寸加锻件收缩率确定。锻模型槽表面粗糙度要低，也应注意选择适当的润滑剂。

锻前加热一般都在保护气氛中进行。也可采用高频快速加热，并在预制坯表面涂保护剂。

粉末锻造的锻造温度、保温时间及锻压力等工艺参数可参照普通模锻来选定，以保证预制坯顺利变形，同时使锻件各部位具有高密度。

粉末锻压件的致密发生在烧结挤压、热等静压和塑性成形过程中。塑性成形时由于粉末颗粒发生变形，使孔隙缩小以至消失，从而使材料致密。压下量对致密效果的影响与温度有关，在相同变形程度条件下，冷变形的致密效果不如热变形，所以加热温度是粉末锻造的一个重要参数。

粉末锻造时，锻模应预热到一定温度，否则由于模壁的激冷作用，会影响坯料表层的致密度和力学性能。粉末锻件锻后应在保护气氛中冷却，以防表面及内部残留孔隙氧化。

4）后续处理和加工

锻造时由于保压时间短，坯料内部孔隙虽被锻合，但其中有一部分还未能充分扩散结合，可经过退火、再次烧结或热等静压处理，以便充分扩散结合。

粉末锻件可同普通锻件一样进行各种热处理。为保证粉末锻件的装配精度有时还须进行少量的机械加工，如对传动齿轮，在渗碳淬火后须进行磨齿。

6.4.2 粉末锻造种类及应用

1. 粉末锻造种类

粉末锻造工艺分类通常分为粉末热锻、粉末冷锻、粉末等温与超塑性锻造、粉末热等静压、粉末准等静压、粉末喷射锻造等。粉末锻造工艺发展非常迅速，新的工艺方法不断涌现，如松装锻法、球团锻造法、喷雾锻造法、粉末包套自由锻法、粉末等温锻造法、粉末超塑性模锻。除此之外，还有粉末热挤压、粉末摆动辗压、粉末旋压、粉末连续挤压、粉末轧制、粉末注射成形、粉末爆炸成形等。

（1）粉末热锻（又称直接法）与烧结锻造不同，粉末热锻采用预合金粉、预成形坯成形后直接加热锻造成形。由于直接法比烧结锻造方法减少了二次加热，可节省能源15%左右。因此烧结锻造向粉末热锻的方向发展。

（2）粉末冷锻是指粉末预成形坯烧结后冷锻。粉末冷锻比粉末热锻有许多优点，制品表面光洁，容易控制制品重量和尺寸精度，不需要保护气氛加热节约能源。但粉末冷锻要求烧结后预成形坯必须具有足够的塑性，这样对粉末原材料提出更高的要求，日本曾研制专门用于冷锻的一种 Fe - Cu 系材料，美国通用汽车公司采用粉末冷锻方法生产火花塞壳，美国 Fergunsou

公司采用粉末冷锻方法制造轴承座圈。

（3）粉末高温合金的等温与超塑性锻造。粉末高温合金是制造飞机发动机涡轮盘和叶片的理想材料，粉末高温合金晶粒细小，很容易实现超塑性。高温合金粉末致密化成形工艺可采用热等静压、热挤压、热等静压+锻造3种方法，其中热挤压方法最好。经致密化处理后，制成预成形坯，然后采用等温或超塑性锻造方法生产锻件。

粉末高温合金的等温与超塑性锻造已经成功的应用于制造飞机发动机的涡轮盘、压气机盘、压气机转子和叶片等耐高温零件，其高温持久强度、蠕变性能均优于普通铸锻高温合金性能。例如粉末等温锻叶片的疲劳强度比一般锻造棒坯叶片的疲劳强度高20%左右。

（4）粉末热等静压。粉末热等静压（HIP）是净粉末体在高温度压下致密成形技术。典型HIP工艺如图6-2所示。HIP是将粉末在静水压力下，高温度压下的固结过程，没有宏观塑性流动（只有微观粉末的塑性变形充填孔隙），仅有体积变化，属压实致密的成形方法。

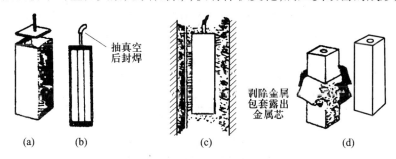

图6-2　热等静压过程示意图

（a）成形件组装的金属包套；（b）装粉和密封后的包套；（c）高温气体压侧；（d）剥除金属包套和致密锭。

粉末热等静压分为有包套的热等静压和无包套的热等静压。有包套的热等静压主要用于生产高性能材料，不需要活化烧结的添加剂，几乎达到完全致密。包套材料一般选择金属、玻璃和陶瓷。其主要方法是采用雾化的预合金粉末，直接装入包套内，抽成真空并封焊，再进行冷等静压，然后热等静压成形即可。无包套的热等静压主要用于成形复杂形状高性能金属零件和结构陶瓷制品。其主要方法是将烧结至一定密度的预成形坯，经热等静压成形。这种方法消除了包套材料选择和加工的困难，降低成本，提高生产率。

HIP技术应用越来越广泛，主要用于生产高速钢、高温耐热合金、钛合金、不锈钢、硬质合金、磁性材料、结构陶瓷及其重要结构件，还可进行HIP扩散连接成形，在高温高压下将两种相同或不同材料结合在一起，获得满意的强度。

（5）粉末喷射锻造。粉末喷射锻造工艺过程如图6-3所示。该方法是采用高速氩气喷射金属液流，雾化的粉末落下，沉积到预成形的模具中。沉积的预成形坯的密度很高，相对密度可达99%，将预成形坯从雾化室中取出，放在保温加热炉内，当预成形坯加热到锻造温度后，立即进行锻造，得到近乎完全致密的锻件，然后送切边压力机切边获得成品锻件。

喷射成形和塑性加工方法相结合，把雾化方法生产金属粉末与铸造成形有机结合，从熔融金属到锻件，材料利用率达90%以上，该方法比较适合大型锻件的成形。这种方法现在已发展为喷射轧制、喷射挤压，以及采用离心喷射沉积方法制造板材、型材和大型薄壁筒形件等先进方法。

2. 粉末锻造的应用

目前粉末锻造已在许多领域中得到应用，主要用来制造高性能的粉末制品。特别是在汽车制造业中表现更为突出。表6-8给出适合于粉末锻造生产的汽车零件，其中齿轮和连杆是

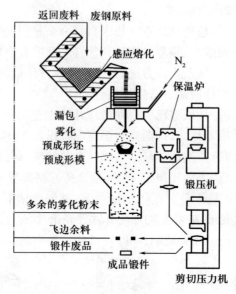

图 6 - 3　喷射锻造工艺过程示意图

最能发挥粉末锻造优点的两大类零件。这两大类零件均要求有良好的动平衡性能,要求零件具有均匀的材质分布,这正是粉末锻造特有的优点。

表 6 - 8　适用于粉末锻造工艺生产的汽车零件

发动机	连杆、齿轮、气门挺杆、交流电机转子、阀门、启动机齿轮、环形齿轮
变速器(手动)	毂套、倒车空套齿轮、离合器、轴承座圈、同步器中各种齿轮
变速器(自动)	内座圈、压板、外座圈、停车自动齿轮、离合器、凸轮、差动齿轮
底盘	后轴承端盖、扇形齿轮、万向轴节、侧齿轮、轮毂、伞齿及环形齿轮

6.5　液 态 模 锻

液态模锻是将金属熔融成液态后,用量勺将液体金属浇入锻模模腔,然后以一定的机械静压力作用于熔融或半熔融的金属上,使之产生流动、结晶、凝固和少量塑性变形,最终得到与模腔形状尺寸相对应、表面光洁、组织致密、力学性能优良的坯料或零件的热加工方法。液态模锻过程如图 6 - 4 所示,其设备可采用全自动液态模锻液压机或通用型液压机。

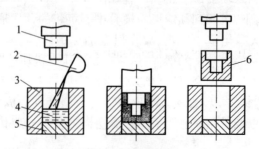

图 6 - 4　液态模锻过程

1—压头;2—定量勺;3—凹模;4—液态金属;5—热板;6—液态件。

1. 液态模锻工艺特点

液态模锻是借鉴于压力铸造和模锻工艺而发展起来的工艺方法，它不仅包含了铸造和锻造的若干特点，同时形成了自身工艺的独特性。液态模锻采用了铸造的熔化、浇注并与锻造中的高压模具相结合的技术加工方法，其工艺特点有以下几个方面。

（1）与铸造相比，采用的工艺流程短，金属利用率高，并节约能源，经济效益好。

（2）液态模锻的结晶组织和力学性能比压铸好，甚至超过轧材。

（3）适用于生产复杂形状的零件，特别适合于有色金属。

液态模锻工艺方法成形锻件的凝固特点是：液态金属浇入凹模后冲头对其直接加压或由下柱塞（下平冲头）将其推入模腔间接加压，当金属液充满型腔，与模壁紧密贴合，表面先形成锻件外壳，然后由表及里向内凝固，而凝固过程始终在一个恒定的静压力下完成。一定的压力可使先凝固的外壳产生塑性变形，并将压力始终作用于液态金属上，直到凝固结束。这不仅可以避免任何铸造方法所产生的缩孔类缺陷，同时可以使液态金属的凝固温度提高，改变合金的熔点和合金状态图。

液态模锻由于使被加工金属处于高温状态。因此，对于黑色金属的加工，由于模具寿命不好解决，现在还处于研究阶段。

液态模锻的工艺流程框图如图6-5所示。

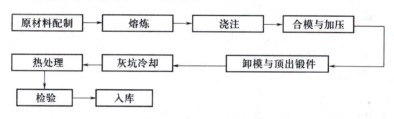

图6-5 液态模锻的工艺流程框图

2. 液态模锻工艺方法

根据液态金属的流动、充模和受力情况的不同，液态模锻工艺有以下3种基本方式。

（1）静压液态模锻，其原理是把定量液态金属浇注到液态模锻型槽内，然后压力机施加静压力，使液态金属结晶并发生少量塑性变形，以获得锻件。静压液态模锻可分为结壳、压力下结晶、压力下结晶＋塑性变形和塑性变形4个阶段。

（2）挤压液态模锻，其原理是将液态金属在压力下充模，其过程与静压液态模锻基本相似。其特点是依靠压力充模，液态金属产生剧烈的流动，液态金属流动过程中形成较多晶核，能获得晶粒细小的组织；可以得到薄壁（壁厚度小于6mm）、形状复杂、轮廓清晰和表面光洁的锻件。

（3）间接液态模锻，与压铸相似，不同的是间接液态模锻的浇口截面大、浇道短，液态金属充模速度比挤压液态模锻大而比压铸小（间接液态模锻的充模速度为1mm～9mm），不产生卷气。间接液态模锻可生产壁厚在1mm～3mm之间，并能获得表面光洁、组织致密表层的薄壁。

3. 液态模锻工艺参数

（1）比压。为了使金属液在静压下去除气体，避免气孔、缩孔和疏松，要求一定的比压，以达到提高力学性能的目的，因此，选择比压时必须考虑锻件内部质量要求。具有固溶体的铝合金液态模锻，比压不大就能使金属压实。共晶铝合金液态模锻，所需比压要大得多。

结晶温度范围宽的铜合金液态模锻,也需用较大的比压,因此疏松在各部位相继出现。但应指出,过大的比压对锻件性能的改善并不明显,而比压太小则达不到预期效果。加压速度越慢,金属在模内停留时间越长,所需比压越大。锻件直径越小,所需比压越大,因金属量少,凝固快的缘故。

(2) 加压开始时间。一般在熔融状态时开始加压,以不低于固相线温度为准。

(3) 加压速度。加压速度要快,以便模具及时地将压力作用于金属上,促使结晶、塑性变形和最终成形。但不能太决,以防止速度过快,使液态金属在上模产生涡流和通过上下模使金属流失过多。一般控制在 0.2m/s ~ 2.4m/s,对于大工件取 0.1m/s。

(4) 保压时间。由于液态模锻时金属结晶与流动成形都需一定时间,因此在整个成形过程中都必须保压。延长保压时间不仅没有必要,而且还会降低生产率和缩短模具的使用寿命。保压时间取决于工件厚度,对于钢件按每 10mm 厚度 5s 计算保压时间,对于铝件,当直径小于 50mm,按每 10mm 厚度 5s 计算;当大于 100mm 时,按每 10mm 厚度 10s ~ 15s 计算。

(5) 浇注温度。浇注温度应尽可能低一些,以便金属内部的气体排除。若浇注温度太低,由于凝固快而使比压增大。浇注温度太高,所需的比压也大,因为缩孔在最厚处生成,比压小则不易使之消除。

(6) 模具预热温度。模具预热温度要合适,过高容易产生粘模,致使脱模困难;过低容易出现冷隔和表面裂纹等缺陷。一般预热模具温度在 200℃ ~ 400℃ 范围内。

(7) 润滑剂。液态模锻润滑有一定要求,不仅要耐高温高压,而且具有良好的黏附性能。对于铝合金,可选用 1:1 的石墨加猪油或 4:1 的蜂蜡加二硫化钼。对于铜合金,可选用 3:7 的石墨加猪油或 1:1 的植物油加肥皂水。

4. 液态模锻对设备的要求

液态模锻工艺要求液态金属在静压力下流动凝固,因此,最适合这种工艺的设备是液压机。液态模锻用液压机有通用液压机和专用液压机两类。在通用液压机上进行液态模锻时,对模具结构要求较高,模具上应设计有保证制件成形的辅助装置和开合模装置等;在专用液压机上进行液态模锻时,应根据工艺特点,要求专用液压机能实现各种液态模锻工艺方法。

5. 液态模锻模具基本结构与设计原则

1) 模具的基本结构

(1) 简单模。它主要用于简单制件,采用上冲头直接加压成形,如图 6-6 所示。

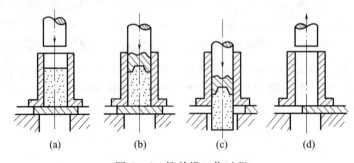

图 6-6　简单模工作过程

(a) 浇注;(b) 加压;(c) 顶出锻件;(c) 复位。

(2) 可分凹模。它主要用于带有侧凹或侧凸,形状较为复杂的制件,通常采用直接加压法成形,如图 6-7 所示。

150

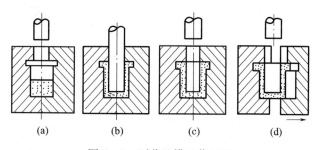

图 6 - 7　可分凹模工作过程

(a) 浇注；(b) 加压；(c) 凸模退出；(d) 复合。

（3）组合模。这种模具结构根据制件的外形和复杂程度而确定,多数采用间接液态模锻方法成形,如图 6 - 8 所示。

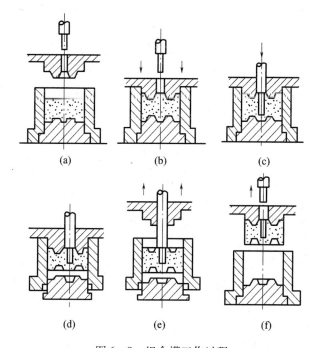

图 6 - 8　组合模工作过程

(a) 浇注；(b) 加压；(c) 冲孔；(d) 垫块下行；(e) 下模退出；(f) 凸模上行。

2）模具设计原刚

液态模锻模具的设计依据是锻件图。液态模锻锻件类型有许多种,但由于工艺的特殊性,无论哪种类型的锻件,均无需制坯,因此,模具结构特点是一模一锻。为了使制件成形后顺利出模,在锻件图设计时应结合模具结构的要求,掌握以下设计原则。

（1）分模位置选择。尽可能减少分模面,这主要是取决于锻件的复杂程度和成形后锻件出模的难易程度。

（2）加工余量。非加工表面不放余量,加工表面可加放 3mm ~ 6mm 余量,易形成表面缺陷处可增大余量。

（3）模锻斜度。与顶出装置平行的侧面可考虑较小的出模斜度,一般取 1° ~ 3°。

（4）圆角半径。锻件的尖角与模具对应凹角处,考虑排气和模具制造及热处理等要求一般设计成圆角,根据尺寸可选圆角半径为 3mm ~ 10mm。

（5）收缩量。简单形状锻件，收缩量由材料性质、成形温度和模具材料确定；对于复杂形状锻件应考虑收缩不均匀问题。

（6）锻件最小孔径。孔径与锻件材质有关，有色金属最小孔径一般为 $\phi(25\sim35)$ mm；黑色金属则为 $\phi(35\sim50)$ mm。

（7）排气孔和排气槽。在金属液最后充填的盲腔底部应开排气孔，排气孔应小于 $\phi2$mm；有时考虑气体能顺利排出，可在分模面或镶块配合面局部开设排气沟槽，槽深 0.1mm ~ 0.15mm，宽度应根据锻件具体尺寸确定。

（8）凸凹模间隙。凸凹模间隙与成形金属材料有关，按表 6-9 选用。

表 6-9　凸凹模间隙选择

锻件材料	铝	铜	镍黄铜	钢
间隙/mm	0.05 ~ 0.2	0.1 ~ 0.3	0.3 ~ 0.4	0.075 ~ 0.13

3）模具材料

液态模锻模具使用前应预热到 250℃ ~ 350℃，在生产过程中，模具始终处在较高温度和较大压力下，并受交变温度和载荷的作用。因此，要选用能承受热应力和交变应力的模具材料。对于铝合金锻件，可选用 3Cr2W8V、4W2CrSiV、3W4Cr2V 等热作模具钢或碳素工具钢。对于铜合金和钢锻件，可选用耐热钢、钼基合金或锻模钢等。

6.6　高速锤锻造

高速锤锻造是在高速锤上完成的锻造工艺方法。高速锤是利用高压气体（通常是 14MPa 压力的空气或氮气），在极短的时间内突然膨胀来推动锤头高速锻打工件的一种新型锻压设备。利用高速锤可以挤压铝合金、钛合金、不锈钢、合金结构钢等材料叶片，精锻各种回转体零件（如环形件、齿轮、叶轮等），并能适应一些高强度、低塑性、难变形金属的锻造。

高速锤的结构如图 6-9 所示，高压气体及锤头自重，力图使锤头向下运动。高速锤在打击之前，回程缸先把锤头顶起，然后向锤杆下部的高压缸内充入高压气体，将锤头悬住。打击时先引入高压油启动打击阀，向高压缸上部引入高压气体，锤头开始向下运动，随后，高压气体在高压缸上部急剧膨胀，推动锤头高速向下运动，同时高压缸带动床身系统向上运动，完成打击动作。锤击之后，回程缸将锤头顶起，顶出机构顶出锻件。

1. 锻件分类

高速锤由于能量调节比较困难，打击频率又低，所以多作为终锻成形使用，且以轴对称为主。根据锻件成形的主要变形方法，大致可分为模锻件和挤压件两大类。其中因为金属流动方式不同，模锻又分为开式与闭式两种，而挤压分正挤、反挤和径向挤 3 种。挤压是高速锤模锻用得比较广泛的一种工艺方法。高速镦粗时，金属在径向的惯性流动为实现径向挤压提供有力的条件，一般齿形、侧面带筋的锻件都可用此方式成形。

2. 高速锤锻造的特点

由于高速锤锻造时变形速度高，所以填充性能好，惯性力大，热效应低，摩擦因数小。高速锤打击坯料使金属在极短的时间内（约为 0.001s ~ 0.002s）完全变形，而且在锻件上要产生径向及轴向的惯性力，这样可近似认为金属无热量散失或热量散失很小，热效应低，在变形过程中有较高的塑性及较低的抗力，另外惯性力的存在使得在径向的惯性流动有利于塑性变形，单

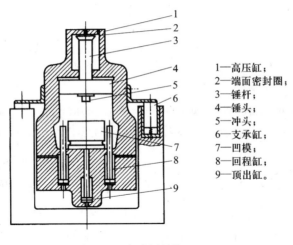

图 6-9　高速锤结构

1—高压缸；
2—端面密封圈；
3—锤杆；
4—锤头；
5—冲头；
6—支承缸；
7—凹模；
8—回程缸；
9—顶出缸。

位变形力有所降低,这种高速镦粗时的金属流动特点为锻造径向成形的大面积薄腹板类齿轮、叶轮创造了有利的条件。但在高速挤压时,它往往使挤压件受破坏。所以在设计正挤压件时,应预先计算金属在挤压时的流动速度,使它小于许可临界速度,避免产生惯性断裂。

另外高速锤打击速度越高,金属与模具之间的相对滑移速度也就越高,而相应的摩擦因数越小,这样金属变形较均匀,附加应力小,对低塑性材料锻造较为有力。

3. 高速锤锻造用模具

高速锤用模具可分为整体式模具和镶块式模具,如图 6-10 所示。高速锤上的模具一般都是单型槽(模腔),坯料在单型槽内只需一次打击成形,变形时间短,无法用飞边槽来促进金属充满型槽,而且高速锤锻造时金属成形性能好,即使留有飞边槽意义也不大,所以高速锤锻造时一般采用镶块式组合模进行闭式模锻。由于利用过盈配合和施加预应力将一个或多个套圈把凹模紧套起来,这种多层组合凹模不仅显著提高了凹模的承载能力,而且使组合凹模的应力分布均匀,模具材料充分利用。

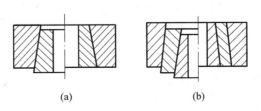

(a)　　　　　　　　　(b)

图 6-10　高速锤凹模形式
(a)两层组合凹模；(b)三层组合凹模。

6.7　典型特种锻造工艺举例
——精密模锻某汽车差速器行星齿轮

直齿圆锥齿轮精锻件有连续的金属流线(沿齿廓分布合理)、致密的组织,齿轮的强度、齿面的耐磨能力、热处理的变形量和啮合噪声等都比切削加工的齿轮优越。其强度和抗弯、抗疲劳寿命提高 20%,热处理变形量减少 30%,生产成本降低 20% 以上。下面介绍某汽车差速器行星齿轮的精密模锻。行星齿轮的零件如图 6 – 11 所示,材料为 18CrMnTi。

1. 工艺流程

精锻齿轮生产工艺过程是:下料→车削外圆(除去表面缺陷层,切削量 1mm ~ 1.5mm)→加热→精密模锻→冷切边→酸洗(喷砂)→加热→精压→冷切边→酸洗(喷砂)→镗孔、车背锥球面→热处理→喷丸→磨内孔、磨背锥球面。

精锻时,在快速少、无氧化加热炉中加热坯料。精压时,把锻件加热到 800℃ ~ 900℃,用高精度模具进行体积精压。采用精压工序有利于保证零件精度和提高模具寿命。

2. 锻件图

图 6 – 11 和图 6 – 12 为行星齿轮零件图和精锻件图。制订锻件图主要考虑如下几方面。

(1)分模面位置。把分模面设计在锻件最大直径处,这样能锻出全部齿形及顺利脱模。

(2)加工余量。齿形和小端不留加工余量,即不需机械加工。背锥面是安装基准面,精锻时可能达不到精度要求,预留 1mm 加工余量。

(3)冲孔连皮。当锻件中孔的直径小于 25mm 时,一般不锻出;当孔的直径大于 25mm 时,应锻出斜度和连皮孔,锻出孔对齿形充满有利。对于圆锥齿轮精密模锻的研究指出,当锻出中间孔时,连皮的位置对齿形充满情况有影响,连皮至端面距离约为 $0.6H$ 时,齿形充满情况最好,其中 H 为不包括轮毂部分的锻件高度,如图 6 – 13 所示。连皮厚度 $h = (0.2 ~ 0.3)d$,但不宜小于 6mm ~ 8mm。行星齿轮孔径 $d = 20$mm,不锻出。

(4)锻件高度为不包括轮毂部分的锻件高度。在行星齿轮小端压出 $1 \times 45°$ 孔的倒角,省去倒角工序。

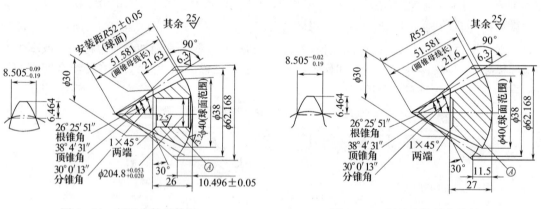

图 6 – 11　行星齿轮零件图　　　　　　图 6 – 12　行星齿轮精密锻件图

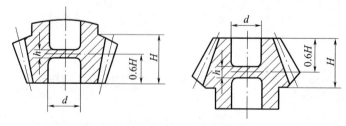

图 6 – 13　冲孔连皮位置

154

3. 坯料形状和尺寸

根据计算并试锻,确定采用 $\phi 28 {}^{-0.1}_{0}$ mm $\times 68 {}^{+0.5}_{0}$ mm 的圆柱坯料,其质量约为 311g。

4. 精锻模具

图 6-14 所示为行星齿轮精锻模具,它是开式精密模锻的典型结构。一般说来齿形模腔设置在上模有利于成形和提高模具寿命。但对行星齿轮的精锻模来说,为了安放毛坯方便和便于顶出锻件,凹模 9 安放在下模板 13 上,这对于清除齿形模腔中的氧化皮或润滑剂残渣,提高模具寿命是不利的。采用双层组合凹模,凹模 9 用预应力圈 6 加强。凹模压圈 7 仅起固紧凹模的作用。模锻后由顶杆 10 把锻件从凹模中顶出。

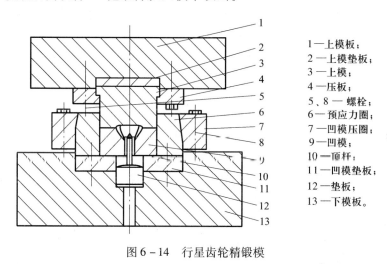

1—上模板;
2—上模垫板;
3—上模;
4—压板;
5、8—螺栓;
6—预应力圈;
7—凹模压圈;
9—凹模;
10—顶杆;
11—凹模垫板;
12—垫板;
13—下模板。

图 6-14　行星齿轮精锻模

图 6-15 为半闭式精密模锻圆锥齿轮的典型模具结构,该模具上的关键零件是环形齿圈,模锻时直接由它压出齿形。

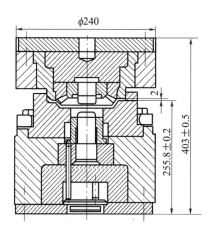

图 6-15　圆锥齿轮半闭式精密模锻的模具结构

凹模采用预应力组合结构,模腔采用电脉冲方法加工,加工模腔用的电极根据齿轮零件图设计,并考虑下述因素:锻件冷却时的收缩,锻模工作时的弹性变形和模具的磨损,电火花放电间隙,电加工时电极损耗等。凹模和上模材料采用 3CrW8V 钢,热处理硬度为 48HRC ~ 52HRC。凹模和上模的结构如图 6-16 所示。在初加工、热处理和磨削加工后,用电脉冲机床加工齿形模腔。并用低熔点浇铸实样或制造样板来检验齿形模腔。

155

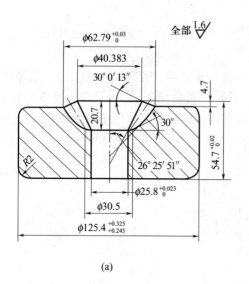

(a)

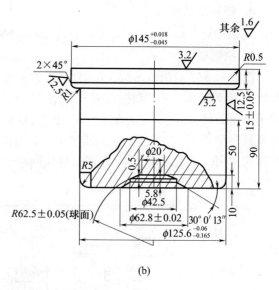

(b)

图 6-16 行星锥齿轮凹模和上模结构
(a) 凹模；(b) 上模。

用电脉冲加工凹模模腔时，模腔设计就是齿轮电极的设计。设计齿轮电极需要根据齿轮零件图，并考虑锻件冷却时的收缩、锻模工作时的弹性变形和模具的磨损、电火花放电间隙和电加工时的电极损耗等因素。

5. 齿轮电极设计应考虑的问题

齿轮电极设计应考虑如下几点。

（1）精度要比齿轮产品高两级，如产品齿轮精度为 8 级时，齿轮电极精度为 6 级。

（2）表面粗糙度比齿轮产品提高 1 级~2 级。

（3）齿根高可等于齿轮产品齿根高或增加 $0.1m$（m 为模数），即使齿全高增加约 $0.1m$。

（4）分度圆压力角的修正主要考虑下述影响压力角变化的因素：模具的弹性变形和磨损；电加工时齿轮电极的损耗；锻件温度不均匀；锻件的冷却收缩。

对于尺寸较大的齿轮，由于冷收缩的绝对值较大，需要在设计电极时考虑锻件的冷收缩量。此时，仍是修正齿轮电极的安装距，使锻件齿轮冷收缩后的分度圆锥与齿轮零件图的分度圆锥一致，即在齿轮电极增加安装距修正量。

该件在 3000kN 摩擦压力机上精锻，润滑剂采用 70% 机油 + 30% 石墨。精锻齿轮的尺寸精度和内部组织完全达到了设计要求。

图 6-16（b）所示为行星齿轮上模，其材料为 3Gr2W8V 钢，热处理硬度 48HRC~52HRC。考虑到冷收缩时，根据收缩率确定热锻件的尺寸为

节圆直径 $\qquad d_2 = d_0(1 + \alpha\Delta t)$

大端模数 $\qquad m_2 = d_2/z$

大端齿 $\qquad h_1 = m_2$

顶高 $\qquad h_2 = 1.2m_2$

大端齿顶圆直径 $\qquad D = m_2(z + 2\cos\delta_0)$

大端固定弦齿厚 $\qquad S = 1.387m_2$

大端固定弦齿高 $\qquad h = 0.7476m_2$

式中:d_0为齿轮零件大端节圆直径;z为齿数;α为材料的热膨胀率;Δt为终锻时锻件温度与模具的温度差;δ_0为节锥角。

　　根据热锻件图,并考虑模具弹性变形和磨损、电加工的放电间隙和电极损耗,从而确定齿轮电极尺寸。考虑上述因素后,设计加工的行星齿轮凹模用电极如图 6-17 所示。

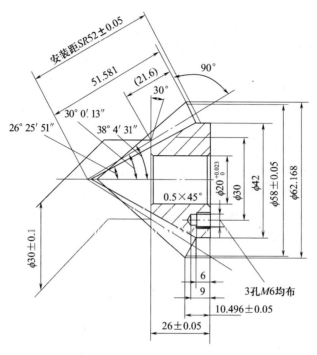

图 6-17　加工行星齿轮凹模用电极

　　利用这种结构的半闭式精密模锻,在 16000kN、25000kN、40000kN 热模锻压力机上可以模锻公称直径为 79mm~229mm,具有直线型和曲线型的圆锥齿轮。其工艺流程为:剪床下料→电感应加热→模锻(镦粗和终锻)。为了提高终锻模镶块寿命,模锻在两个镶块中轮流进行。行星齿轮由切削加工改为精密模锻成形后,材料利用率由 41.6% 提高到 83%,提高工效 2 倍。

第7章　常用锻压设备

锻压设备(机械)主要用于金属成形,所以又称为金属成形机械。锻压机械是通过对金属施加压力使之成形的设备,其基本特点为压力大,故多为重型设备,设备上多设有安全防护装置,以保障设备和人身安全。

锻压设备最初是用人力、畜力转动轮子来举起重锤锻打工件。到14世纪出现了水力落锤,随着15世纪—16世纪航海业快速发展,为了锻造铁锚,出现了水力驱动的杠杆锤。1795年,英国的布拉默发明水压机,直到19世纪中叶,由于大锻件的需要才应用于锻造工业。1842年,英国工程师内史密斯创制第一台蒸汽锤,开始了蒸汽动力锻压机械的时代。

随着电动机的发明,19世纪末出现了以电为动力的机械压力机和空气锤,并获得迅速发展。自第二次世界大战以来,750MN模锻水压机、1500KJ对击锤、60MN板料冲压压力机和160MN热模锻压力机等重型锻压机械,以及一些自动冷镦机相继问世,逐渐形成了门类齐全的锻压机械体系。

20世纪60年代以后,锻压机械改变了从19世纪开始的,向重型和大型方向发展的趋势,转而向高速、高效、自动、精密、专用、多品种生产等方向发展。于是出现了每分种行程2000次的高速压力机、60MN三坐标多工位压力机、25MN精密冲裁压力机、能冷镦直径为48mm钢材的多工位自动冷镦机和多种自动机和自动生产线等。各种机械控制的、数字控制的和钢材控制的自动锻压机械以及与之配套的操作机、机械手和工业机器人也相继研制成功。现代化的锻压机械可实现生产尺寸精确的制品,有良好的劳动条件,而且污染小。

锻压机械主要包括各种锻锤、各种压力机和其他辅助机械。

锻锤是由重锤落下或强迫高速运动产生的动能,对坯料做功,使之塑性变形的机械。锻锤是最常见、钢材最悠久的锻压机械。它结构简单、工作灵活、使用面广、易于维修,适用于自由锻和模锻。但锻锤振动较大,较难实现自动化生产。

压力机包括液压机、机械压力机、旋转压力机等压力设备。

液压机是根据帕斯卡定律制成的利用液体压强传动的机械,以高压液体(水、油、乳化液等)传送工作压力的锻压机械。

机械压力机是用曲柄连杆或肘杆机构、凸轮机构、螺杆机构传动,工作平稳、工作精度高、操作条件好、生产率高,易于实现机械化、自动化,适于在自动线上工作。机械压力机在数量上居各类锻压机械之首。

冷镦机、各种线材成形机、平锻机、螺旋压力机、径向锻造机、大多数弯曲机、矫正机和剪切机等,也具有与机械压力机相似的传动机构,可以说是机械压力机的派生系列。

旋转锻压机是锻造与轧制相结合的锻压机械。在旋转锻压机上,变形过程是由局部变形逐渐扩展而完成的,所以变形抗力小、机器质量小、工作平稳、无振动,易实现自动化生产。

辊锻机、成形轧制机、卷板机、多辊矫直机、辗扩机、旋压机等都属于旋转锻压机。

锻压机械的规格大多以负载工作力计,但锻锤则以锻锤落下部分的质量计,对击锤以打击能量计。专用锻压机械多根据最大成形的材料直径、厚度或轧辊直径计。

7.1 空 气 锤

　　利用气压或液压等传动机构使落下部分(活塞、锤杆、锤头、上砧(或上模块))产生运动并积累动能,在极短的时间施加给锻件,使之获得塑性变形能,完成各种锻压工艺的锻压机械称为锻锤。锤头打击固定砧座的为有砧座锤;上下锤头对击的对击锤为无砧座锤。锻锤是以很大的砧座或可动的下锤头作为打击的支承面,在工作行程中,锤头的打击速度瞬间降至零,工作是冲击性的,能产生很大的打击力,通常会引起很大振动和噪声。锻锤的规格通常以落下部分的质量来表示。锻件在锤上的成形过程是打击过程,可利用力学上的弹性正碰撞理论分析其打击过程的特性。由此可见,锻锤是一种冲击成形设备,工作过程中各主要零部件承受冲击载荷,并有振动传向基础和周围环境。因此,研究锻锤的打击过程、分析锻锤打击效率和打击力是锻锤整机设计及性能分析、零部件强度校核和锻锤振动分析的基础。

　　自由锻造的一个主要设备就是空气锤,它主要用于延伸、锻粗、冲孔、弯曲、锻接、扭转和胎模锻造成形过程。

1. 空气锤的结构

　　空气锤的结构基本上可以分成4个部分,分别是:工作部分、传动部分、操纵部分和机身,图7－1为空气锤外观示意图。

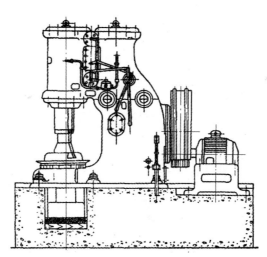

图7－1　空气锤外观示意图

空气锤四部分的主要组成如下。

(1)工作部分包括落下部分(活塞、锤杆和上砧块)和锤砧(下砧、砧垫和砧座)。

(2)传动部分由电动机、皮带和皮带轮,齿轮、曲柄连杆及压缩活塞等组成。

(3)操纵部分由上下旋阀、旋阀套和操纵手柄等组成。

(4)机身由工作缸、压缩缸、立柱和底座组成。

2. 空气锤的工作原理

　　空气锤启动前,压缩活塞在最上面的位置,工作活塞在最下面的位置,工作缸和压缩缸上下腔分别连通。这时压缩缸的上下腔通过压缩活塞和活塞杆的补气孔与大气相通,两缸上下腔的压力均为大气压力。当电动机通过传动系统,曲柄连杆机构带动压缩活塞向下运动时,下腔气体被压缩,压力升高,上腔气体膨胀,压力降低。当压缩活塞下行至某一位置,作用在工作活塞下部的压力大于工作活塞上部的压力、落下部分重量及其运动的摩擦力时,锤头开始上升。

压缩活塞继续下行,由于压缩活塞向下运动的速度大于工作活塞向上运动的速度,使下腔压力继续升高,上腔压力继续下降,结果使锤头加速上升,压缩活塞下行过程中,下腔的最大压力一般可达 $2.5 \times 10^5 Pa$,上腔压力可降至 $0.5 \times 10^5 Pa$。

压缩活塞下行程至最下位置时,锤头大致处于向上行程的中间位置,这时压缩缸上腔通过补气孔与大气相通,以提高锤头的打击能量。当压缩活塞回程时,由于两个活塞均向上运动,两缸下腔容积不断增大,上腔容积不断减小,即下腔压力不断减小,上腔压力不断增高,作用在落下部分的合力的方向逐渐转变为向下方向。自此,锤头向上运动进入减速阶段。锤头向上运动直至工作活塞把上腔通压缩缸的通道切断进入缓冲腔,并且运动动能全部被缓冲气垫吸收为止,此时压缩活塞上行了一段距离。

压缩活塞继续上行,上腔压力继续增高,下腔压力继续下降,锤头在上腔气体压力(缓冲气垫压力及压缩缸上腔压力)和落下部分重量的作用下,加速下行,直至打击锻件。当压缩活塞接近行程的上极限位置时,锤头降至下极限位置。此后压缩活塞回至原始位置。

由此可知,曲柄转一周,压缩活塞往复运动一次,则锤头打击一次,也就是锤头打击次数与曲柄转数一致。不断重复上述过程就可得到连续打击。

3. 空气锤的操作

空气锤的操作是通过操纵机构调节系统的配气来实现的,操纵机构分踏杆操纵或手柄操纵,目前空气锤的空气分配阀主要有两种形式:三阀式和两阀式。操纵机构通过配气机构(上、下旋阀),可实现空转、悬空、压紧、连续打击和单次打击等操作,具体说明如下。

(1)空转。转动手柄,上、下旋阀的位置使压缩缸的上下气道都与大气连通,压缩空气不进入工作缸,而是排入大气中,压缩活塞空转。

(2)悬空。上悬阀的位置使工作缸和压缩缸的上气道都与大气连通,当压缩活塞向上运行时,压缩空气排入大气中,而活塞向下运行时,压缩空气经由下旋阀,冲开一个防止压缩空气倒流的逆止阀,进入工作缸下部,使锤头始终悬空。悬空的目的是便于检查尺寸,更换工具,清洁整理等。

(3)压紧。上下旋阀的位置使压缩缸的上气道和工作缸的下气道都与大气连通,当压缩活塞向上运行时,压缩空气排入大气中,而当活塞向下运行时,压缩缸下部空气通过下旋阀并冲开逆止阀,转而进入上下旋阀连通道内,经由上旋阀进入工作缸上部,使锤头向下压紧锻件。与此同时,工作缸下部的空气经由下旋阀排入大气中。压紧的工件可进行弯曲、扭转等操作。

(4)连续打击。上下旋阀的位置使压缩缸和工作缸都与大气隔绝,逆止阀不起作用。当压缩活塞上下往复运动时,将压缩空气不断压入工作缸的上下部位,推动锤头上下运动,进行连续打击。

(5)单次打击。由连续打击演化出单次打击。即在连续打击的气流下,手柄迅速返回悬空位置,打一次即停。单打不易掌握,初学者要谨慎对待,手柄稍不到位,单打就会变为连打,此时若翻转或移动锻件易出事故。

7.2　蒸汽锤—空气锤

蒸汽—空气自由锻锤是生产中小型自由锻件的主要设备。它的落下部分重量一般为0.5t~5t。蒸汽或压缩空气的压力通常为$(7~9)×10^5$Pa。

蒸汽—空气锤是以来自动力站的蒸汽或压缩空气作为工作介质,通过滑阀配汽机构和汽缸驱动落下部分作上下往复运动的锻锤。工作介质通过滑阀配汽机构在工作汽缸内进行各种热力过程,将热力能转换成锻锤落下部分的动能,从而完成锻件变形。

1. 蒸汽—空气锤的结构特点

蒸汽—空气锤的结构如图7-2所示。

为保证模锻件的形状和尺寸精度,模锻锤在结构上主要采取了下列措施。

(1) 模锻锤的立柱直接安放在砧座上,用8根带弹簧的强力拉紧螺栓联结在一起,与气缸底板构成一个封闭框架,保证万一砧座发生移动及倾斜时,上下模仍能对中,并提高了锻锤的刚性。

(2) 为了提高打击刚性,模锻锤砧座重量为其落下部分重量的20倍~30倍。

(3) 模锻锤立柱采用较长的导轨,以提高锤头运动的导向精度。

2. 蒸汽—空气锤操纵上的特点

(1) 用脚踏板进行操纵。为了使锤的操作与模锻操作协调一致,一般由模锻工一个人来完成,而不另配司锤。

(2) 脚踏板可同时带动节气阀和滑阀,即可同时实现进气压力和进气量的调节,保证适应不同模锻工艺上所需要的不同打击能量。

(3) 在工作循环中,以摆动循环代替悬空,当松开脚踏板时,锤头就在行程上方往复摆动;要进行模锻时,只踩下踏板即可,保证模锻时随时可根据工艺要求调节打击能量和打击的快速性,并使操作简化。

3. 蒸汽锤的工作原理

图7-3为蒸汽—空气锤的工作原理图。

若汽缸1的下腔进汽,上腔排汽,锻锤的落下部分所受的作用力合力Q_u方向向上时,则落下部分在Q_u的作用下向上运动。此时作用在落下部分的作用力必须满足下式。

$$Q_u = aFp_1 - Fp_2 - mg - R + (1-a)Fp_0 = mj_u > 0$$

式中:F为活塞的顶部面积;aF为活塞下环形面积,a为系数,$a<1$;$(1-a)F$为锤杆面积;R为锤头与导轨、活塞与汽缸、活塞杆与密封间的摩擦力;p_1为汽缸进气压力;p_2为汽缸出气压力;j_u为向上加速度。

当汽缸上腔进气,下缸排气,作用在落下部分的合力Q_d方向向下,则落下部分在Q_d的作用下向下运动,此时落下部分的力满足下式

$$Q_d = aFp_1 - aFp_2 + mg - R - (1-a)Fp_0 = mj_d > 0$$

式中:j_d为向下的加速度。

落下部分向下运动的过程中聚集了一定的打击能量,这个打击能量在打击过程中大部分转化为锻件的塑性变形功。

4. 蒸汽—空气自由锻锤的结构

蒸汽—空气自由锻锤的结构可分为以下几部分。

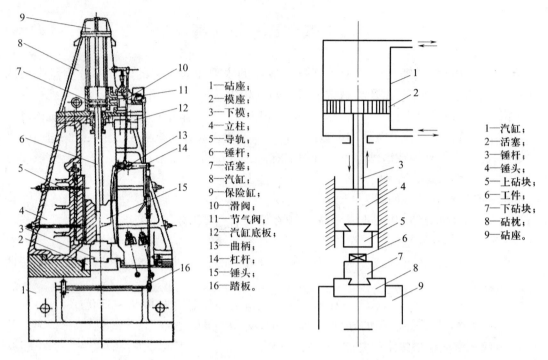

1—砧座;
2—模座;
3—下模;
4—立柱;
5—导轨;
6—锤杆;
7—活塞;
8—汽缸;
9—保险缸;
10—滑阀;
11—节气阀;
12—汽缸底板;
13—曲柄;
14—杠杆;
15—锤头;
16—踏板。

1—汽缸;
2—活塞;
3—锤杆;
4—锤头;
5—上砧块;
6—工件;
7—下砧块;
8—砧枕;
9—砧座。

图7-2　蒸汽—空气锤的结构　　　　　图7-3　蒸汽—空气锤原理示意图

（1）锤身。锤身是汽缸的支承物,锤头运动的导向物,并承受锤头偏心打击时的工作负载。为了保证汽缸与锤头中心线重合,锤身的导轨是可调的。

（2）落下部分。落下部分是锤的工作部分。

（3）汽缸。缸体内一般镶有缸套,以便磨损后修理或更换。汽缸顶部装有保险缸,起气压缓冲作用,避免锤杆折断、操纵机构损坏和操纵不当时,活塞猛烈向上撞击缸盖而造成严重的设备事故和人身事故。它的工作原理是:当工作活塞撞击保险活塞时,保险活塞把保险缸的进汽口封闭,形成缓冲气垫,吸收落下部分向上运动至极点时的剩余动能,使缸盖不致损坏。汽缸下端锤杆有密封装置,防止漏气漏水。

（4）砧座及基础。砧座一般放置在预制的混凝土基座上,用高强螺栓紧固在基座上。

（5）配气—操纵机构。由节气阀、滑阀及操纵系统组成。

7.3　液　压　机

液压机是以液态为传力介质进行工作的机械。液压机行程是可变的,能够在任意位置发出最大的工作力。液压机工作平稳,没有震动,容易达到较大的锻造力,适合大锻件锻造和大规格板料的拉深、打包和压块等工作。

液压机种类很多,如按传递压强的液体种类来分,有油压机和水压机两大类。水压机产生的总压力较大,常用于锻造和冲压。锻造水压机又分为模锻水压机和自由锻水压机两种。模锻水压机要用模具,而自由锻水压机不用模具。

1. 液压机结构与工作原理

自由锻水压机是锻造大型锻件的主要设备。大型锻造水压机的制造和拥有量是一个国家工业水平的重要标志。我国已经能自行设计制造300MN以上的各种规格的自由锻水压机。

水压机主要由本体和附属设备组成。水压机的典型结构如图7-4所示,它主要由固定系统和活动系统两部分组成。

（1）固定系统主要由下横梁1、立柱3、上横梁6、工作缸9和回程缸10等组成,下横梁固定在基础上。

（2）活动系统主要由活动横梁5、工作柱塞8、回程柱塞11、回程横梁14和回程拉杆15等部分组成。

水压机的附属设备主要有水泵、蓄压器、充水罐和水箱等。

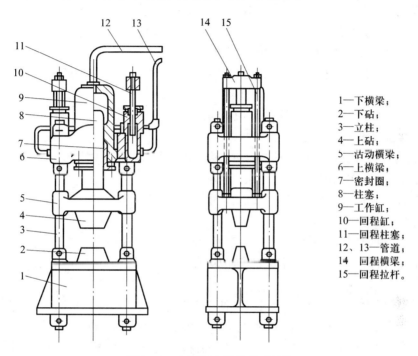

1—下横梁;
2—下砧;
3—立柱;
4—上砧;
5—活动横梁;
6—上横梁;
7—密封圈;
8—柱塞;
9—工作缸;
10—回程缸;
11—回程柱塞;
12、13—管道;
14—回程横梁;
15—回程拉杆。

图7-4　水压机本体的典型结构

水压机上锻造时,是以压力代替锤锻时的冲击力。大型水压机能够产生数万千牛甚至更大的锻造压力,坯料变形的压下量大,锻透深度大,从而可改善锻件内部的质量,这对于以钢锭为坯料的大型锻件是很必要的。此外,水压机在锻造时振动和噪声小,工作条件好。

液压机的传动形式有直接传动和蓄势器传动两种。直接传动的液压机通常以液压油为工作介质,向下行程时通过卸压阀在回程缸或回程管道中维持着一定的剩余压力,因此,要在压力作用下强迫活动横梁向下。当完成压力机的锻造行程时,即当活动横梁达到预定位置或当压力达到一定值时,工作缸中的压力油溢流并换向以提升活动横梁。

蓄势器传动的水压机通常用油水乳化液作为工作介质,并用氮气、水蒸气或空气给蓄势器加载,以保持介质压力。除借助蓄势器中的油—水乳化液产生压力外,其工作过程基本上与直接传动的压力机相似。因此,压下速度并不直接取决于泵的特性,同时它还随蓄势器的压力、工作介质的压缩性和工件的变形抗力而变化。

2. 液压机的结构特点

液压机与其他锻压设备相比,具有以下特点。

（1）在直接传动的液压机上,活动横梁在整个行程的任一位置都可获得最大载荷。

（2）无论是直接传动的液压机还是蓄势器传动的水压机在结构上易于得到较大的总压

163

力、较大的工作空间及较长的行程,因此便于锻造较长、较高的大型工件,这往往是锻锤和其他锻压设备难以做到的。

(3)液压机上除设有大型模具垫板和定位器外,还有活动横梁同步平衡系统,以保证偏心锻造时,避免模具偏斜。

(4)与锻锤相比,液压机工作平稳,撞击和震动很小、噪声小;对厂房、地基要求不高,对工人健康、周围环境损害少。

(5)与机械压力机相比,液压机本体结构较简单,溢流阀可限制作用在柱塞上的液体压力,最大载荷可受到限制,保护模具,也不会造成闷车。

(6)液压机活动横梁速度可以控制,工作行程时活动横梁最大速度约为 50mm/s,载荷可视为静载荷,适用于等温模锻、超塑性模锻。

(7)有些液压机装有侧缸,从而能完成多向模锻工序。液压机一般都设有顶出器和装出料机械化装置。

但液压机的最大缺点是生产效率低,占地面积较大。

3. 液压机上模锻成形的特点

液压机主要用于模锻对应变速率敏感的有色合金大型锻件,其特点如下。

(1)液压机的工作速度低,在静压条件下金属变形均匀,再结晶充分,锻件组织均匀。

(2)模锻时,毛坯与工具接触时间长,如润滑不好,模具预热温度又偏低,在变形毛坯上下端面,由于温降,会造成变形死区。

(3)锻造大型薄壁结构件时,由于金属流动惯性比锤上模锻和机械压力机上模锻小得多,对于复杂的、窄而深的型槽,金属不容易充填饱满。与锤上模锻相比,不容易出现回流、折叠、穿肋等缺陷。

(4)可在模具上安装加热、保温装置,使模具能保持在较高温度下工作(视模具材料而定),这对铝合金、钛合金和高温合金的等温(或热模)锻造成形有利。

(5)如同在曲柄压力机上模锻一样,金属坯料在一次压下行程中连续变形直至充满型槽,变形深透而且均匀。多向模锻液压机可在几个方向上同时对毛坯进行锻造,使锻件流线更能合理分布,各处的力学性能更均匀,锻件的尺寸精度更高。

(6)液压机是静载荷,模具可以用铸造加少量机械加工制造,缩短制模周期,降低生产成本。

(7)因有顶出器,液压机可模锻出小模锻斜度或无模锻斜度的精锻件。

(8)液压机上模锻一般是在一次行程中成形,故可减少加热火次。但为了减少偏心加载,液压机上多采用单工步模锻。

7.4 旋转锻压机

旋转锻压机是锻造与轧制相结合的锻压机械。在旋转锻压机上,变形过程是由局部变形逐渐扩展而完成的,所以变形抗力小、机器重量轻、工作平稳、振动小,易实现自动化生产。心轴式旋转压力机、辊锻机、成形轧机、卷板机、多辊矫直机、辗扩机、旋压机等都属于旋转锻压机械。旋转锻压机种类很多,下面主要介绍心轴式旋转压力机(简称:旋锻机)。

1. 旋锻机的结构

旋锻机(心轴式旋转压力机)的结构如图 7-5 所示。

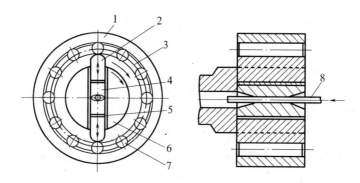

图 7 − 5 旋锻机(心轴式旋转压力机)结构示意图

1—鼓轮；2—滑块；3—保持器；4—锻模；5—调节垫板；6—心轴；7—圆柱滚子；8—坯料。

2．旋锻机的工作原理

如图 7 − 5 所示,在固定不动的鼓轮 1 与心轴 6 之间,装配有用保持器 3 固定位置而成偶数的圆柱滚子 7。锻模 4 与调节垫板 5 都固定在滑块 2 上,将它们嵌入心轴端部的径向滑槽中,并可以随着心轴同时旋转。当心轴作旋转运动时,由于离心力的作用,使滑块与锻模沿着滑槽向外运动处于张开状态。当心轴带着滑块旋转到与滚子相接触的位置时,使迫使滑块带着锻模向中心运动,以打击坯料 8 使之产生压缩变形。在全工艺过程中,锻模对锻件的打击是连续不断的。

3．旋锻机的应用范围

(1)锻造各种对称断面的棒料或管料,将整根锻细或将一端锻成锥形。如自行车管架、车轴、纺机的锭子及锥形量刃具等件的锻造。

(2)利用靠模将各种对称断面棒料或管料的中间段锻细或锻成锥形。

(3)将管料一端锻成封闭或将其一端锻成瓶颈状,如氧气瓶的颈部成形。

(4)锻压管件的内螺纹。

(5)锻压断面为方形、四边形或断面不对称的制件。

(6)适用于在车床上不易加工的制件或者为了满足特殊需要而呈空心封闭形制件的锻造,除锻压各类金属材料外,还可锻压合成角质材料的制件和生兽皮制件。

(7)旋转锻造机能锻出最小直径为 0.1mm ~ 0.15mm 的锻件,直径在 160mm 以下的管料或直径在 1.5mm ~ 50mm 的棒料可采用冷态锻造。

4．旋锻机的类型

按旋锻机工作机构的运动型式可将旋锻机分为三类。

1)心轴式旋锻机

该类机器的心轴作旋转运动,而在其端面滑槽中的滑块与锻模工作部件,则是周期性地对锻件打击使之产生塑性变形。

2)轮圈式旋锻机

该类机器借助于围绕着不动的心轴作旋转运动的鼓轮与套环等工作部件,推动滑块带着锻模对锻件打击。

3)滚筒式旋锻机

这类机器借助于分别从两端传动,并作相反方向旋转的内、外心轴,通过滚子等推动滑块与锻模对锻件打击。

7.5 螺旋压力机

螺旋压力机靠打击能量进行工作,其工作特性与模锻锤相似,压力机滑块行程不固定,可允许在最低位置前任意位置回程,根据锻件所需变形功的大小,可控制打击能量和打击次数。但螺旋压力机模锻时,锻件成形的变形抗力是由床身封闭系统的弹性变形来平衡的,它的结构特点又与热模锻压力机相似。所以它是介于锻锤和热模锻压力机之间的一种模锻设备,有一定的超载能力。根据螺旋压力机的结构特点,可以分为摩擦压力机和液压螺旋锤。

1. 螺旋压力机的结构

螺旋压力机的结构如图7-6所示。

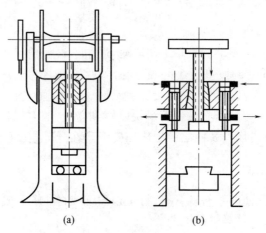

图7-6 螺旋压力机的结构图
(a)摩擦压力机; (b)液压螺旋锤。

2. 螺旋压力机的特点

螺旋压力机的工作特点是在外力驱动下储备足够的能量,再通过螺杆传递给滑块来打击毛坯做功。

(1)螺旋压力机具有锻锤和曲柄压力机的双重工作特性。在工作过程中带有一定的冲击作用,滑块行程不固定,这是锤类设备的工作特点;但它又是通过螺旋副传递能量的,当坯料发生塑性变形时,滑块和工作台之间所受的力,由压力机封闭框架所承受,并形成一个封闭式的力系,这一点是压力机的工作特征。

(2)每分钟行程次数少,打击速度低。螺旋压力机是通过具有巨大惯性的飞轮的反复启动和制动,把螺杆的旋转运动变为滑块的往复直线运动。这种传动特点,使得打击速度和每分钟的打击次数受到一定的限制。

(3)螺旋压力机能在较高的储能点上以较快的速度释放能量,故金属获得的变形能比较大。相对于螺旋压力机而言,曲柄压力机是在较低速度范围内打击金属坯料的,滑块速度在整个行程期间自始至终按其自身的运动规律变化,即使打击时也不会改变,而且能量释放速度很慢,是靠飞轮在额定范围内减速来释放其储能的20% ~ 40%,变形金属获得的能量也就很少。

(4)螺旋压力机中以摩擦压力机的传动效率最低,如双盘摩擦压力机的效率仅为10% ~ 15%。因此这类设备的发展受到一系列的限制,多半为中小型设备。

166

3. 螺旋压力机的应用

螺旋压力机平均偏载能力远小于热模锻压力机。因此,螺旋压力机不适合多模膛锻造,通常用于单型槽模锻。当采用螺旋压力机终锻时,需要用另外的设备完成辅助工序。

螺旋压力机滑块行程速度较慢,工作频次低,只能在单型槽内进行单次打击变形。单次打击变形中坯料中部变形大,易向水平方向剧烈流动,形成很大飞边,造成型槽深处金属不容易充满,比锤上模锻更容易产生折叠,这对于横截面形状复杂的锻件更为突出。同时由于灵活性差、模具寿命短,所以它适用于形状比较简单、精度要求不高、需大变形能量的零件锻造成形。

螺旋压力机的打击能量、打击节拍通常由操作者依据锻件所需变形功的大小根据经验确定,因此,控制性能差,锻件质量不稳定,难以实现自动化。

螺旋压力机是不宜承受偏心载荷的,因此,在同一模块如同时布排预锻和终锻型槽,则两型槽的压力中心距离应小于压力机螺杆直径的一半。终锻型槽的压力中心距螺杆中心为两型槽中心距的1/3。

螺旋压力机一般适用于中、小批量生产的各种形状的模锻件,尤其适用于锻造轴对称性的锻件。螺旋压力机同时具有锤和曲柄压力机的特点,可进行模锻、冲压、镦锻、挤压、精压、切边、弯曲和校正等工作。而且该设备结构简单、振动小、基础简单,可大大减少设备和厂房的投资。

4. 摩擦螺旋压力机

摩擦螺旋压力机是螺旋压力机的主要品种之一,它的结构与工作原理如下。

摩擦压力机典型结构件如图7-7所示,其中图7-7(a)为摩擦压力机的外形图,图7-7(b)为传动原理图。

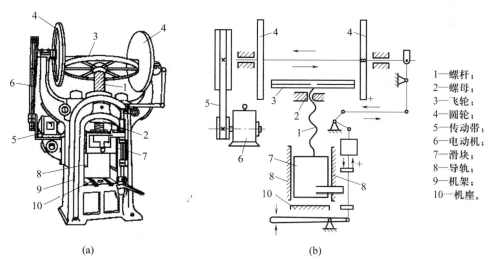

1—螺杆;
2—螺母;
3—飞轮;
4—圆轮;
5—传动带;
6—电动机;
7—滑块;
8—导轨;
9—机架;
10—机座。

(a)　　　　　　　　　　(b)

图7-7　摩擦螺旋压力机的外观及传动图
(a) 外形图; (b) 传动图。

摩擦螺旋压力机的工艺特点如下。

(1) 工艺用途广,主要表现在以下几点。

① 金属坯料在一个型槽内可以进行多次打击变形,从而坯料可进行大变形工序,如镦粗或挤压,同时也可为小变形工序,如为精压、压印等提供较大的变形力。因而,它能实现各种主

167

要锻压工序。

② 由于行程不同定,所以锻件精度不受设备自身弹性变形的影响。

③ 由于每分钟打击次数少,打击速度较模锻锤低,因而金属变形过程中再结晶现象进行得充分一些,比较适合于模锻一些再结晶速度较低的低塑性合金钢和有色金属材料。

（2）由于打击速度低,冲击作用小,虽可采用整体模,但多半采用组合式的镶块模,以便于模具标准化,缩短制模周期,节省模具钢材料,降低生产成本。这对中小型工厂和小批量试制性生产的航空工厂具有特别重要的意义。

（3）摩擦压力机备有顶出装置,它不仅可以锻压或挤压带有长杆的进排气阀、长螺钉件;而且可以实现小模锻斜度和无模锻斜度,小余量和无余量的精密模锻工艺。

（4）在摩擦压力机上模锻适用于小型锻件的批量生产。摩擦压力机结构简单、性能广泛、使用维护方便,是中、小型工厂普遍采用的锻造设备。近年来,许多工厂还把摩擦压力机与自由锻锤、辊锻机、电镦机等配成机组或组成流水线,承担模锻锤、平锻机的部分模锻工作,扩大了它的使用范围。

7.6 曲柄压力机

1. 曲柄压力机结构

在曲柄压力机上模锻是一种比较先进的模锻方法。曲柄压力机的结构和传动原理如图7-8所示。电动机通过飞轮释放能量,曲柄连杆机构带动滑块沿导轨作上下往复运动,进行锻压工作。锻模分别安装在滑块的下端和工作台上。

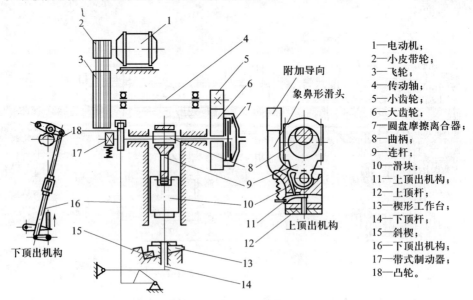

1—电动机;
2—小皮带轮;
3—飞轮;
4—传动轴;
5—小齿轮;
6—大齿轮;
7—圆盘摩擦离合器;
8—曲柄;
9—连杆;
10—滑块;
11—上顶出机构;
12—上顶杆;
13—楔形工作台;
14—下顶杆;
15—斜楔;
16—下顶出机构;
17—带式制动器;
18—凸轮。

图7-8 曲柄压力机的结构及传动原理简图

2. 曲柄压力机的特点与应用领域

1）曲柄压力机模锻的主要优点（与锤上模锻相比）

（1）作用于坯料上的锻造力是压力,不是冲击力,因此工作时振动和噪声小,劳动条件较好。

（2）坯料的变形速度较低。这对于低塑性材料的锻造有利，某些不适于在锤上锻造的材料，如耐热合金、镁合金等，可在曲柄压力机上锻造。

（3）锻造时滑块的行程不变，每个变形工步在滑块的一次行程中即可完成，并且便于实现机械化和自动化，具有很高的生产率。

（4）滑块运动精度高，并有锻件顶出装置，使锻件的模锻斜度、加工余量和锻造公差大大减小，因而锻件精度比锤上模锻件高。

2）曲柄压力机模锻的主要缺点

（1）由于曲柄压力机滑块行程固定不变，且坯料在静压力下一次成形，金属不易充填较深的模腔，不宜用于拔长、滚挤等变形工序，需先进行制坯或采用多模腔锻造。此外，坯料的氧化皮也不易去除，必须严格控制加热质量。

（2）设备费用高，模具结构也比一般锤上锻模复杂，仅适用于大批量生产的条件。

（3）对坯料的加热质量要求高，不允许有过多的氧化皮。

（4）由于滑块的行程和压力不能在锻造过程中调节，因而，不能进行拔长、滚挤等工步的操作。

7.7 平锻机

模锻锤、热模锻压力机等模锻设备的工作部分（锤头或滑块）做垂直往复运动的，通常将这些锻压设备称为立式锻压设备。而将工作部分作水平往复运动的模锻设备称为水平锻造机或卧式锻造机，简称平锻机。平锻机的主要结构与曲柄压力机相似，因滑块沿水平方向运动，带动模具对坯料水平施压，故称为平锻机。

1. 平锻机结构与工作原理

平锻机是曲柄压力机的一种，又称卧式锻造机。它沿水平方向对坯料施加锻造压力。按照分模面的位置可分为垂直分模平锻机和水平分模平锻机。

平锻机的结构如图 7 - 9 所示，它主要由传动部分、给料架、输送系统组成。配套设备有：感应加热炉、模具预热和温控系统、毛坯长度和曲率控制装置以及棒料端头加热温度控制机构。

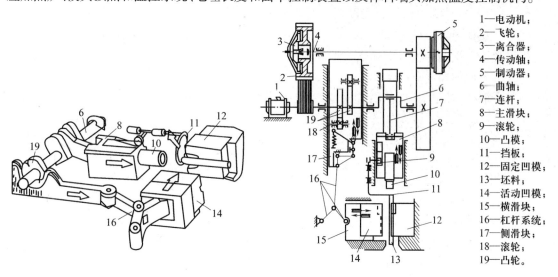

1—电动机；
2—飞轮；
3—离合器；
4—传动轴；
5—制动器；
6—曲轴；
7—连杆；
8—主滑块；
9—滚轮；
10—凸模；
11—挡板；
12—固定凹模；
13—坯料；
14—活动凹模；
15—横滑块；
16—杠杆系统；
17—侧滑块；
18—滚轮；
19—凸轮。

图 7 - 9　平锻机的工作情况和传动系统

图 7 – 10 为平锻机工作原理示意图。平锻机启动前,棒料放在固定凹模 6 的型槽中,并由前挡料板 4 定位,以确定棒料的变形部分长度。然后踏下脚踏板,使离合器工作。平锻机的曲柄凸轮机构保证按下列顺序工作:在主滑块前进过程中,活动凹模 7 迅速进入夹紧状态,将棒料夹紧;前挡板 4 退去;凸模 3 与热毛坯接触,并使其产生塑性变形直至充满型槽为止。当回程时,各部分的运动顺序是:冲头从凹模中退出。活动凹模回复原位,冲头回复原位,从凹模中取出锻件。

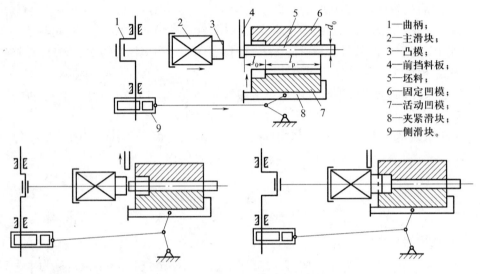

1—曲柄;
2—主滑块;
3—凸模;
4—前挡料板;
5—坯料;
6—固定凹模;
7—活动凹模;
8—夹紧滑块;
9—侧滑块。

图 7 – 10 平锻机工作原理示意图

2. 平锻机上工作特点与应用范围

1) 平锻机的工作特点

平锻机上模锻的主要优点如下。

(1) 锻造过程中坯料水平放置,其长度不受设备工作空间的限制,可锻出立式锻压设备不能锻造的长杆类锻件,也可用长棒料逐件连续锻造。

(2) 有两个分模面,因而可以锻出一般锻压设备难以锻成的,在两个方向上有凹槽、凹孔的锻件(如双凸缘轴套等),锻件形状更接近零件形状。

(3) 平锻机导向性好,行程固定,锻件长度方向尺寸稳定性比锤上模锻高。但是,平锻机传动机构受力产生的弹性变形随压力的增大而增加。所以,要合理地预调闭合尺寸,否则将影响锻件长度方向的精度。

(4) 平锻机可进行开式和闭式模锻,可进行终锻成形和制坯,也可进行弯曲、压扁、切料、穿孔、切边等工序。

(5) 锻件无模锻斜度,无飞边或飞边很小,可冲出通孔,锻件尺寸精度高,表面粗糙度低,节省材料,生产率高。

但是,平锻机上模锻也有如下缺点。

(1) 平锻机是模锻设备中结构最复杂的一种,价格贵,投资大,主要适用于锻造大批量生产带头部的杆类锻件和侧凹带孔类锻件,如汽车半轴、倒车齿轮等。

(2) 靠凹模夹紧棒料进行锻造成形,一般要用高精度热轧钢材或冷拔整径钢材,否则会夹不紧或在凹模间产生大的纵向毛刺。

(3) 锻前须用特殊装置清除坯料上的氧化皮,否则锻件粗糙度比锤上锻件高。

（4）平锻机工艺适应性差，不适宜模锻非对称锻件。

（5）需配备对棒料局部加热的专用加热炉。

2）平锻机的应用领域

平锻机属于曲柄压力机类设备，所以它具有热模锻压力机模锻的一切特点，如行程固定，滑块工作速度与位移保持严格的运动学关系，锻件高度方向尺寸稳定性好；振动小，不需要庞大的设备基础；可用组合式、镶块式锻模。

平锻机与其他曲柄压力机区别的主要标志是：平锻机具有两个滑块（主滑块和夹紧滑块），因而有两个互相垂直的分模面。主分模面在冲头和凹模之间，另一个分模则在可分的两半凹模之间。依据凹模分模方式的不同，平锻机分为垂直分模平锻机和水平分模平锻机两类。与曲柄压力机上模锻类似，平锻机上模锻也是一种高效率、高质量、容易实现机械化的锻造方法，劳动条件也较好；但平锻机是模锻设备中结构较复杂的一种，价格贵、投资大，仅适用于锻件的大批量生产。

目前，平锻机已广泛用于大批量生产汽门、汽车半轴、环类锻件等。

3. 平锻机模锻工艺

平锻机模锻常用的基本工步有：聚集、冲孔、成形、切边、穿孔、切断、压扁和弯曲，有时也用到挤压。在一些制坯工步中还可以附带完成局部卡细或胀粗。

（1）聚集（局部镦粗）工步，主要是加粗毛坯的头部或腰部，为进一步成形提供合理的中间坯料。它是平锻机模锻的最基本的制坯工步。

（2）冲孔工步使坯料获得不穿透的孔腔，即盲孔。

（3）成形工步使锻件本体预锻成形或终锻成形。

（4）切边工步切除锻件上的毛边。切边冲头固定在主滑块凸模夹座上，切边凹模做成镶块形式并分成两半，一半紧固在固定凹模上，另一半紧固在活动凹模上。

（5）穿孔工步冲穿内孔，并使锻件与棒料分离，从而获得通孔锻件。

（6）切断工步切除穿孔后棒料上遗留的芯料，为下一个锻件的锻造做好准备。切断型槽主要由固定刀片（安装于固定凹模）和活动刀片（紧固于活动凹模）组成。

第8章 锻造过程信息化

锻造成形在发展过程中不断吸取并融入其他学科成就,尤其是现代先进科学技术。进入21世纪,伴随着计算机软硬件技术的迅猛发展,以及网络技术的广泛应用,计算机与网络技术引发了材料成形过程的计算机虚拟生产和辅助制造的热潮,其中在锻造领域内发展最为迅猛的就是锻造过程中的模具计算机辅助设计/计算机辅助制造(CAD/CAM)技术、模拟仿真和工艺优化,还包括锻造过程多尺度模拟计算、专家系统、实时监测与控制等新技术。

目前锻造领域已有很多数值模拟商业化软件在应用,包括专业的 DynaForm、Deform 软件和 SuperForge 软件,通用商业化软件 Abaqus、Ansys、Marc 等。利用软件模拟材料加工过程突破了传统解析方法只能分析稳态的平面或轴对称等简单问题的局限,很多三维非稳态的问题已经可以得到分析。同试验研究方法相比,数值模拟技术具有成本低、效率高、不受试验条件限制,模拟结果可重复性好的优点;与传统的解析方法相比,数值模拟技术不仅可以针对稳态、非稳态问题求解,而且对多场耦合的非稳态问题同样能得到数值解,这大大超出了目前解析方法的适用范围。因此,数值模拟技术可以实现对产品缺陷的预测,进而实现工艺参数的优化,指导实际生产。

由于材料塑性成形过程涉及到热量的传导、形状的改变、相变、应力与应变、微观结构等材料物理化学方面的变化,而且这些变化通常是同时发生,而又相互影响,因此材料塑性成形过程是一个非常复杂的物理化学过程。要准确的模拟材料在塑性成形过程中的变化,就必须掌握这些变化的准确数学物理模型,以及相应的数学算法。目前,这些理论模型和计算算法在不断的发展和完善,已经能在一定的程度上应用于优化生产工艺,但是还需要进行进一步的深入研究。

CAD/CAM 技术在锻造工艺和模具生产流程中非常重要。现代企业和企业之间的信息传递要摆脱图样而代之以网络之间的电子信息,这要借助于 CAD/CAM 技术,锻造工艺和模具设计的 CAD/CAM 系统可以通过网络接收到产品设计部门设计的零部件图形。CAD/CAM 技术还有助于锻造工艺和模具设计的优化。作为 CAD/CAM 技术支撑的数据库,可以存储大量的经验、标准、图标、零部件,使工艺和模具设计的质量和速度大大提高。锻造过程中常见的复杂三维曲面用 CAD 技术可以清楚的表达。CAD/CAM 集成技术可以使设计的数据直接传输到数控加工中心,大幅度提高模具制造的可靠性和精度。

8.1 锻造工艺计算机辅助设计(CAD)

锻造工艺 CAD 主要涉及到零件图设计、坯料尺寸设计、锻压过程模具设计等方面。

8.1.1 锻造工艺设计 CAD 相关国内外软件

1. 国外主要 CAD 软件

(1) AutoCAD 及 MDT AutoCAD 是美国 Autodesk 公司开发的二维工程绘图软件,具有较强的绘图、编辑、剖面线和图案绘制、尺寸标注及方便用户二次开发的功能,也具有部分的三维作图造型功能。MDT 是 Autodesk 公司在机械行业推出的基于参数化特征实体造型和曲面造型的微机 CAD/CAM 软件。

(2) Pro/Engineer 为美国参数技术公司产品,以其先进的参数化设计、基于特征设计的实体造型深受用户欢迎,在中小企业中有广泛应用。适合于通用化、系列化和标准化的产品设计。

(3) I – DEAS MasterSeries 为美国 SDRC 公司产品,其特点为高度一体化、工程分析能力强。该版本还增强了复杂零件设计、高级曲面造型及有限元建模和耐用性分析等模块的功能。

(4) Unigraphics(UG)为美国 MD 公司产品,采用基于特征的实体造型,具有尺寸驱动编辑功能和统一的数据库,具有很强的数控加工能力,可以进行复杂曲面加工和镗铣。它广泛应用于汽车、飞机、模具制造业和其他机械类行业企业。

2. 国内开发的 CAD 软件

(1) CAXA 电子图板和 CAXA – ME 制造工程师是由北京北航海尔软件有限公司开发,CAXA 电子图板是一套高效、方便、智能化的通用中文设计绘图软件,可帮助设计人员进行零件图、装配图、工艺图表、平面包装的设计,适合所有需要二维绘图的场合。CAXA – ME 是面向机械制造业的自主开发的、中文界面、三维复杂形面 CAD/CAM 软件。

(2) 高华 CAD 是由清华大学和广东科龙集团联合创建的高技术企业产品,其系列产品包括计算机辅助绘图支撑系统、机械设计及绘图系统、工艺设计系统、三维几何造型系统、产品数据管理系统及自动数控编程系统。

(3) 清华 XTMCAD 是清华大学机械 CAD 中心和北京清华艾克斯特 CIMS 技术公司共同开发的 CAD 软件。具有动态导航、参数化设计及图库建立与管理功能,还具有常用零件优化设计、工艺模块及工程图纸管理等模块。

(4) 开目 CAD 是华中理工大学机械学院开发的具有自主版权的基于微机平台的 CAD 和图样管理软件。它支持多种几何约束及多视图同时驱动,具有局部参数化的功能,能够处理设计中的过约束和欠约束的情况。

8.1.2　零件造型及锻件输入

零件造型是指利用计算机系统描述零件几何形状及其相关信息,建立零件计算机模型的技术。自 20 世纪 60 年代几何造型技术出现以来,造型理论和方法得到不断丰富和发展。

模具工作部分是根据产品零件的形状设计的。模具 CAD/CAM 的第一步就是输入产品零件形状信息,在计算机内建立产品零件的几何模型。模具 CAD/CAM 涉及确定工艺方案、设计模具结构和编制 NC 程序等内容。产品零件的工艺性分析和工艺方案的确定,是以零件的几何形状和工艺特征为依据完成的。模具结构设计特别是模具工作零件的设计,有赖于产品零件的形状。在模具结构设计中,根据几何造型系统所建立的产品几何模型,可以完成凹模型腔和凸模形状的设计,产生的模具型面为模具的 NC 加工提供了基础。除了工作部分形状的设计外,模具结构零件的形状设计同样要用到几何造型技术。编制模具零件的 NC 加工程序,确定加工的走刀轨迹,也需要建立模具零件的几何模型。因此几何造型是模具 CAD/CAM 的一个关键问题,是实现模具 CAD/CAM 的基础。

1. 几种几何造型介绍

1) 线框造型（Wireframe Modelling）

线框造型就是利用产品形体的棱边和顶点表示产品几何形状的一种造型方法。线框造型可以生成、修改、处理二维和三维线框几何体，可以生成点、直线、圆、二次曲线、样条曲线等，还可以对这些基本线框元素进行修剪、延伸、分段、连接等处理，生成更复杂的曲线。线框造型的另一种方法是通过三维曲面的处理来进行，即利用曲面与曲面的求交、曲面的等参数线、曲面边界线、曲线在曲面上的投影、曲面在某一方向的分模线等方法来生成复杂曲线。实际上，线框功能是进一步构造曲面和实件模型的基础工具。在复杂的产品设计中，往往是先用线条勾划出基本轮廓，然后逐步细化，在此基础上构造出曲面和实体模型。在计算机内，形体采用线框模型表示，即采用顶点和棱边来表示。

线框造型的方法及其模型都较简单，便于处理，具有图形显示速度快、容易修改等优点。但在某些情况下，这种造型方法会产生二义性，即不能唯一地确定其所代表的形体。另外，由于仅存储了顶点和棱边的信息，因而难以进行形体表面空线计算、物性计算和消隐处理。目前，线框造型主要用于二维绘图或作为其他造型方法的一种辅助工具。

2) 表面造型（SurFace Modelling）

表面造型又称曲面造型。表面造型结构的产生，应该归功于航空和汽车制造业的需求，因为用线段、圆弧等这样简单的图形元素来描绘飞机、汽车的外形很不现实，必须用更先进的描述手段——光滑的曲面来描绘。表面造型是在线框造型基础上发展起来的，利用形体表面描述物体形状的造型方法，它通过有向棱边构成形体的表面，用面的集合表达相应的形体。在表面造型中，一个重要的方面是自由曲面的造型。自由曲面造型主要用于飞机、汽车、船舶和模具等复杂曲面的设计。常采用的曲面有贝塞尔曲面和 B 样条曲面等。

在表面造型过程中，有一些需要注意的问题。

（1）曲面参数对应性是表面造型的一个重要概念，它会直接影响生成曲面的几何特性和数控加工精度。曲面是由一组曲线按一定的运动、变化规律生成的。对具体曲面而言，组成曲面的各曲线之间有严格的参数对应关系，即曲面上的等参数线是按唯一的规律分布的，曲面的这一特性被称为曲面的参数对应性。

（2）曲面光顺，它包含光滑和顺眼两方面含义。光滑表明曲线或曲面具有二级连续性；而顺眼是需要根据设计者的经验作出判断的，带有一定的主观因素，但主要包含如下内容：曲线具有一致的凸、凹性，即曲线上任何位置都不存在着拐点，而且要求曲线的曲率变化较均匀。

3) 实体造型（Solid Modelling）

要完整全面地描述一形体，除了描述其几何信息外，还应描述其他各部分之间的联系信息以及表面的哪一侧存在实体等信息。一般所研究的形体可用一个具有边界子集和内部子集的封闭点集来定义。在实体造型中，常定义一些基本体素（如立方体、圆柱体、球体、锥体和环状体等）为单位元素，通过集合运算生成所需要的几何形体，并通过集合运算，将它们组合成复杂的几何形体。这些形体具有完整的几何信息，是真实而惟一的三维物体。实体造型可全面完整地描述形体，具有完备的信息，可自动地计算物性、检测干涉、消除隐藏线（面）和剖切形体等，因此实体造型可较好地满足 CAD/CAM 的要求，并得到了广泛应用。在实体模型中，为表示实体的存在，可用定义面的正法向的方法实现。为了使实体造型技术能够有效全面地表达形体，人们研究多种形体表达模式。目前，常用的形体表示模式有体素调用、空间点列、单元分解、扫动表示、构造体素和边界表示等 6 种，其中后两种模式的使用最为普遍。

（1）体素调用表示是采用规范化的几何形体及其形状参数描述形体。对这些规范化的几何形体作此变换或者定义不同的参数值，将可产生不同的形体。通常，由于受到初始形状的限制，体素调用不能产生比较复杂的形体，因此它很少作为独立的表示模式使用，而是在几何造型中用于定义体素。

（2）空间点列表示是将形体所在空间分割成具有固定形状的彼此相连的一系列单元，每个单元可用其形心坐标(x, y, z)表示。通过记录形体对单元的占据状态可描述形体的几何形状。这种表示模式是坐标参数的有序集合，即空间点列。用空间点列表示形体，需要大量的存储空间，并且形体各部分之间的关系不明确。

（3）单元分解表示。对一般的形体，总可以分解成一系列容易描述的形状单元。用单元分解模式表示一形体，就是首先将形体分解为一系列单元，然后表示这些单元及其相互间的连接关系。理论上这种方法可以描述任何形体，但实际上存在很多困难，并且表示不唯一。

（4）扫动表示是将一个二维图形或一个形体沿某一路径扫动产生新形体的一种表示模式。用这种表示模式描述形体时，需要定义扫动的图形或形体（也称基体），另外还要规定基体扫动的轨迹。最常用的扫动方式有平移扫动、旋转扫动和刚体扫动。在平移扫动中，扫动轨迹为一直线，在旋转扫动中，扫动轨迹为一圆或圆弧。平移扫动适用于描述具有平移对称性的形体，旋转扫动则可用于表示具有轴对称性的形体。

（5）构造体素表示是一种利用一些简单形状的体素，经变换和布尔运算构成复杂形体的表示模式。在这种表示模式中，采用二叉树结构来描述体素从而构成复杂形体。树根表示定义的形体；叶为体素或变换量（平移量，旋转量）；节点表示查换方式或布尔运算的算子。对体素施以变换，如平移或旋转，可使之产生刚体运动，将其定位于空间中某一位置。

（6）边界表示模式是以形体表面的细节，即以顶点、边、面等几何元素及其相互间的连接关系来表示形体的。要表达的信息分为两类：一类是几何数据，反映物体大小及位置，另一类是拓扑信息，描述物体的相对位置关系。在边界表示模式中，边界表面必须是连续的，因此物体的边界是所有面的并集，每个面又可通过边和顶点来表示。由于边界表示模式详细记录了构成形体边界的所有几何元素的几何信息和拓扑信息，从而使得图形显示、有限元网格划分、表面积计算和数控加工等功能更易实现。

（7）混合表示法是目前 CAD/CAM 系统中常用的方法之一，它是在一个建模系统中采用几种不同的表示方法。即采用两种或两种以上的数据结构形式，以便相互补充或应用于不同的目的，从而充分发挥各表示方法的优势，取长补短。目前，应用最多的是结构的几何体素构造法与边界表示法的混合。

4）特征造型

特征造型是面向 CAD/CAM 集成的、向生产过程提供全面的产品信息的造型方法。它不仅包含产品的几何信息，更包含了产品的特征信息。所谓特征主要包括形状特征、精度特征、技术特征和材料特征。

特征造型主要有 3 种方法，现介绍如下。

（1）赋值法。首先建立产品几何实体模型，然后由用户通过直接拾取图形来定义形状特征所需要的几何元素，并将特征参数、精度特征和材料特征等信息作为属性赋值到特征模型中。

（2）辨识法。在建立产品几何模型后，借助一些算法对几何模型中的某一斜面进行分析，将一些相关的面组合成功能要素，形成形状特征模型，再将特征参数、精度特征和材料特征等信息作为属性赋值到特征模型中。

（3）特征库造型法。以特征库中的特征或用户自定义的特征为基本单元，用类似于产品制造过程的工序建立产品特征模型，从而完成产品的设计。特征技术使几何设计数据与制造数据相关联，并且允许用一个数据结构同时满足设计和制造的需要，从而可以容易地提供计算机辅助编制工艺规程和数控机床加工指令所需要的信息，真正实现 CAD/CAM 一体化。

5）参数化造型

参数化造型是新一代智能化、集成化 CAD 系统的核心内容。参数化设计技术以其强有力的草图设计、尺寸驱动成为初始设计、产品建模及修改、系列化设计、多种方案比较和动态设计的有效手段。

（1）参数化建模方法。参数化建模方法可以分为 3 种方法：基于几何约束的变量几何法、基于几何推理的人工智能法和基于生成历程的过程构造法。

（2）基于特征的参数化建模。基于特征的参数化建模的关键是特征及其相关尺寸、公差的变量化描述。包括几何约束和拓扑约束的混合建模、约束建模和约束求解。

（3）面向对象的参数建模。面向对象的方法既是一种程序设计方法，又是一种认知方法。面向对象的约束方法不仅要表示零件的几何信息，而且还要表示零件的拓扑信息。

通常，几何造型系统是作为模具 CAD/CAM 系统的一个子系统使用的。几何造型子系统提供了输入、存储和编辑零件几何形状的功能，用于描述和定义零件的形状。所建立的几何模型可用于模具 CAD 和 CAM，为二者的集成创造了条件。

2. 模具 CAD/CAM 理想几何造型系统特点

由于模具自身的特点，用于模具 CAD/CAM 理想的几何造型系统，应具有以下特点。

（1）便于提取信息。在模具设计和制造过程中，特别是成形工艺的设计中，经常需要从零件几何模型中提取有关信息，加以分析处理，此信息的提取应方便。

（2）造型的覆盖面广。用模具生产的产品零件千差万别，有时形状非常复杂，除包括解析面外，还包括自由曲面，因此几何造型系统应有很强的造型功能，覆盖面要广。

（3）便于形状的修改。当零件采用多道工序成形时，需要定义中间毛坯的形状。另外，由于工件成形后会产生收缩、回弹等变形，所以需要对模具相应部位的形状加以补偿，这些都要求几何造型系统具有便于修改形状的特点。

（4）参数化设计模具的装配结构和模具零件是在设计过程中逐步确定的。模具结构的改变会引起模具零件的修改；反之，模具零件的变化，也将会影响模具的装配结构，参数化设计功能可以较好地满足模具设计的这一特点。

8.2 有限元分析概述

对于一般的工程受力问题，通过平衡微分方程、变形协调方程、几何方程和本构方程联立求解而获得整个问题的解析解是十分困难的，一般是不可能的。随着计算机技术的出现和快速发展，以及工程实践中对数值分析要求的日益增长，有限元的分析方法逐渐发展起来。有限元法自 1960 年由 Clough 首次提出后，获得了迅速的发展。目前已广泛应用于求解热传导、电磁场、流体力学、塑性变形等问题。

1. 有限元法的基本概念

对于连续体的受力问题，作为一个整体获得精确解十分困难。为近似求解，可以将整个求解区域离散化,分解成为一定形状有限数量的小区域,彼此之间只在一定数量的指定点处相互连接,组成一个单元的集合体以替代原来的连续体;只要先求得各节点的位移,即能根据相应的数值方法近似求得区域内的其他各场量的分布,这就是有限元法的基本思想。

从物理的角度理解,将一个连续的凹模截面分割成有限数量的小三角形单元,而单元之间只在节点处以铰链相连接,由单元组合成的结构可近似代替原来的连续结构。如果能合理地求得各单元的力学特性,就可以求出组合结构的力学特性。于是该结构在一定的约束条件下,在给定的载荷作用下,各节点的位移即可以求得,进而求出单元内的其他物理场量。

从数学角度理解,是将求解区域剖分成许多子区域,子区域内位移可以由相应各节点的待定位移合理插值来表示。根据控制方程和约束条件,可求解出各节点的待定位移,进而求得其他场量。推广到其他连续域问题,节点未知量可以是压力、温度、速度等物理量。

从有限元法的解释可得,有限元法的实质就是将一个无限的连续体,离散化为有限个单元的组合体,使复杂问题简化为适合于数值解法的结构型问题,且在一定的条件下,问题简化后求得的近似解能够趋近于真实解。

由于对整个连续体进行离散,分解成为小的单元,因此有限元法适用于任意复杂的几何结构,也容易处理不同的边界条件。在满足计算条件下,如果单元越小、节点越多,有限元数值解的精度就越高。但随着单元的细分,需处理的数据量非常庞大,手工方式难以完成,必须借助计算机。计算机拥有大存储量和高计算速度等优势,同时由单元计算到集合成整体区域的有限元分析,很适合于计算机的程序设计,可由计算机自动完成。因此,随着计算机技术的发展,有限元分析才得以迅速的发展。

2. 有限元法分析的基本过程

有限元法分析的基本过程,概念清晰,原理易于理解。但实际分析过程,包含大量的数值计算,人工难以实现,只能依靠计算机进行。有限元软件一般只是根据相应的功能分为前处理、分析计算和后处理三大部分。

前处理模块的主要功能是构建分析对象的几何模型、定义属性以及进行结构的离散划分单元;分析计算模块则对单元进行分析与集成,并最终求解得到各种场量;后处理则将计算结果以各种形式输出,以便于了解结构的状态,对结构进行数值分析。

3. 几种通用有限元软件简介

1）有限元软件 MSC. NASTRAN

NASTRAN 有限元分析系统是由美国宇航局在 20 世纪 60 年代中期委托 MSC 公司和贝尔航空系统公司开发的。作为世界最流行的大型通用结构有限元分析软件之一,NASTRAN 的分析功能覆盖了绝大多数工程应用领域,并为用户提供了方便的模块化功能选项。主要分析功能模块有:基本分析模块(含静力、模态、热应力、流固耦合及数据库管理等)、动力学分析模块、热传导模块、非线性分析模块、设计灵敏度分析及优化模块、超单元分析模块、气动弹性分析模块、DMAP 用户开发工具模块及高级对称分析模块。

NASTRAN 的前后处理采用 MSC 公司的 PATRAN 程序,PATRAN 是一种并行框架式的有限元前后处理及分析系统,具有开放式、多功能的体系结构,采用交互图形界面,可实现工程设计、工程分析、结果评估,是一个完整 CAE 集成环境。前处理通过采用直接几何访问技术可直接从 CAD/CAM 系统中获取几何模型,甚至参数和特征;还提供了完善的独立几何建模和编辑工具,使用户更灵活地完成模型准备。运用多种网格处理器实现分析结构有限元网格的快速生成。其分析模型的定义功能可将各种分析信息(单元、材料、载荷、边界条件等)直接加到有限元网格或任何 CAD 几何模型上。后处理提供等值图、彩色云图等多种计算分析结果可视化工具,帮助用户灵活、快速地理解结构在载荷作用下复杂的行为,如结构受力、变形、温度场、疲劳寿命、流场等。

2)有限元软件 ANSYS

ANSYS 软件是由世界上最大的有限元分析软件公司之一的美国 ANSYS 公司开发的,是集结构、流体、电场、磁场、声场分析于一体的大型通用有限元分析软件。

ANSYS 前处理模块提供了一个强大的实体建模及网格划分工具,可以方便地构造有限元模型。ANSYS Workbench Environment(AWE)是 ANSYS 公司开发的新一代前后处理环境,AWE 通过独特的插件构架与 CAD 系统中的实体及面模型双向相关,具有很高的 CAD 几何导入成功率,当 CAD 模型变化时,不需对所施加的载荷和支撑重新施加;AWE 与 CAD 系统的双向相关性还意味着通过 AWE 的参数管理器可方便地控制 CAD 模型的参数,从而将设计效率更加向前推进一步。AWE 在分析软件中率先引入参数化技术,可同时控制 CAD 几何参数和材料、力方向、温度等分析参数,使得 AWE 与多种 CAD 软件具有真正的双向相关性,通过交互式的参数管理器可方便地输入多种设计方案,并将相关参数自动传回 CAD 软件,自动修改几何模型,模型一旦重新生成,修改后的模型即可自动无缝地返回 AWE 中。同时 ANSYS 还提供方便灵活的实体建模方法,协助用户进行几何模型的建立。ANSYS 软件提供了丰富的材料库和单元库,单元类型共有 200 多种,用来模拟工程中的各种结构和材料。AWE 智能化网格划分能生成形状特性较好的单元,以保证网格的高质量,尽可能提高分析精度。此外,AWE 还能实现智能化的载荷和边界条件的自动处理,根据所求解问题的类型自动选择适合的求解器求解。

分析计算模块包括结构分析、流体动力学分析、电磁场分析、声场分析、压电分析以及多物理场的耦合分析,可模拟多种物理介质的相互作用,具有灵敏度分析及优化分析能力。

结构静力分析用来求解外载荷引起的位移、应力和力。静力分析很适合于求解惯性和阻尼对结构的影响并不显著的问题。ANSYS 程序中的静力分析不仅可以进行线性分析,而且也可以进行非线性分析,如塑性、蠕变、膨胀、大变形、大应变及接触分析。结构非线性导致结构或部件的响应随外载荷不成比例变化。ANSYS 程序可求解静态和瞬态非线性问题,包括材料非线性、几何非线性和单元非线性 3 种。

结构动力学分析用来求解随时间变化的载荷对结构或部件的影响。动力分析要考虑随时间变化的力载荷以及它对阻尼和惯性的影响。ANSYS 进行结构动力学分析类型包括:瞬态动力学分析、模态分析、谐波响应分析及随机振动响应分析。在动力学分析中,ANSYS 程序可以分析大型三维柔体运动;当运动的积累影响起主要作用时,可使用这些功能分析复杂结构在空间中的运动特性,并确定结构中由此产生的应力、应变和变形。

8.3　金属塑性成形模拟

1. 塑性有限元的基本概念

金属塑性变形过程非常复杂,是一种典型的非线性问题,不仅包含材料非线性,也有几何非线性和接触非线性。因此塑性有限元与线弹性有限元相比复杂得多,这主要体现在以下几点。

(1)由于塑性变形区中的应力与应变关系为非线性,为了便于求解非线性问题,必须用适当的方法将问题进行线性化处理;一般采用增量法,即将物体屈服后所需加的载荷分成若干步施加,在每个加载步的每个迭代计算步中,把问题看作是线性的。

（2）塑性问题的应力与应变关系不一定是一一对应的;塑性变形的大小,不仅取决于当时的应力状态,而且还决定于加载历史;而加载与卸载的路线不同,应变关系也不一样;因此,在每一加载步计算时,一般应检查塑性区内各单元是处于加载状态,还是处于卸载状态。

（3）塑性变形中,金属与模具的接触面不断变化;必须考虑非线性接触与动态摩擦问题。

（4）塑性理论中关于塑性应力应变关系与硬化模型有多种理论,材料属性有的与时间无关,有的则是随时间变化的粘塑性问题;于是,采用不同的本构关系,所得到的有限元计算公式也不一样。

（5）对于一些大变形弹塑性问题,一般包含材料和几何两个方面的非线性,进行有限元计算时必须同时考虑单元的形状和位置的变化,即需采用有限变形理论。而对于一些弹性变形很小可以忽略的情况,则必须考虑塑性变形体积不变条件,采用刚塑性理论。

在塑性变形过程中,如果弹性变形不能忽略并对成形过程有较大的影响时,则为弹塑性变形问题,如典型的板料成形。在弹塑性变形中,变形体内质点的位移和转动较小,应变与位移基本成线性关系时,可认为是小变形弹塑性问题;而当质点的位移或转动较大,应变与位移为非线性关系时,则属于大变形弹塑性问题;相应地有小变形弹塑性有限元或大变形弹塑性有限元。由于在弹塑性变形中,应力应变关系为非线性的,变形体的最终形状变化通常不能如线弹性问题一样能够一次计算得到。因此,在有限元分析时,一般只能按增量理论进行求解,即将整个载荷分解成为若干增量步,逐渐施加在变形体上。

在塑性加工的体积成形工艺中,变形体产生了较大的塑性变形,而弹性变形相对很小,可以忽略不计,此时可认为是刚塑性问题,如锻造、挤压等;相应地则可以用刚塑性有限元法分析。刚塑性有限元法是在马尔可夫变分原理的基础上,引入体积不可压缩条件后建立的。

2. 金属塑性成形有限元模拟软件简介

非线性有限元分析软件一般的都可应用于塑性成形过程的模拟。但由于塑性成形工艺的特殊性,一般非线性有限元软件在分析时,对一些边界条件、载荷和相关的工艺结构等的处理非常困难。因此,国内外都先后开发了用于塑性成形工艺分析的专用有限元软件,专用有限元软件根据相关工艺对分析过程进行了优化处理,用户能更方便的运用,同时提供了适合于成形工艺的后置处理。金属塑性成形一般可分为体积成形和板料成形两大类。在板料成形模拟方面,主要有美国的 DYNAFORM、德国的 AUTOFORM、法国的 PAM 系列软件;在体积成形方面,有美国的 DEFORM、MSC. SUPERFORGE、法国的 FORGE3 等软件。国内在塑性成形模拟软件方面跟国际上相比还存在较大差距,但也相继开发一些软件,如板料成形方面有:吉林金网格模具工程公司的 KMAS、北航的 SHEETFORM、华中科技大学的 VFORM 等,体积成形方面有北京机电研究所的 MAFAP 等。

DEFORM 软件是基于工艺过程模拟的有限元系统,可用于分析各种塑性体积成形过程中的金属流动以及应变应力温度等物理场量的分布,提供材料流动、模具充填、成形载荷、模具应力、纤维流向、缺陷形成、韧性破裂和金属微结构等信息,并提供模具仿真及其他相关的工艺分析数据。

DEFORM 源自有限元程序 ALPID(Analysis of Large Plastic Incremental Deformation) ,由美国 SFTC(Scientific Forming Technologies Corporation)公司推广应用。DEFORM 是一个模块化、集成化的有限元模拟系统,它包括前处理器,后处理器、有限元模拟器和用户处理器 4 个功能

模块。

DEFORM 具有强大而灵活的图形界面,使用户能有效地进行前后处理。在前处理中,模具与坯料几何信息可由其他 CAD 软件生成的 STL 或 SLA 格式的文件输入,并提供 3D 几何操纵修正工具,方便几何模型的建立;网格生成器可自动对成形工件进行有限元网格的划分和变形过程中的重新划分,并自动生成边界条件,确保数据准备快速可靠;DEFORM 的材料数据库提供了 146 种材料的数据,材料模型有弹性、刚塑性、热弹塑性、热刚粘塑性、粉末材料、刚性材料及自定义类型,为不同材料的成形仿真提供有力的保障;DEFORM 集成典型的成形设备模型,包括液压压力机、锤锻机、螺旋压力机、机械压力机、轧机、摆辗机和用户自定义类型等,帮助用户处理各种不同工艺条件。

DEFORM 的求解器是集成弹性、弹塑性、刚(粘)塑性和热传导于一体的有限元求解器。可进行冷、温、热锻成形和热传导耦合分析;其应用包括锻造、挤压、镦头、轧制、自由锻、弯曲和其他成形工艺的模拟;而运用不同的材料模型可分析残余应力、回弹问题以及粉末冶金成形等;基于损伤因子的裂纹萌生及扩展模型,可以分析剪切、冲裁和机加工过程;其单步模具应力分析方便快捷,可实现多个变形体、组合模具、带有预应力时的成形过程分析。

8.4 锻造工艺 CAD/CAM

8.4.1 模具 CAD/CAM 技术的应用

1. CAD/CAM 技术在模具行业的应用状况

随着工业技术的发展,产品对模具的要求愈来愈高,传统模具设计与制造方法无法适应工业产品及时更新换代和提高质量的要求。因此,国外先进工业国家对模具 CAD/CAM 技术的开发非常重视。早在 20 世纪 60 年代开始各大公司都先后建立了自己的 CAD/CAM 系统,并将其应用于模具的设计与制造中,这些公司采用模具 CAD/CAM 技术的主要理由如下。

(1) 利用几何造型技术获得的几何模型,可供后续的设计分析和数控编程等方面使用。

(2) 缩短新产品的试制周期,例如在汽车工业中,可缩短模具设计制造周期。

(3) 提高产品质量的需要,如汽车车身表面等形状,需要利用计算机准备数据和完成随后的制造工作。

(4) 模具制造厂和用户对 CAD/CAM 的需要增加。例如,利用磁盘进行数据传送。

(5) 模具加工设备的效率不断提高,需要计算机辅助处理数据,以提高设备利用率。

(6) 在企业内建立联系各个部门的信息处理系统。

发达国家较大的模具生产厂家在 CAD/CAM 上进行了较大的投资,正大力开发这一技术。模具 CAM 现在已开始广泛应用,计算机控制的数控机床加工模具约为 20% ~ 30%。如法国 FOS 模具公司已购买了大型 CAD/CAM 系统,日本黑田精工株式会社已投资开发 CAD/CAM 系统,瑞士法因图尔公司采用大型 CAD/CAM 系统设计加工模具已占 30%。一般说来,CAM 比 CAD 应用更为广泛,在欧洲,用传统的机加工方法生产的模具和用 NC 加工方法生产的模具之比为 70:30,在日本比值为 40:60。

我国模具 CAD/CAM 开发开始于 20 世纪 70 年代末,发展也很迅速。到目前为止,华中科技大学、浙江大学、北京机电研究所、清华大学和吉林大学等大学与科研院所先后在普通冲裁、精密冲裁、锤模锻等领域开发出专业 CAD/CAM 系统,有些已开始在工业上应用。

2. 模具 CAD/CAM 优越性

模具 CAD/CAM 的优越性赋予了它无限的生命力,使其得以迅速发展和广泛应用。无论在提高生产率、改善质量方面,还是在降低成本、减轻劳动强度方向,CAD/CAM 技术的优越性是传统的模具设计制造方法所不能比拟的。

(1)CAD/CAM 技术密集,综合性强,可提高模具质量。在计算机系统内存储各有关专业的综合性技术知识,其技术高度密集,涉及学科领域多,知识面广,技术性强,为模具设计和工艺制定提供了科学依据。计算机与设计人员交互作用,充分发挥人机各自特长,使模具设计和制造工艺更加合理化。

(2)CAD/CAM 可以节省时间,显著提高生产率和经济效益。设计计算和图样绘制的自动化大大缩短了设计时间。CAD/CAM 一体化显著缩短从设计到制造的周期。由于模具质量提高,可靠性增加,装配时间明显减少,模具交货时间大大缩短。用传统方法制造模具,从设计到制成产品交货,大约需要几个月时间。而采用模具 CAD/CAM 技术则可缩短为十几天甚至几天的时间,为企业在激烈的市场竞争中赢得了时间,从而创造良好的经济效益。

(3)CAD/CAM 可以较大幅度地降低成本。计算机的高速运算和自动绘图大大节省了劳动力。优化设计带来了原材料的节省,采用 CAM 可加工传统方法难以加工的复杂模具型面,减少模具的加工和调试工时,降低制造成本。由于采用 CAD/CAM 技术,生产准备时间缩短,产品更新换代加快,大大增强了产品的市场竞争能力。

(4)有利于提高模具标准化程度,极大地发挥人的创造性。标准化工作可有效地促进模具 CAD/CAM 技术的发展,而模具 CAD/CAM 要求模具设计过程的标准化、模具结构的标准化、模具制造过程的标准化和工艺条件的标准化。CAD/CAM 技术将技术人员从繁冗的计算、绘图和 NC 编程工作中解放出来,使其可以从事更多富有创造性的工作。

(5)更新速度快,初始投资大。模具 CAD/CAM 技术的更新速度快,能适应市场形势的变化,为企业带来很高的效益。但初始投资大,这也是制约模具 CAD/CAM 推广应用的一个重要因素。

(6)适应性广,这是模具 CAD/CAM 技术的又一特点。它不仅能适应大型企业,而且也适用中、小型企业。

模具 CAD/CAM 技术仍然是在不断发展中的技术,其发展目标是模具制造的自动化,这就要求有较长时间的研究开发和巨额的资金投入。随着 CAD/CAM 技术的不断发展和完善,必将在机械制造业中发挥巨大的作用,为社会带来不可估量的经济效益。

3. 模具 CAD/CAM 的特点

(1)模具 CAD/CAM 系统必须具备描述物体几何形状的能力。有些设计过程最初要求是一些参数或性能指标。例如,设计锻压设备提出的要求是吨位、行程、封闭高度或其他使用性能,并不规定设备的形状如何。但模具设计则不同,模具的工作部分是根据产品零件的形状设计的,所以无论设计什么类型模具,开始阶段必须提供产品零件的几何形状。这就要求模具 CAD 系统具备描述物体几何形状的能力,即几何造型的功能,否则,就无法输入关于产品零件的几何信息,设计便无法运行。另外,为了编制 NC 加工程序,计算刀具轨迹,也需要建立模具零件的几何模型。因此,几何造型是模具 CAD/CAM 中的一个重要问题。

(2)标准化是实现模具 CAD 的必要条件。模具设计一般不具有唯一性,对于同一产品零件,不同设计人员设计的模具不尽相同。为了便于实现模具 CAD,减少数据的存储量,在建立模具 CAD 系统时首先要解决的问题便是标准化问题,包括设计准则标准化、模具零件和模具结构标准化。有了标准化的模具结构,在设计模具时可以选用典型的模具组合,调用标准模具零件,需要设计的只是少数工作零件。

模具 CAD 由于其自身的特点,要求采用系统的、定量的设计方法。而种类繁多的成形零件和成形工艺,以及缺乏系统的、定量的设计方法,是建立锻造模具 CAD 系统时遇到的一个突出矛盾,解决这一矛盾的有效途径便是成组技术。成组技术用于锻造生产,就是按照成形零件的形状、尺寸和材料的不同,将其加以分类,根据各类成形零件的不同特点,采用不同的生产工艺和模具设计方法。成组技术有助于以定量方式表述现有的设计经验,建立系统的设计方法,并在现有技术水平上建立模具 CAD 系统。

4. 模具 CAD/CAM 系统的环境

1) 模具 CAD/CAM 系统的硬件配置

模具 CAD/CAM 系统的硬件配置形式,按照所用计算机类型的不同,可分为大型主机系统、小型机系统、工作站系统和微机系统;按是否连网,可以分为集中式系统和分布式系统。集中式 CAD/CAM 系统的硬件配置系统中,如果计算机仅与一台图形终端相连,则为单用户系统。此时,用户拥有系统的全部资源,不会发生与其他用户争夺资源的问题。如果计算机与多台图形终端相连,则为分时系统。采用大型主机的分时系统具有很强的计算能力和比较完备的外部设备,为多用户提供了共享硬件和软件资源的环境。20 世纪 80 年代以来,随着计算机网络的发展,分布式 CAD/CAM 系统得到了发展。利用网络技术,将多个独立工作的模具 CAD/CAM 工作站组织在网络中。随着分布式计算系统的发展和完善,其应用越来越广。多个模具 CAD/CAM 工作站可"连成局部网络,以共享软硬件资源。在更多的情况下,模具 CAD/CAM 工作站作为一个结点,连接在本企业或本部门的计算机网络中使用。

随着计算机性能的提高和价格的降低,过去以大、中型计算机的工作站为主的系统向网络化、小型化和微型计算机转化。其核心部分是上机位,通过网络与可下机位连接。用作 CAD 的微机把加工信息传送到数控机床和三坐标测量仪上,形成一体化数据系统,实现 CAD/CAE/CAM/CAT 集成化。

2) 模具 CAD/CAM 系统的软件组成

CAD/CAM 系统的软件按功能可分成 3 个层次,即系统软件、支撑软件和应用软件。系统软件主要是指操作系统等,它处在整个软件的内层,由里向外是系统软件、支撑软件和应用软件,但它们相互之间又具有严格的界限,整个软件在操作系统的管理和支持下运行。建立模具 CAD/CAM 系统时,并非要自行开发上述所有三类软件,对于系统软件和支撑软件只要正确选择、有效利用即可,应用软件则需要精心设计和编制。

(1) 系统软件主要是操作系统,它把计算机的硬件组织成为一个协调一致的整体,以便尽可能地发挥计算机的卓越功能和最大限度地利用计算机的各种资源。

(2) 支撑软件一部分是由计算机制造厂负责提供的,并为计算机用户共同使用的软件,如加工语言及其解释程序、编译程序和汇编程序等;另一部分是与系统应用的宽窄和功能的强弱密切相关,既可由计算机厂商提供,也可由软件公司作为商品提供的软件。这些软件包括以下几种。

① 图形软件是 CAD/CAM 系统中最基础、最重要的软件,供用户进行图形生成、编辑以及图形变换等使用。可分为绘图子程序库、绘图语言和专用语言系统 3 种类型。

② 几何造型软件是模具 CAD/CAM 系统中的关键性软件。模具的工作部分是根据产品

的形状和尺寸设计的,几何模型的构造是计算、分析、绘图、加工的基础。

③ 计算分析、优化、仿真软件是进行辅助设计和工程分析的重要工具,供用户进行计算分析、方案优化、线性或非线性系统仿真等使用。如常用算法程序库、有限元分析程序、优化程序、各种数字仿真程序等。

④ 数据库管理系统。在 CAD/CAM 系统中,几乎所有的应用软件都离不开数据库。提高模具 CAD/CAM 系统的集成化程度主要取决于数据库的水平。数据库主要是收集有关产品外形结构定义(如造型、绘图、加工、有限元分析等)和相应的有关信息。交互设计、绘图和数控加工编程信息的管理均由数据库管理系统完成,以实现数据的共享。

⑤ 网络软件为网络型 CAD 系统提供连网功能。

⑥ NC 编程软件提供模具 CAD/CAM 系统自动转换和输出 NC 加工纸带或将 NC 加工信息录入软盘用。

CAD 系统在这些软件的支撑下,显示出较广的使用范围和强大的数据检索与查询、计算分析、图形处理、系统仿真等功能。

3)应用软件

应用软件是指针对某一特定应用领域而专门设计的一套资料化的标准程序。编写模具设计应用程序的过程就是将模具设计准则和设计模型解析化、程序化的过程。

8.4.2 锻模 CAD/CAM

1. 锻模 CAD/CAM 技术的发展概况

随着计算机技术的发展,计算机在锻造中的应用也不断增长。自 20 世纪 70 年代以来,国内外许多单位对锻模 CAD/CAM 进行了广泛研究。美国贝特尔哥伦布实验室首先开发了轴对称锻件锻模 CAD 系统,随后又研究了有限元、切块法、上限法等在塑性模拟中的应用。开发出挤压、轧制、制坯、终锻模 CAD/CAM 系统,用于叶片、弧齿锥齿轮、精锻、机翼轧制、铝型材挤压及预锻成形设计等。系统可模拟整个成形工序的金属流动,这样试验可以通过过程模拟在计算机上进行,其结果在图形终端上显示出来,以指导用户进行方案设计。

在计算机模拟锻造过程方面,日本小林四郎等人研究发展了黏塑性有限元法,开发了 AL-PID 有限元程序包,可以对模具进行描述,对边界条件自动进行处理和自动产生初始解,还可以模拟锻件的二维流动,计算应变、应变速率和应力,并将计算结果以等值线形式显示于图形终端或在绘图机上输出,将锻模设计向前推进了一步。1983 年,清华大学的王祖唐、谢水生就采用弹塑性有限元法研究了挤压模具形状对挤压流场的影响规律。1987 年美国贝特尔哥伦布实验室、Shultz 钢铁公司、加利福尼亚大学等联合开发的锻模 CAD/CAM/CAE 系统,包括工程分析、几何图形数据库、锻造材料数据库、工艺过程模拟、终锻模和预锻模设计、经济分析等功能,反映了当时锻模 CAD/CAM 的研究水平。

2. 锻模 CAD/CAM 的特点

(1)三维造型展现了锻件和模具的真实形状,而且数据可以方便地在企业局域网内传输,实现资源共享,便于企业各部门在早期协同开发产品,符合并行工程的思想。

(2)通过特征造型参数化驱动技术,可以动态建立模具标准件库;通过添加配合关系,可以快捷地实现复杂的模具设计、装配,还可以实现装配件剖切、干涉检查和运动仿真等功能。

(3)强大的辅助设计手段可方便地添加过渡圆角、拔模斜度和形成模腔,还可以准确计算质量、体积、截面积等,进而设计拔长、滚挤和预锻等模腔。

（4）方便地模拟加工工艺进行有限元分析，甚至可以直接作模锻金属流动成形模拟演示，以尽早发现实际加工中存在的问题，优化工艺设计。还可以实现 CAD/CAM 集成，对模具型腔直接生成 NC 代码，进行数控加工。

（5）锻模 CAD/CAM 与锻造工艺不可分割，锻模的型腔是由锻造工艺决定的，而模具被称为工艺设备，它保证锻造工艺的实施。因此，在构造锻模 CAD/CAM 系统时，应当考虑到锻造工艺的需要，给出工艺分析计算的工具。

3. 锻模 CAD/CAM 设计注意事项

（1）设计模具时应充分利用 CAD 系统功能对产品进行二维和三维设计，保证产品原始信息的统一性和精确性，避免人为因素造成的错误，提高模具的设计质量。产品三维立体的造型过程可以在锻造前全面反映出产品的外部形状，及时发现原始设计中可能存在的问题。同时根据产品信息，设计出加工模具型腔的电极，为后续模具加工做好准备。

（2）采用 CAM 技术可以将设计的电极精确地按指定方式生产。采用数控铣床加工电极，可保证电极的加工精度，减小试模时间，减少模具的废品率和返修率，减少钳工劳动量。

（3）对于外形复杂、精度要求高的锻件，可以靠模具钳工采用常规模具制造方法保证某些外形尺寸，而采用 CAD/CAM 技术可以对这些复杂的锻件进行精确的尺寸描述。确定合理的分模面，保证合模精度。

4. 锻模 CAD/CAM 软件的开发

锻模软件的开发一般有 3 种方式。

（1）在通用的商品化机械 CAD/CAM 软件上进行面向锻模的二次开发。此方式通用性强，易实现平台的统一和数据的兼容，较适合于除锻模外还有多种产品的综合性制造厂。

（2）利用商用 CAD 平台开发专用于锻模的 CAD/CAM 系统。此方式可在充分考虑锻模特点的情况下，在技术成熟、开放性好的 CAD 平台上将先进的锻模设计制造技术融进软件中，形成以专用工程语言与用户对话的专业锻模 CAD/CAM 系统。这种系统可实现与不同 CAD 平台的连接，比较适合于专业锻模生产企业。

（3）开发包括 CAD 平台在内的锻模 CAD/CAM 系统。此方式可制作出有自主版权的系统，但需要花大量精力开发目前已十分成熟的 CAD 平台。

5. 锻模 CAD/CAM 的发展前景

锻模 CAD/CAM 一体化虽可逐渐成熟，但并没有到达完善的程度。新技术的产生和发展，将使锻模 CAD/CAM 技术的发展更加活跃。在今后一个时期内，锻模 CAD/CAM 技术将在以下几方面得到发展。

（1）锻模 CAD/CAM 与 CAE 的一体化，锻造工艺过程的数值模拟是近年来金属塑性加工领域的研究热点之一。一些研究成果已开始得到应用，并逐渐成为锻造工艺设计的工具。锻模 CAD/CAM/CAE 的一体化系统将成为锻造工艺师、工程师更加有力的助手。

（2）锻模 CAD/CAM 与 CAE 在统一数据库下集成，独立的锻压数据库系统目前已经研制成功。将锻压 CAE 与锻模 CAD/CAM 在此锻压数据库下集成，使之成为有机的整体，预计在不远的将来就会实现。

（3）逆向工程是通过构造特殊的模拟算法从终锻形状逆推出前一道或前若干道工序的形状，从而找到最佳的工艺路线，实现整个工艺过程的自动设计。

（4）锻模的虚拟设计制造是在计算机上对锻模施行设计制造过程的新技术。应用这一技术可以在真实制造之前对设计制造过程进行全方位模拟，对设计和制造工艺可行性进行全面评价。在确认可行后,再投入现实制造过程。对锻模而言,有以下几方面研究内容:①虚拟环境构造;②轻件及锻模的可视化;③锻造过程模拟;④加工过程模拟与可视化;⑤虚拟测量;⑥加工误差建模及虚拟精度控制等。

8.4.3 几种锻模 CAD/CAM 系统

1. 轴对称锻件锻模 CAD/CAM 系统

轴对称锻件占锻件总数的30%左右,建立轴对称锻件锻模 CAD/CAM 系统是一项很有意义的工作。同时轴对称锻件几何形状简单,易于描述和定义,所以早期锻模 CAD/CAM 系统多数从这类锻模入手。目前轴对称锻件锻模 CAD/CAM 系统已进入实用阶段。

轴对称锻件锻模 CAD/CAM 系统主要包括:零件几何形状的描述、锻件设计和锻件图绘制、模锻工艺设计、锻模设计和锻模图绘制、NC 加工程序的编制。

系统运行时,首先需输入零件的几何形状、材料和工艺条件等信息,为后续的锻件设计、工艺设计和锻模设计提供必要的信息。

锻件设计指的是设计冷锻件图和热锻件图,包括选择分模面、补充机加工余量、添加圆角和拔模斜度等内容。工艺设计决定是否采用预成形工序,以及选择设备吨位等。

在建立系统时,对模具结构进行了标准化。设计模具时,只有少数零件需要根据不同锻件进行设计,从而大大提高了设计效率。

轴对称锻模的模芯和顶杆等零件可在数控车床上加工。系统可为数控车床编制加工零件的 NC 程序。

(1) 轴对称锻件几何形状的输入。锻模 CAD/CAM 系统要求使用者输入零件形状、材料和加工条件等信息。虽然有些信息可在系统运行过程中以交互方式输入。但是有关零件几何形状和尺寸的信息则必须在运行的最初阶段输入。

轴对称锻件可通过定义半个截面的几何形状,就可以完成整个零件的定义,也就是说,这类零件的几何描述可用二维的方法实现。目前,在国内的轴对称锻件锻模 CAD/CAM 系统中,锻件几何信息描述多数采用节点输入方法,其输入规则和步骤如下。

① 将锻件所用的材料和年产量填入表中。

② 确定分模面位置。

③ 将零件的右半截面置于直角坐标系中,使纵轴与零件回转轴重合,横轴与分模线重合。

④ 作出包容零件右半截面的凸凹多边形。轮廓上圆弧段,以其相邻切线的延长线的交点作为多边形节点。对于倒角部分,以倒角相邻直线的延长线交点作为多边形节点。零件上的孔或槽如其尺寸较小,可作敷料处理,即在形状处理中将其填半。

⑤ 对节点进行编号。以分模线与包容多边形的第一个交点为起始点,对包容多边形进行编号,最后节点和起始点重合,使图形封闭,分模线与多边形交点亦作节点处理。

⑥ 确定每一节点的坐标。

⑦ 图形中的圆弧半径 R 与每一节点相对应。在分模线与轮廓相交产生的节点处,R 取为 -1,这样便于计算机进行处理。

⑧ 与每一节点相对应的数 Ra,代表表面粗糙度。在截面图上,表面是以该节点为起点的多边形的一边。非加工表面的粗糙度用零表示。

由上述规则可见,输入过程不单纯是描述零件的几何形状,也涉及到锻件的设计。如分模面的选择和敷料设计,这样可充分利用设计人员的设计经验,减少系统的复杂程度。

（2）锻件设计。锻件设计流程中，分模面和敷料的设计在零件图输入时已经完成。添加机加工余量时，应逐一判别零件各表面是否为机加工面。对于输入表中粗糙度非零的面，则要添加加工余量。对包容多边形进行放大，计算放大后轮廓的节点坐标值。锻件的公差和机械加工余量值是由设计者根据实际情况和设计习惯选定的，并可参考有关标准。

锻件上与分模面垂直的面要加一定的拔模斜度，以便锻件成形后能从锻模型槽中顺利取出。影响拔模斜度设计的因素较多，可采用自动设计和交互选择相结合的方法确定拔模斜度。

设计锻模时，要根据热锻件图设计终锻型槽。热锻件图设计主要包括锻件图的放大、飞边槽设计和钳口设计等内容。

（3）锻模设计。因为采用标准的模具结构，所以只需要根据锻件形状和尺寸设计模芯。模芯的外轮廓形状已存入计算机内，加上型槽的形状就构成了模芯的完整图形。

2. 长轴类锻件锻模 CAD/CAM 系统

长轴类锻件也是广泛应用的锻件种类，其成形工序设计和模具结构设计远比轴对称锻模复杂，比开发长轴类锻模的 CAD/CAM 系统的难度更大。目前许多通用商品化 CAD/CAM 软件上二次开发的长轴类锻模的 CAD/CAM 系统仅限于特定产品和特定场合的应用，锻模CAD/CAM 系统的发展方向是成组技术和模具标准化技术的进一步贯彻执行，以及 CAE 技术和人工智能技术的深入应用。如锤上轴类锻模 CAD/CAM 系统由几何构型、工艺设计、制坯型槽设计、预锻型槽设计、终锻型槽设计、型槽布置和 NC 自动编程等部分组成。采用二维 CAD软件设计时，其设计精度低，不能满足精密成形辊锻和精密模锻的设计要求，而且无法实现模具 CAD/CAM 一体化。此时可采用 UG、Pro/E 等造型软件进行三维实体造型，利用这些软件进行锻模设计，可方便地进行体积计算、生成截面形状。还可以利用其造型功能设计锻模的型腔。开发出适用于长轴类锻件的 CAD/CAM 系统，并应用 UG、Pro/E 软件的 CAM 模块生成数控加工代码，通过 Internet 网络传输代码，进行轨迹仿真，最后完成数控加工。

（1）零件和锻件设计。根据零件的几何尺寸、材料和工艺条件等信息，生成零件的三维实体，由于采用了参数化设计的方法，可以通过修改零件尺寸方便地变更零件设计，并可以根据需要绘出其二维工程图。锻件设计主要包括设计冷锻件图和热锻件图，主要工作是补充加工余量、添加圆角和拔模斜度、考虑线胀系数等，参数化设计使冷、热锻件图的生成非常方便、快速。

（2）工艺设计。工艺设计部分是锻模设计的重要内容，进行工艺设计时，首先由已建立的锻件几何模型计算出其体积、净重、投影面积、长度和形状复杂函数。再求得质量分布曲线、计算坯料图和方块图。确定锻造工序、计算飞边消耗、设计飞边槽几何形状和毛坯尺寸、估算锻造载荷和能量，并选择所用设备。工艺设计部分的主要任务是确定锻造工序、计算工艺参数，并为后续设计准备必要的数据。根据输入的锻件的几何形状、尺寸信息，程序可以计算出毛坯尺寸、锻造载荷等参数，确定锻造工序、设计飞边槽尺寸等。该模块提供的交互设计功能，允许用户根据实际情况确定自己认为合理的参数与方案。

毛坯计算是选择制坯工步、设计制坯型槽和确定坯料尺寸的主要依据。预成形工序的设计也是在工艺设计模块完成的，预成形工序包括拔长、滚挤和预锻。预成形工序的选择除了决定于锻件本身的形状复杂性外，还受到工厂设备、生产批量和经济性等因素的影响。CAD/CAM 程序按建立的数学模型选择预成形工序，用户可以接受程序设计结果，也可以对方案加以修改，或另行选择自己认为更好的方案。

① 拔长型槽的设计。拔长型槽由坎部和仓部组成。拔长型槽设计的流程是首先输入工

艺设计模块产生的数据,包括质量分布曲线、计算坯料图和方块图等,将这些图形显示在屏幕上,设计人员可重新划分头、杆,产生新的方块图,或重新选择毛坯的尺寸。拔长步骤和拔长模类型的选择可以通过人机对话完成,设计人员可根据显示的方块图和毛坯图指定拔长部分。程序可以按照使用者选择的拔长模类型,自动完成型槽设计,并显示有尺寸标注的设计结果。若使用者不满意,可以提出修改,程序可以根据使用者的意图重新设计,直至获得满意的结果为止。

② 滚挤型槽的设计。本体部分的设计是滚挤型槽设计的主要内容,计算坯料图为设计的主要依据。滚挤型槽设计流程为:首先程序将图形显示出来,此时设计人员可以重新分段或选择毛坯尺寸,再设计型槽本体部分的纵向轮廓,并将设计结果和计算坯料图同时显示。允许设计人员修改程序结果,或重新划分计算坯料图,产生形状完全不同的本体轮廓。设计横向轮廓是采用交互方式,使用者选择轮廓类型,程序设计型槽宽度,并显示横向轮廓。输入要求的宽度或轮廓类型,可以改变设计的横向轮廓。

当所有型槽设计完毕后,型槽布置程序设计模块的尺寸,确定各型槽的位置。首先从数据库中读取锻造工序的数目、棒料尺寸、锻锤吨位和飞边几何形状的数据,各工序型槽轮廓的数据也被用作型槽布置时的输入信息,该模块最后输出的是锻模型槽布置图,包括模块的总体尺寸、安装尺寸以及各型槽的相对位置尺寸。

8.5 锻造工艺 CAE

计算机辅助工程分析(Computer Aided Engineering,CAE)技术在成形加工和模具行业中已被广泛应用。CAE 分析是采用虚拟分析方法对结构的性能进行模拟,预测结构的性能,优化结构设计,为产品研发提供指南,为解决实际工程问题提供依据。

1. CAE(计算机辅助工程)应用简述

有限元分析是以计算机为工具的数值计算分析方法。它是 CAE 的重要组成部分,CAE应用首先是从有限元分析开始的。1965 年,美国的大型通用有限元分析程序 MSC. NAS-TRAN 首先应用于航空航天。1980 年,美国的有限元结构分析程序 SAP5 引进我国,有限元分析开始在我国推广,逐渐成为产品研发的重要工具。有限元分析在优化结构设计、提高产品质量、减少试验样品、缩短产品研发周期、降低产品成本等方面发挥了巨大作用,已取得明显经济效益。

有限元分析应用的发展与计算机软件和硬件的发展密切相关。在有限元分析应用的初期,有限元分析程序没有前、后处理的功能。后来有限元分析有了前、后处理,其功能也在不断完善。

从 1995 年开始,国际上先进的三维计算机辅助设计软件,如 UG、Pro/E 等,和具有前、后处理功能的大型通用有限元分析程序,如 MSC. NASTRAN、ANSYS 等先后引进我国,有限元分析人员可以在结构件的三维实体几何图形上比较方便地用前处理划分网格,建立有限元模型,在计算机求解完成后用后处理显示计算结果,计算结果的可视化使计算结果一目了然。有限元分析和前、后处理功能不断发展和完善,越来越自动化和智能化,有限元分析计算结果的精度也在不断提高。

由于计算机的硬件和软件在不断更新换代,有限元分析已开始广泛使用新的高档微机、工作站、服务器或巨型机。有限元分析已经很少采用超单元和子结构的分析方法,而是经常采用一个模型多用的方法,对有几十万个结点规模的题目进行分析已经是轻而易举的事情。

在有限元分析广泛应用的同时,各厂矿企业、高等院校和科研单位等有关部门也开展了CAD/CAE/CAPP/CAM/PDM 工作,建立了计算机集成制造系统(CIMS)。现在 CAE 已广泛用于航空航天、电子电器、机械制造、材料工程、一般工业、教学和科研等各个领域。

2. CAE 在汽车产品研发中的应用

随着节能、减排、安全和舒适性等方面的要求不断提高,汽车工业中越来越多的采用轻金属,如铝合金和镁合金在汽车车身、行走机构、换热系统、发动机零部件、转向器和制动器中的应用等。对这些轻金属材料在汽车工业中的开发与应用亟需科学的设计与优化,而这些设计与优化就需要大量的采用计算机辅助工程分析来降低开发成本,缩短开发周期,提高开发效率。

在汽车产品研发的整个过程中,CAE 分析可以对汽车结构的强度、刚度、车辆的振动噪声、舒适性、耐久性、多刚体动力学、碰撞、乘员的安全性,以及动力总成的性能等方面进行模拟分析、预测结构的性能、判断设计的合理性、优化结构设计。此外,用 CAE 还可以对冲压成型和锻造的工艺过程进行模拟分析,优化结构设计,解决产品质量问题。

3. CAE 分析能力

(1) 实现三维 CAD,根据要分析的问题选择合适的 CAE 分析软件。

(2) CAE 和 CAD 数据传递一体化,实现设计和分析同步。

(3) 形成设计标准和试验规范。

(4) 通过 CAE 分析的典型算例与试验结果的比较,形成 CAE 分析指南。

(5) 建立数据库。

4. CAE 的应用

在 CAE 分析中,通常找出分析对象的载荷和边界条件是非常困难的,要对分析对象的使用情况进行仔细的观察和分析,最后还要对计算结果进行分析和确认。CAE 分析 60% 在于理论,40% 在于经验。CAE 分析人员努力学习力学和有关专业的基本理论,在分析问题时积极开动脑筋,对每个数据认真负责。同时发挥设计部门、分析部门和试验部门的团队精神,不断研究设计方法、提高 CAE 分析和试验分析的综合应用能力。

CAE 所涉及的内容非常丰富,具体可以包括以下方面。

(1) 对工件的可加工性能作出早期的判断,预先发现成形中可能产生的质量缺陷,并模拟各种工艺方案,以减少模具调试次数和时间,缩短模具开发时间。

(2) 对模具进行强度刚度校核,择优选取模具材料,预测模具的破坏方式和模具的寿命,提高模具的可靠性,降低模具成本。

(3) 通过仿真进行优化设计,以获得最佳的工艺方案和工艺参数,增强工艺的稳定性、降低材料消耗、提高生产效率和产品的质量。

(4) 查找工件质量缺陷或问题产生的原因,以寻求合理的解决方案。

第9章 冲压变形的基本原理

9.1 冲压的定义及分类

1. 冲压的定义

冲压是利用冲模在冲压设备上对板料施加压力(或拉力),使其产生分离或变形,从而获得一定形状、尺寸和性能制件的加工方法。冲压加工的对象一般为金属板料(或带料)、薄壁管、薄型材等。板厚方向的变形一般不侧重考虑,因此也称为板料冲压。通常是在室温状态下进行(不用加热,显然处于再结晶温度以下),故也称为冷冲压。

冲模、冲压设备和板料是构成冲压加工的 3 个基本要素。所谓冲模就是加压将金属或非金属板料或型材分离、成形或接合而得到制件的工艺装备。

2. 冲压的分类

生产中为满足冲压零件形状、尺寸、精度、批量大小、原材料性能的要求,冲压加工的方法是多种多样的。

概括起来可以分为分离工序与成形工序两大类。分离工序又可分为落料、冲孔和切断等,目的是在冲压过程中使冲压件与板料沿一定的轮廓线相互分离,如表 9 - 1 所列。成形工序可分为弯曲、拉深、翻孔、翻边、胀形、缩口等,目的是使冲压毛坯在不破坏的条件下发生塑性变形,并转化成所要求的制件形状,如表 9 - 2 所列。

表 9 - 1 分离工序

类别	组别	工序名称	工序简图	特点
分离工序	冲裁	落料	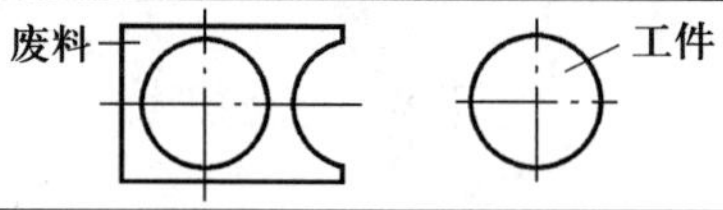	将板料沿封闭轮廓分离,切下部分是工件
		冲孔	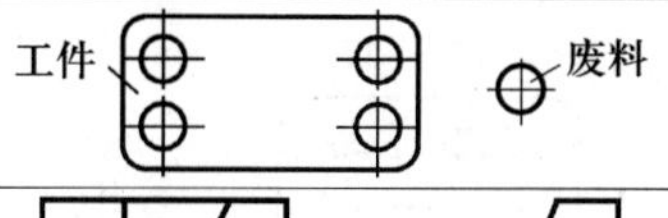	将毛坯沿封闭轮廓分离,切下部分是废料
		切断	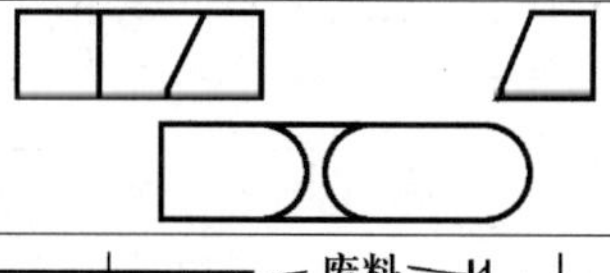	将板料沿不封闭的轮廓分离
		切边	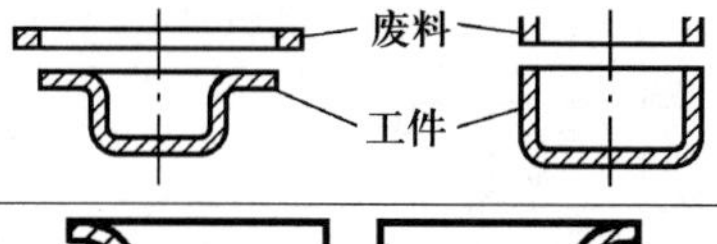	将工件边缘的多余材料冲切下来
		剖切		将已冲压成形的半成品切开成为两个或数个工件
		切舌	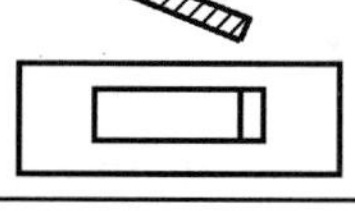	沿不封闭轮廓,将部分板料切开并使其下弯

表 9-2 成形工序

类别	组别	工序名称	工 序 简 图	特 点
成形工序	弯曲	压弯	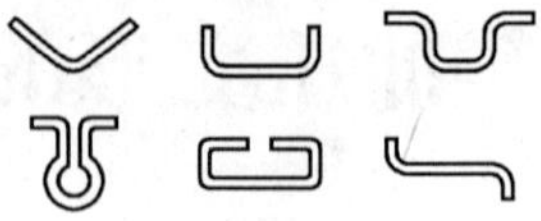	将材料沿弯曲线弯成各种角度和形状
		卷边	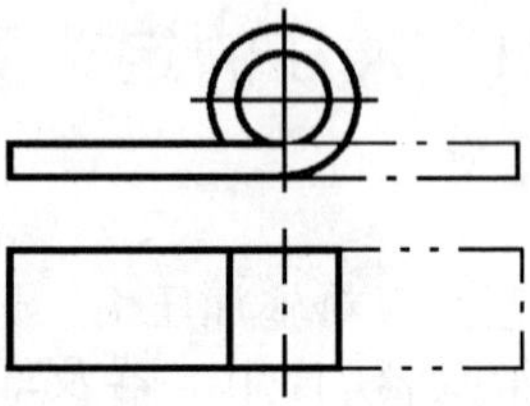	将毛坯端部弯曲成接近封闭的圆筒形
	拉深	拉深	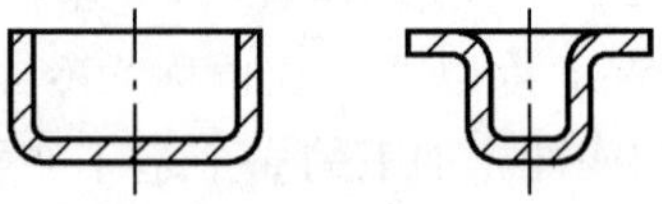	将板料毛坯冲制成各种开口的空心件
	成形	翻边	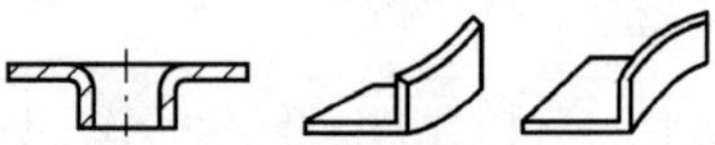	将工件的孔边缘或工件的外缘翻成竖立的边
		缩口		使空心件或管状毛坯的径向尺寸缩小
		胀形	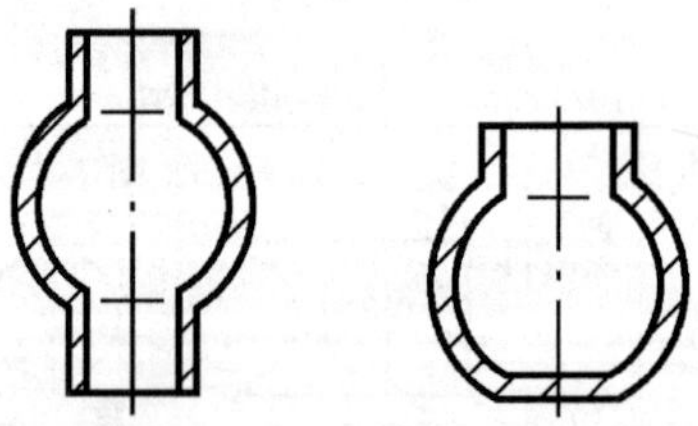	使空心件或管状毛坯向外扩张,胀出所需的凸起曲面
		起伏成形	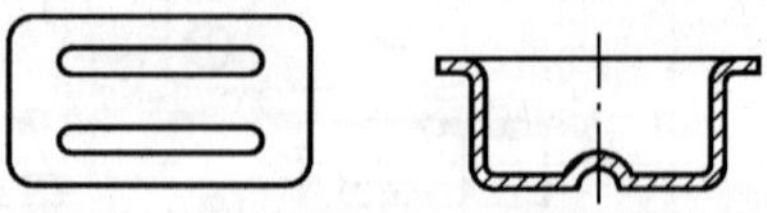	在板料或工件的表面上制成各种形状的凸筋或凹窝
		校形	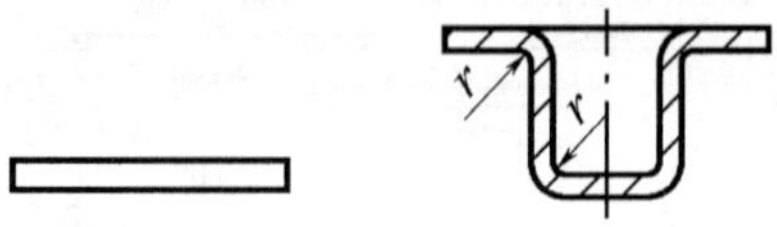	将翘曲的平板件压平或将成形件不准确的地方压成准确形状

9.2　冲压变形的特点与应用

1. 冲压的特点

冲压生产靠模具和压力机完成加工过程,与其他加工方法相比,在技术和经济方面有如下特点。

（1）冲压件的尺寸精度由模具来保证，具有一模一样的特征，所以质量稳定，互换性好。

（2）由于利用模具加工，可获得其他加工方法所不能或难以制造的壁薄、重量轻、刚性好、表面质量高、形状复杂的零件。

（3）冲压加工一般不需要加热毛坯，也不像切削加工那样，大量切削金属，所以它不但节能，而且节约金属。

（4）对于普通压力机每分钟可生产几十件，而高速压力机每分钟可生产几百件或上千件，所以它是一种高效率的加工方法。

2. 冲压工艺的应用

由于冲压工艺具有上述突出的特点，因此在国民经济各个领域中得到广泛应用。例如，航空航天、机械、电子信息、交通、兵器、日用电器及轻工等领域都有冲压加工。不但产业界广泛用到它，而且每一个人每天都直接与冲压产品发生联系。冲压可制造钟表及仪器中的小型精密零件，也可制造汽车、拖拉机的大型覆盖件。冲压材料可使用黑色金属、有色金属以及某些非金属材料。冲压也存在一些缺点，主要表现在冲压加工时的噪声、振动两种公害。

9.3 冲压变形毛坯的分区

在冲压成形时，可以把变形毛坯分成变形区和不变形区。不变形区可能是已经经历过变形的已变形区或是尚未参与变形的待变形区，也可能是在全部冲压过程中都不参与变形的不变形区。几种典型冲压成形中毛坯的分析如图 9-1 所示。在这 4 种成形工序中，A 是塑性变形区，它在图示的冲压成形过程中处于塑性变形状态；B、C、D 都可称为不变形区。其中 B 是已经完成了塑性变形的已变形区；C 是自始至终都不参与变形的不变形区；D 是暂不变形的待变形区。

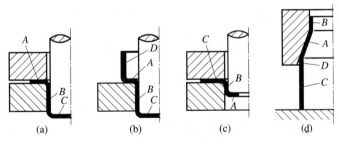

图 9-1　冲压毛坯分析

（a）拉伸；（b）再次拉伸；（c）翻边；（d）缩口。

9.4 板料冲压成形的性能试验

1. 板料冲压成形性能的试验方法

板料冲压性能试验方法通常分为 3 种类型：力学试验、金属学试验（统称间接试验）和工艺试验（直接试验）。其中常用的力学试验有简单拉伸试验和双向拉伸试验，用以测定板料的力学性能指标；金属学试验用以确定金属材料的硬度、表面粗糙度、化学成分、结晶方位与晶粒度等;工艺试验也称模拟试验,它是用模拟生产实际中的某种冲压成形工艺的方法测量出相应的工艺参数。例如 Swift 的拉深试验测出极限拉深比 LDR;TZP 试验测出对比拉深力的 T 值;Erichsen 试验测出极限胀形深度 Er 值;K. W. I 扩孔试验测出极限扩孔率 λ 等。下面仅对板材简单拉伸实验进行介绍。

2. 板材拉伸试验

板材的拉伸试验也叫做单向拉伸试验或简单拉伸试验。应用拉伸试验方法,可以得到许多评定板材冲压性能的试验值,所以应用十分普遍。常用的拉伸试验试样如图 9 – 2 所示。

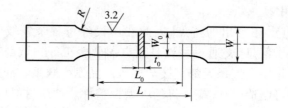

图 9 – 2　拉伸实验试样

试验设备:通常采用拉力试验机(机械式或液压式)。试验时,利用测量装置测量拉伸力 F 与拉伸行程(试样伸长值)Δl,根据这些数值作出拉伸曲线,如图 9 – 3 所示。

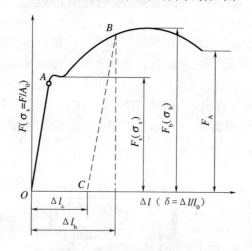

图 9 – 3　拉伸曲线

试验可以得到下列力学性能指标:屈服极限 σ_s 或 $\sigma_{0.2}$;强度极限 σ_b;屈强比 σ_s/σ_b;均匀伸长率 δ_u;总伸长率 δ;弹性模数 E;硬化指数 n;厚向异性指数 γ。

3. 板料力学性能与冲压成形性能的关系

板料力学性能与板料冲压性能有密切关系。一般来说,板料的强度指标越高,产生相同变形量所需的力就越大;塑性指标越高,成形时所能承受的极限变形量就越大;刚性指标越高,成形时抗失稳起皱的能力就越大。

对板料冲压成形性能影响较大的力学性能指标有以下几项。

(1)屈服极限 σ_s。屈服极限 σ_s 小,材料容易屈服,则变形抗力小,产生相同变形所需变形力就小,并且屈服极限小,当压缩变形时,屈服极限小的材料因易于变形而不易出现起皱,对弯曲变形则回弹小。

192

（2）屈强比 σ_s / σ_b。屈强比小,说明 σ_s 值小而 σ_b 值大,即容易产生塑性变形而不易产生拉裂,也就是说,从产生屈服至拉裂有较大的塑性变形区间。

（3）伸长率 δ。拉伸试验中,试样拉断时的伸长率称总伸长率或简称伸长率 δ。而试样开始产生局部集中变形(缩颈时)的伸长率称均匀伸长率 δ_u。δ_u 表示板料产生均匀的或稳定的塑性变形的能力,它直接决定板料在伸长类变形中的冲压成形性能,从实验中得到验证,大多数材料的翻孔变形程度都与均匀伸长率成正比。因此,伸长率或均匀伸长率是影响翻孔或扩孔成形性能的最主要参数。

（4）硬化指数 n。单向拉伸硬化曲线可写成 $\sigma = K\varepsilon^n$,其中指数 n 即为硬化指数,表示在塑性变形中材料的硬化程度。n 大时,说明在变形中材料加工硬化严重。

（5）厚向异性指数 γ。由于板料轧制时出现的纤维组织等因素,板料的塑性会因方向不同而出现差异,这种现象称塑性各向异性。厚向异性指数是指单向拉伸试样宽度应变和厚度应变之比,即

$$\gamma = \varepsilon_b / \varepsilon_t \qquad (9-1)$$

式中:ε_b、ε_t 分别是宽度方向和厚度方向的应变。

厚向异性指数表示板料在厚度方向上的变形能力。γ 值越大,表示板料越不易在厚度方向上产生变形,即不易出现变薄或增厚,γ 值对压缩类变形的拉深影响较大,当 γ 值增大,板料易于在宽度方向变形,可减小起皱的可能性,而板料受拉处厚度不易变薄,又使拉深不易出现裂纹,因此 γ 值大时,有助于提高拉深变形程度。

（6）板平面各向异性指数 $\Delta\gamma$。板料在不同方位上厚向异性指数不同,造成板平面内各向异性,用 $\Delta\gamma$ 表示

$$\Delta\gamma = (\gamma_0 + \gamma_{90} - 2\gamma_{45})/2 \qquad (9-2)$$

式中:γ_0、γ_{90}、γ_{45} 分别是纵向试样、横向试样和与轧制方向成45°试样厚向异性指数。

$\Delta\gamma$ 越大,表示板平面内各向异性越严重。拉深时在零件端部出现不平整的凸耳现象,就是材料的各向异性造成的,它既浪费材料又要增加一道修边工序。

9.5 常用冲压材料及其力学性能

冲压最常用的材料是金属板料,有时也用非金属板料,金属板料分黑色金属和有色金属两种。表9-3列出了部分常用金属板料的力学性能。

黑色金属板料按性质可分为以下几种。

（1）普通碳素钢钢板,如 Q195、Q235 等。

（2）优质碳素结构钢钢板,这类钢板的化学成分和力学性能都有保证。其中碳钢以低碳钢使用较多,常用牌号有 08、08F、10、20 等,冲压性能和焊接性能均较好,用以制造受力不大的冲压件。

（3）低合金结构钢板,常用的如 Q345、Q295。用以制造有强度要求的重要冲压件。

（4）电工硅钢板,如 DT1、DT2。

（5）不锈钢板,如 1Cr18Ni9Ti、1Cr13 等,用以制造有防腐蚀防锈要求的零件。

常用的有色金属有铜及铜合金(如黄铜)等,牌号有 T1、T2、H62、H68 等,其塑性、导电性与导热性均很好。还有铝及铝合金,常用的牌号有 1060、1050A、3A21、2A12 等,有较好的塑性,变形抗力小且轻。

非金属材料有胶木板、橡胶、塑料板等。

冲压用材料最常用的是板料等。大量生产时可采用专门规格的带料(卷料)。特殊情况下可采用块料,它适用于单件小批生产和价值昂贵的有色金属的冲压。

板料按厚度公差可分为 A、B、C 共 3 种;按表面质量可分为 I、II、III 共 3 种。

用于拉深复杂零件的铝镇静钢板,其拉深性能可分为 ZF、HF、F 共 3 种。一般深拉深低碳薄钢板可分为 Z、S、P 共 3 种。板料供应状态可分为:退火状态 M、淬火状态 C、硬态 Y、半硬(1/2 硬)Y2 等。板料有冷轧和热轧两种轧制状态。

表 9 - 3 部分常用冲压材料的力学性能

材料名称	牌号	材料状态	抗剪强度 τ/MPa	抗拉强度 σ_b/MPa	伸长率 δ_{10}/%	屈服强度 σ_s/MPa
电工用纯铁 $w_c < 0.025$	DT1、DT2、DT3	已退火	180	230	26	—
普通碳素钢	Q195	未退火	260 ~ 320	320 ~ 400	28 ~ 33	200
	Q235	未退火	310 ~ 380	380 ~ 470	21 ~ 25	240
	Q275	未退火	400 ~ 500	500 ~ 620	15 ~ 19	280
优质碳素结构钢	08F	已退火	220 ~ 310	280 ~ 390	32	180
	08	已退火	260 ~ 360	330 ~ 450	32	200
	10	已退火	260 ~ 340	300 ~ 440	29	210
	20	已退火	280 ~ 400	360 ~ 510	25	250
	45	已退火	440 ~ 560	550 ~ 700	16	360
	65Mn	已退火	600	750	12	400
不锈钢	1Cr13	已退火	320 ~ 380	400 ~ 470	21	—
	1Cr18Ni9Ti	退火	430 ~ 550	540 ~ 700	40	200
铝	1060、1050A、1200	已退火	80	75 ~ 110	25	50 ~ 80
		冷作硬化	100	120 ~ 150	4	—
铝锰合金	3A21	已退火	70 ~ 110	110 ~ 145	19	50
硬铝	2A12	已退火	105 ~ 150	150 ~ 215	12	—
		淬硬后冷作硬化	280 ~ 320	400 ~ 600	10	340
纯铜	T1、T2、T3	软态	160	200	30	7
		硬态	240	300	3	
黄铜	H62	软态	260	300	35	—
		半硬态	300	380	20	200
	H68	软态	240	300	40	100
		半硬态	280	350	25	—

9.6　冲压设备简介

1. 曲柄压力机

曲柄压力机是一种通用金属成形机床,图9-4所示为一种典型的曲柄压力机的外观。

图9-4　开式可倾曲柄压力机(J23—16)

2. 薄板拉深液压机

液压机根据帕斯卡原理制成,以液体(大型机用水—乳化液、中小型机用油)为介质传递能量。液压机一般由液压系统和本体两部分组成。液压缸、相关容器、管道和各种阀、泵是液压系统的主要构件;本体的结构类型有梁柱式(典型结构为三梁四柱)、框架式、单臂式等,部分大型液压机的工作台可移出,以便安装大型模具。

第10章 冲裁工艺及模具设计

10.1 冲裁变形及受力分析

10.1.1 冲裁变形过程

1. 变形过程

冲裁变形过程,从弹性变形开始,进入塑性变形,最后以断裂分离告终,如图 10-1 所示。

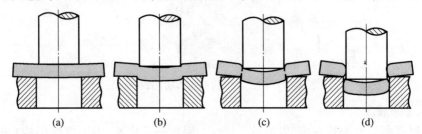

图 10-1 冲裁变形过程

(a) 弹性变形阶段;(b) 塑性变形阶段;(c) 断裂阶段;(d) 分离阶段。

(1) 弹性变形阶段。由于凸模加压于板料,使板料产生弹性压缩与弯曲,板料底面相应部分材料略挤入凹模洞口内。在这一阶段中,板料内部的应力没有超过弹性极限,如凸模卸载后,板料立即恢复原状。

(2) 塑性变形阶段。凸模切入板料并将下部板料挤入凹模孔内,材料的应力达到极限应力值,材料产生微小裂纹。

(3) 断裂及分离阶段。裂纹产生后,凸模仍然不断地压入材料,已形成的微裂纹沿最大剪应变速度方向向材料内延伸,若间隙合理,上下裂纹则相遇重合,板料就被拉断分离,形成光亮的剪切断面。

2. 冲裁曲线(力—行程图)

图 10-2 为冲裁时冲裁力与凸模行程曲线。图中 *AB* 段相当于冲裁的弹性变形阶段,凸模接触材料后,载荷急剧上升,当凸模刃口一旦挤入材料,即进入塑性变形阶段后,载荷的上升就缓慢下来,如 *BC* 段所示。虽然由于凸模挤入材料使承受冲裁力的材料面积减小,但只要材料加工硬化的影响超过受剪面积减小的影响,冲裁力就继续上升,当两者达到相等影响的瞬间,冲裁力达最大值,即图中的 *C* 点。此后,受剪面积的减少超过了加工硬化的影响,于是冲裁力下降。凸模继续下压,材料内部的微裂纹迅速扩张,冲裁力急剧下降,如 *CD* 段所示,此为冲裁的断裂阶段。

10.1.2 冲裁变形区的受力分析

图 10-3 是冲裁时板料受到凸、凹模端面的作用力。由于凸、凹模之间存在间隙,使凸、凹

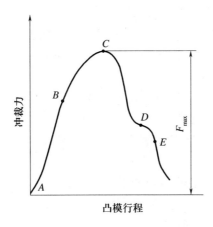

图 10 - 2　冲裁力与凸模行程曲线

模施加于板料的力产生一个力矩 M,其值等于凸、凹模作用的合力与稍大于间隙的力臂 a 的乘积。

图中:F_{p1}、F_{p2}为凸、凹模对板料的垂直作用力;F_1、F_2为凸、凹模对板料的侧压力;μF_{p1}、μF_{p2}为凸模端面与板料间的摩擦力;μF_1、μF_2为凸、凹模侧面与板料间的摩擦力。

冲裁时,由于板料弯曲的影响,其变形区的应力状态是复杂的,且与变形过程有关。对于无压料板压紧材料的冲裁,其变形区应力状态如图 10 - 4 所示。

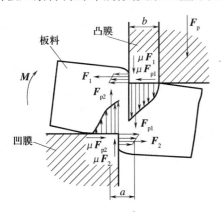

图 10 - 3　冲裁时作用于板料上的力

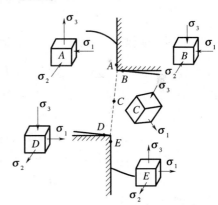

图 10 - 4　冲裁时板料的应力状态图

图中:A 点(凸模侧面)为凸模下压引起轴向拉应力 σ_3,板料弯曲与凸模侧压力引起径向压应力 σ_1,而切向应力 σ_2 为板料弯曲引起的压应力与侧压力引起的拉应力的合成应力;B 点(凸模端面)为凸模下压及板料弯曲引起的三向压缩应力;C 点(断裂区中部)为沿径向为拉应力 σ_1,垂直于板平面方向为压应力 σ_3;D 点(凹模端面)为凹模挤压板料产生轴向压应力 σ_3,板料弯曲引起径向拉应力 σ_1 和切向拉应力 σ_2;E 点(凹模侧面)为由板料弯曲引起的拉应力与凹模侧压力引起压应力合成产生应力 σ_1 与 σ_2,凸模下压引起轴向拉应力 σ_3,一般情况下,该处以拉应力为主。

10.1.3　冲裁件断面的特征

冲裁件正常的断面特征如图 10 - 5 所示。它由圆角带、光亮带、断裂带和毛刺 4 个特征区组成。

（1）圆角带，又称塌角，该区域的形成过程是当凸模刃口刚压入板料时，刃口附近的材料产生弯曲和伸长变形，材料被带进模具间隙。

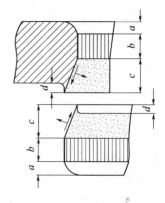

（2）光亮带，又称剪切面，该区域发生在塑性变形阶段，当刃口切入金属板料后，板料与模具侧面挤压而形成光亮垂直的断面，通常占全断面的 $1/3 \sim 1/2$，是断面上质量最好的部分。

（3）断裂带，该区域是在断裂阶段形成的，是由刃口处产生的微裂纹在拉应力的作用下不断扩展而形成的撕裂面，其断面粗糙，具有金属本色，且带有斜度。

图 10 – 5　冲裁件的断面特征

a—圆角带；b—光亮带；

c—断裂带；d—毛刺。

（4）毛刺，毛刺的形成是由于在塑性变形阶段后期，凸模和凹模的刃口切入被加工板料一定深度时，刃口正面材料被压缩，刃尖部分是高静态压应力状态，使微裂纹的起点不会在刃尖处发生，而是在模具侧面距刃尖不远的地方发生，在拉应力的作用下，裂纹加长，材料断裂而产生毛刺。在普通冲裁中毛刺是不可避免的。

10.2　冲裁模具间隙及凸模与凹模刃口尺寸确定

10.2.1　冲裁模具间隙

模具间隙是冲裁变形的重要工艺参数，冲裁单面间隙是指凸模和凹模刃口横向尺寸的差值的一半，常用 c 表示。考虑到模具制造中的偏差及使用中的磨损，生产中通常只选择一个适当的范围作为合理间隙，只要间隙在这个范围内，就可冲出良好的制件，这个范围的最小值称为最小合理间隙 c_{min}，最大值称为最大合理间隙 c_{max}。考虑到模具在使用过程中的磨损将使间隙增大，故设计与制造新模具时要采用最小合理间隙值 c_{min}。确定合理间隙的方法有理论计算法、经验公式法和实用间隙表。

1. 理论计算法

理论计算法的主要依据是保证上下裂纹会合，以便获得良好的断面。图 10 – 6 所示为冲裁过程中开始产生裂纹的瞬时状态。

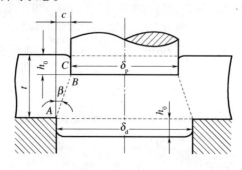

图 10 – 6　冲裁过程中产生裂纹的瞬时状态

根据图中$\triangle ABC$的关系可求得间隙值c为

$$c = (t - h_0)\tan \beta = t\left(1 - \frac{h_0}{t}\right)\tan \beta$$

式中:h_0为凸模切入深度;β为最大剪应力方向与垂线方向的夹角。

从上式可以看出,间隙c与材料厚度t、相对切入深度h_0/t以及裂纹方向β有关。由于理论计算方法在生产中使用不方便,故目前间隙值的确定广泛使用的是经验公式与图表。

2. 经验公式

根据近年来的研究与使用经验,在确定间隙值时要按要求分类选用。对于尺寸精度、断面垂直度要求高的制件应选用较小间隙值,对于断面垂直度与尺寸精度要求不高的制件,应以降低冲裁力,提高模具寿命为主,可采用较大间隙值。其值可按下列经验公式选用

$$c = mt$$

式中 m 的取值有两种方法。

（1）对于软钢、黄铜、纯铜取 1/20,中硬钢取 1/16,硬钢取 1/14,极硬钢取 1/12 ~ 1/10。

（2）对于软钢,纯铁取 6% ~ 9%,铜铝合金取 6% ~ 10%,硬钢取 8% ~ 12%。

3. 实用间隙表

表 10 - 1 和表 10 - 2 是汽车拖拉机行业和电子、仪器仪表行业推荐的间隙值。

表 10 - 1 冲裁模初始用双面间隙 $2c$（汽车拖拉机行业）

材料厚度/mm	08、10、35、09Mn、Q235		16Mn		40、50		65Mn	
	$2c_{min}$	$2c_{max}$	$2c_{min}$	$2c_{max}$	$2c_{min}$	$2c_{max}$	$2c_{min}$	$2c_{max}$
<0.5	极 小 间 隙/mm							
0.5	0.040	0.060	0.040	0.060	0.040	0.060	0.040	0.060
0.6	0.048	0.072	0.048	0.072	0.048	0.072	0.048	0.072
0.7	0.064	0.092	0.064	0.092	0.064	0.092	0.064	0.092
0.8	0.072	0.104	0.072	0.104	0.072	0.104	0.064	0.092
0.9	0.090	0.126	0.090	0.126	0.090	0.126	0.090	0.126
1.0	0.100	0.140	0.100	0.140	0.100	0.140	0.090	0.126
1.2	0.126	0.180	0.132	0.180	0.132	0.180		
1.5	0.132	0.240	0.170	0.240	0.170	0.230		
1.75	0.220	0.320	0.220	0.320	0.220	0.320		
2.0	0.246	0.360	0.260	0.380	0.260	0.380		
2.1	0.260	0.380	0.280	0.400	0.280	0.400		
2.5	0.360	0.500	0.380	0.540	0.380	0.540		
2.75	0.400	0.560	0.420	0.60	0.420	0.600		
3.0	0.460	0.640	0.480	0.660	0.480	0.660		
3.5	0.540	0.740	0.580	0.780	0.580	0.780		
4.0	0.640	0.880	0.680	0.920	0.680	0.920		
4.5	0.720	1.000	0.680	0.960	0.780	1.040		
5.5	0.940	1.280	0.780	1.100	0.980	1.320		
6.0	1.080	1.440	0.840	1.200	1.140	1.500		
6.5			0.940	1.300				
8.0			1.200	1.680				

表 10-2　冲裁模初始双面间隙 $2c$(电器仪表行业)

材料名称		45、T7、T8(退火) 65Mn(退火) 磷青铜(硬) 铍青铜(硬)		10、15、20、30 钢板; 冷轧钢带 H62、H65 (硬)2A12;硅钢片		Q215、Q235 钢板 08、10、15 钢板 H62、H68(半硬) 纯铜(硬);磷青铜 (软);铍青铜(软)		H62、H68（软）紫铜 （软）；3A21；5A02； 2A12(退火)	
力学性能	HBS	≥190		140~190		70~140		≤70	
	σ_b/MPa	≥600		400~600		300~400		≤300	
厚度 t/mm		$2c_{min}$/mm	$2c_{max}$/mm	$2c_{min}$/mm	$2c_{max}$/mm	$2c_{min}$/mm	$2c_{max}$/mm	$2c_{min}$/mm	$2c_{max}$/mm
0.3		0.04	0.06	0.03	0.05	0.02	0.04	0.01	0.03
0.5		0.08	0.10	0.06	0.08	0.04	0.06	0.025	0.045
0.8		0.12	0.16	0.10	0.13	0.07	0.10	0.045	0.075
1.0		0.17	0.20	0.13	0.16	0.10	0.13	0.065	0.095
1.2		0.21	0.24	0.16	0.19	0.13	0.16	0.075	0.105
1.5		0.27	0.31	0.21	0.25	0.15	0.19	0.10	0.14
1.8		0.34	0.38	0.27	0.31	0.20	0.24	0.13	0.17
2.0		0.38	0.42	0.30	0.34	0.22	0.26	0.14	0.18
2.5		0.49	0.55	0.39	0.45	0.29	0.35	0.18	0.24
3.0		0.62	0.65	0.49	0.55	0.36	0.42	0.23	0.29
3.5		0.73	0.81	0.58	0.66	0.43	0.51	0.27	0.35
4.0		0.86	0.94	0.68	0.76	0.50	0.58	0.32	0.40
4.5		1.00	1.08	0.78	0.86	0.58	0.66	0.37	0.45
5.0		1.13	1.23	0.90	1.00	0.65	0.75	0.42	0.52
6.0		1.40	1.50	1.00	1.20	0.82	0.92	0.53	0.63
8.0		2.00	2.12	1.60	1.72	1.17	1.29	0.76	0.88

10.2.2　凸模与凹模刃口尺寸确定

1. 确定刃口尺寸的基本原则

冲裁件的尺寸精度主要决定于模具刃口的尺寸精度,模具的合理间隙值也要靠模具刃口尺寸及制造精度来保证。正确确定模具刃口尺寸及其制造公差,是设计冲裁模主要任务之一。

(1) 确定刃口尺寸应注意的问题。

① 由于凸、凹模之间存在间隙,使落下的料或冲出的孔都带有锥度,且落料件的大端尺寸等于凹模尺寸,冲孔件的小端尺寸等于凸模尺寸。

② 在测量与使用中,落料件以大端尺寸为基准,冲孔孔径以小端尺寸为基准。

③ 冲裁时,凸、凹模要与冲裁件或废料发生摩擦,凸模越磨越小,凹模越磨越大,结果使间隙越用越大。

(2) 决定模具刃口尺寸及其制造公差的原则。

① 落料件尺寸由凹模尺寸决定,冲孔时孔的尺寸由凸模尺寸决定。故设计落料模时,以凹模为基准,间隙取在凸模上;设计冲孔模时,以凸模为基准,间隙取在凹模上。

② 考虑到冲裁中凸、凹模的磨损,设计落料模时,凹模基本尺寸应取尺寸公差范围的较小尺寸;设计冲孔模时,凸模基本尺寸则应取工件孔尺寸公差范围内的较大尺寸。这样,在凸、凹模磨损到一定程度的情况下,仍能冲出合格制件。凸、凹模间隙则取最小合理间隙值。

200

③ 确定冲模刃口制造公差时,应考虑制件的公差要求。如果对刃口精度要求过高(即制造公差过小),会使模具制造困难,增加成本,延长生产周期;如果对刃口精度要求过低(即制造公差过大),则生产出来的制件可能不合格,会使模具的寿命降低。若制件没有标注公差,则对于非圆形件按国家标准"非配合尺寸的公差数值"IT14 级处理,冲模则可按 IT11 级制造;对于圆形件,一般可按 IT7 ~ IT6 级制造模具。冲压件的尺寸公差应按"入体"原则标注为单向公差,落料件上偏差为零,下偏差为负;冲孔件上偏差为正,下偏差为零。

2. 确定刃口尺寸的公式

由于模具加工方法不同,凸模与凹模刃口部分尺寸的计算公式与制造公差的标注也不同,刃口尺寸的计算方法可分为两种情况。

(1) 凸模与凹模分开加工。采用这种方法,是指凸模和凹模分别按图纸加工至尺寸。要分别标注凸模和凹模刃口尺寸与制造公差(凸模 δ_p、凹模 δ_d),它适用于圆形或简单形状的制件。为了保证初始间隙值小于最大合理间隙 $2c_{max}$,必须满足下列条件。

$$|\delta_p| + |\delta_d| \leq 2c_{max} - 2c_{min}$$

也就是说,新制造的模具应该是 $|\delta_p| + |\delta_d| + 2c_{min} \leq 2c_{max}$。否则制造的模具间隙将超过允许变动范围 $2c_{min} \sim 2c_{max}$。

下面对落料和冲孔两种情况分别进行讨论。

① 落料。设工件的尺寸为 $D_0 - \Delta$,根据计算原则,落料时以凹模为设计基准。首先确定凹模尺寸,使凹模基本尺寸接近或等于制件轮廓的最小极限尺寸,再减小凸模尺寸以保证最小合理间隙值 $2c_{min}$。各部分分配位置如图 10 - 7(a)所示。其计算公式如下

$$D_d = (D_{max} - x\Delta)_0^{+\delta_d} \tag{10 - 1}$$

$$D_p = (D_d - 2c_{min})_{-\delta_p}^0 = (D_{max} - x\Delta - 2c_{min})_{-\delta_p}^0 \tag{10 - 2}$$

② 冲孔。设冲孔尺寸为 $d + \Delta$,根据以上原则,冲孔时以凸模设计为基准,首先确定凸模刃口尺寸,使凸模基本尺寸接近或等于工件孔的最大极限尺寸,再增大凹模尺寸以保证最小合理间隙 $2c_{min}$。各部分分配位置如图 10 - 7(b)所示,凸模制造偏差取负偏差,凹模取正偏差。其计算公式如下

$$d_p = (d_{min} + x\Delta)_{-\delta_p}^0 \tag{10 - 3}$$

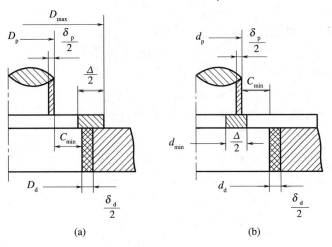

(a)   (b)

图 10 - 7 凸、凹模刃口尺寸的确定

(a) 落料;(b) 冲孔。

$$d_d = (d_p + 2c_{\min})_0^{+\delta_d} = (d_{\min} + x\Delta + 2c_{\min})_0^{+\delta_d} \qquad (10-4)$$

式中:D_d 为落料凹模基本尺寸(mm);D_p 为落料凸模基本尺寸(mm);$D_{\max}$ 为落料件最大极限尺寸(mm);d_d 为冲孔凹模基本尺寸(mm);d_p 为冲孔凸模基本尺寸(mm);$d_{\min}$ 为冲孔件孔的最小极限尺寸(mm);Δ 为制件公差(mm);$2c_{\min}$ 为凸、凹模最小初始双面间隙(mm);δ_p 为凸模下偏差,可按 IT6 选用(mm);δ_d 为凹模上偏差,可按 IT7 选用(mm);x 为系数,是为了使冲裁件的实际尺寸尽量接近冲裁件公差带的中间尺寸,与工件制造精度有关,可查表 10-3 或按下列关系取值。

当制件公差为 IT10 以上或大批量生产时,取 $x=1$;当制件公差为 IT11~IT13 或中批量生产时,取 $x=0.75$;当制件公差为 IT14 者或小批量生产时,取 $x=0.5$。

表 10-3 系数 x

材料厚度 t	非圆形			圆形	
	1	0.75	0.5	0.75	0.5
	工件公差 Δ				
<1	≤0.16	0.17~0.35	≥0.36	<0.16	≥0.16
1~2	≤0.20	0.21~0.41	≥0.42	<0.20	≥0.20
2~4	≤0.24	0.25~0.44	≥0.50	<0.24	≥0.24
>4	≤0.30	0.31~0.59	≥0.60	<0.30	≥0.30

(2) 凸模和凹模配合加工。对于形状复杂或薄板工件的模具,为了保证冲裁凸、凹模间有一定的间隙值,必须采用配合加工。此方法是先做好其中的一件,以其(凸模或凹模)作为基准件,然后以此基准件的实际尺寸来配加工另一件,使它们之间保持一定的间隙。因此,只在基准件上标注尺寸和制造公差,另一件只标注公称尺寸并注明配做所留的间隙值。这样 δ_p 与 δ_d 就不再受间隙限制。根据经验,普通模具的制造公差一般可取 $\delta = \Delta/4$。这种方法不仅容易保证凸、凹模间隙值很小,而且还可放大基准件的制造公差,使制造容易。在计算复杂形状的凸凹模工作部分的尺寸时,可以发现凸模和凹模磨损后,在一个凸模或凹模上会同时存在着三类不同磨损性质的尺寸,这时需要区别对待。

第一类:凸模或凹模磨损会增大的尺寸。

第二类:凸模或凹模磨损后会减小的尺寸。

第三类:凸模或凹模磨损后基本不变的尺寸。

如图 10-8 所示的工件,其中尺寸 a、b、c 对凸模来说是属于第二类尺寸,对于凹模来说则是第一类尺寸;尺寸 d 对于凸模来说属于第一类尺寸,对于凹模来说属于第二类尺寸;尺寸 e,对凸模和凹模来说都属于第三类尺寸。下面分别讨论凸模或凹模中这三类尺寸的不同计算方法。

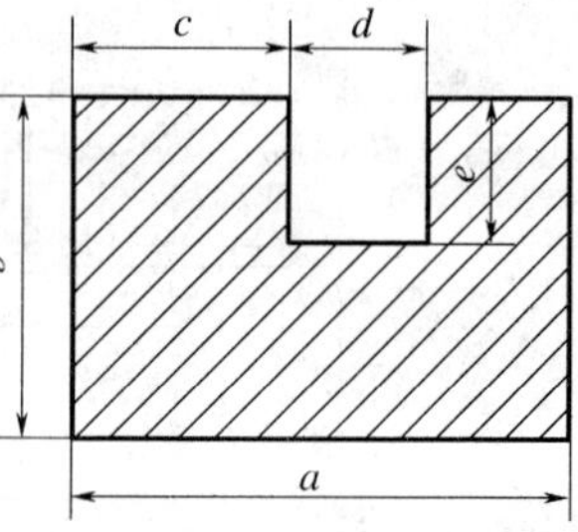

对于落料凹模或冲孔凸模在磨损后将会增大的第一类尺寸,相当于简单形状的落料凹模尺寸,所以它的基本尺寸及制造公差的确定方法就由与式(10-1)相同的式(10-5)确定。

第一类尺寸:

图 10-8 复杂形状冲裁件的尺寸分类

$$A_j = (A_{\max} - x\Delta)_0^{+0.25\Delta} \qquad (10-5)$$

对于冲孔凸模或落料凹模在磨损后将会减小的第二类尺寸,相当于简单形状的冲孔凸模尺寸,所以它的基本尺寸及制造公差的确定方法就由与式(10-3)相同的式(10-6)确定。

第二类尺寸：
$$B_j = (B_{min} + x\Delta)^0_{-0.25\Delta} \tag{10-6}$$

对于凸模或凹模在磨损后基本不变的第三类尺寸不必考虑磨损的影响,凸、凹模的基本尺寸按式(10-7)计算。

第三类尺
$$C_j = (C_{min} + 0.5\Delta) \pm 0.125\Delta \tag{10-7}$$

10.3 影响冲裁件质量的因素

1. 材料的性能的影响

对于塑性较好的材料,冲裁时裂纹出现得较迟,因而材料剪切的深度较大。所以得到的光亮带所占比例大,圆角大,穿弯大,断裂带较窄。而塑性差的材料,当剪切开始不久材料便被拉裂,光亮带所占比例小,圆角小,穿弯小,而大部分是有斜度的粗糙断裂带。

2. 模具冲裁间隙的影响

当间隙过小时,如图10-9(a)所示,上、下裂纹互不重合。两裂纹之间的材料,随着冲裁的进行将被第二次剪切在断面上形成第二光亮带,该光亮带中部有残留的断裂带(夹层)。小间隙会使应力状态中的拉应力成分减小,挤压作用增大,使材料塑性得到允分发挥,裂纹的产生受到抑制而推迟。所以,光亮带宽度增加,圆角、毛刺、斜度翘曲、拱弯等弊病都有所减小,工件质量较好,但断面的质量较差,有缺陷,如中部的夹层等。

当间隙合适时,如图10-9(b)所示,上、下裂纹能会合成一条线。尽管断面有斜度,但零件比较平直,圆角、毛刺斜度均不大,有较好的综合断面质量。

当间隙过大时,如图10-9(c)所示,上、下裂纹仍然不重合。因变形材料应力状态中的拉应力成分增大、材料的弯曲和拉伸也增大,材料容易产生微裂纹,使塑性变形较早结束。所以,光亮带变窄,剪裂带、圆角带增宽、毛刺和斜度较大,拱弯翘曲现象显著,冲裁件质量下降。并且拉裂产生的斜度增大,断面出现两个斜度,断面质量也是不理想的。

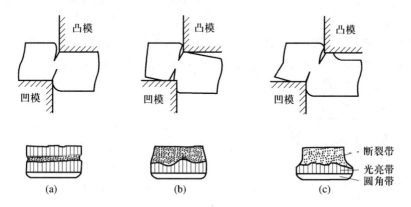

图10-9 间隙大小对冲裁件断面质量的影响

(a)间隙过小;(b)间隙合适;(c)间隙过大。

当模具间隙不均匀时,冲裁件会出现部分间隙过大,部分间隙过小的断面情况。这对冲裁件断面质量也是有影响的,因此要求模具制造和安装时必须保持间隙均匀。

3. 模具刃口状态的影响

刃口状态对冲裁过程中的应力状态有较大影响。当模具刃口磨损成圆角时,挤压作用增大,则冲裁件圆角和光亮带增大。钝的刃口,即使间隙选择合理,在冲裁件上也将产生较大毛刺。凸模钝时,落料件产生毛刺;凹模钝时,冲孔件产生毛刺。

10.4　冲裁力和压力中心的计算

10.4.1　冲裁力的计算

计算冲裁力的目的是为了选用合适的压力机、设计模具和检验模具的强度。压力机的吨位必须大于所计算的冲裁力,以适应冲裁的需求。普通平刃冲裁模,其冲裁力 F 一般可按下式计算

$$F = KtL\tau \tag{10-8}$$

式中:τ 为材料抗剪强度(MPa);L 为冲裁周边总长(mm);t 为材料厚度(mm)。

系数 K 是考虑到冲裁模刃口的磨损、凸模与凹模间隙之波动(数值的变化或分布不均)、润滑情况、材料力学性能与厚度公差的变化等因素而设置的安全系数,一般取 1.3。当查不到抗剪强度 τ 时,可用抗拉强度 σ_b 代替 τ,而取 $K=1$ 的近似计算法计算。

当上模完成一次冲裁后,冲入凹模内的制件或废料因弹性扩张而梗塞在凹模内,模面上的材料因弹性收缩而紧箍在凸模上。为了使冲裁工作继续进行,必须将箍在凸模上的材料刮下,将梗塞在凹模内的制件或废料向下推出或向上顶出。从凸模上刮下材料所需的力,称为卸料力;从凹模内向下推出制件或废料所需的力,称为推料力;从凹模内向上顶出制件需的力,称为顶件力,如图 10-10 所示。在实际生产中常采用经验公式计算

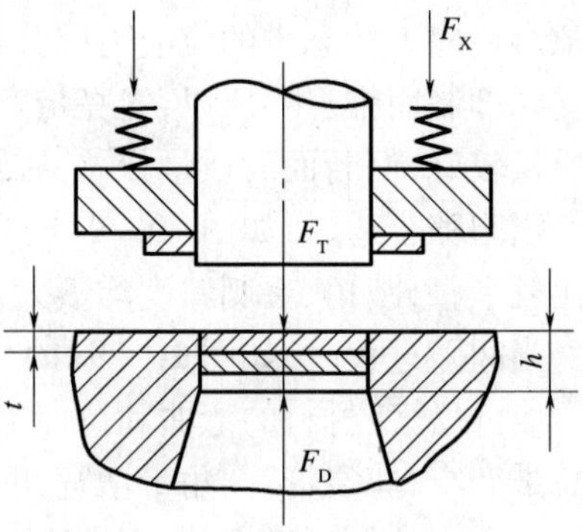

图 10-10　卸料力、推料力、顶件力示意图

卸料力　$F_x = KF$ 　　　　(10-9)

推料力　$F_T = nK_1F$ 　　　(10-10)

顶件力　$F_D = K_2F$ 　　　(10-11)

式中:F 为冲裁力(N);K 为卸料力系数,其值为 0.02~0.06(薄料取大值,厚料取小值);K_1 为推料力系数,其值为 0.03~0.07(薄料取大值,厚料取小值);K_2 为顶件力系数,其值为 0.04~0.08(薄料取大值,厚料取小值);n 为梗塞在凹模内的制件或废料数量,其中 $n = h/t$;h 为直刃口部分的高(mm);t 为材料厚度(mm)。

10.4.2　压力机公称压力的选取

冲裁时,压力机的公称压力必须大于或等于冲裁各工艺力的总和。

采用弹压卸料装置和下出件的模具时

$$F_Z = F + F_X + F_T \tag{10-12}$$

采用弹压卸料装置和上出件的模具时

$$F_Z = F + F_X + F_D \tag{10-13}$$

采用刚性卸料装置和下出件模具时

$$F_Z = F + F_T \tag{10-14}$$

10.4.3　压力中心的确定

模具压力中心是指冲压时诸冲压力合力的作用点位置。为了确保压力机和模具正常工

作,应使冲模的压力中心与压力机滑块的中心相重合。否则,会使冲模和压力机滑块产生偏心载荷,使滑块和导轨间产生过大的磨损,模具导向零件加速磨损,降低模具和压力机的使用寿命。

冲模的压力中心,可按下述原则来确定。

(1) 对称形状的单个冲裁件,冲模的压力中心就是冲裁件的几何中心。

(2) 工件形状相同且分布位置对称时,冲模的压力中心与零件的对称中心相重合。

(3) 形状复杂的零件、多孔冲模、级进模的压力中心可用解析计算法求出冲模压力中心。

解析法的计算依据是:各分力对某坐标轴的力矩之代数和等于诸力的合力对该轴的力矩;各分力对某坐标点的合力矩为零时,该坐标点就是其压力中心。因此,首先应求出合力矩为零的作用点的坐标位置 $O_0(x_0, y_0)$,该点即为所求模具的压力中心(图 10-11)。

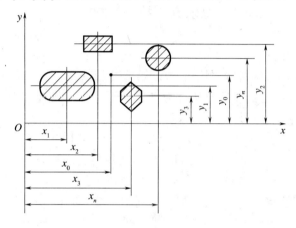

图 10-11　解析法求压力中心

计算公式为

$$X_0 = \frac{F_1 x_1 + F_2 x_2 + \cdots + F_n x_n}{F_1 + F_2 + \cdots + F_n}$$

$$Y_0 = \frac{F_1 y_1 + F_2 y_2 + \cdots + F_n y_n}{F_1 + F_2 + \cdots + F_n}$$

(10-15)

因冲裁力与冲裁周边长度成正比,所以式中的各冲裁力 F_1、F_2、F_3、$\cdots$、F_n,可分别用各冲裁周边长度 l_1、l_2、l_3、$\cdots$、l_n 代替,即

$$X_0 = \frac{l_1 x_1 + l_2 x_2 + \cdots + l_n x_n}{l_1 + l_2 + \cdots + l_n}$$

$$Y_0 = \frac{l_1 y_1 + l_2 y_2 + \cdots + l_n y_n}{l_1 + l_2 + \cdots + l_n}$$

(10-16)

10.4.4　降低冲裁力的措施

当采用平刃冲裁压力过大时,或因现有设备无法满足冲裁需要时,可采用斜刃进行冲裁以降低冲裁力。为了能得到平整的工件,落料时斜刃做在凸模上,如图 10-12(a)所示。斜刃一般做成中间凹进的形状。

多孔冲模的冲孔凸模可做成不同高度,以降低冲裁力的最大值。但此类结构由于刃模不方便,仅在小批量生产中采用(图 10-12(c))。

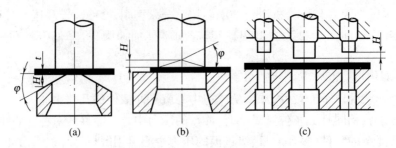

图 10 - 12　减小冲裁力的设计

(a) 斜刃落料；(b) 斜刃冲孔；(c) 梯形布置冲头。

10.5　排　样

1. 材料的经济利用

在冲压零件的成本中，材料费用约占 60% 以上，因此材料的经济利用具有非常重要的意义。冲压件在条料或板料上的布置方法称为排样。不合理的排样会浪费材料，衡量排样经济性的指标是材料的利用率。可用下式计算

$$\eta = F/F_0 \times 100\% = F/AB \times 100\% \qquad (10-17)$$

式中：η 为材料利用率；F 为工件的实际面积；F_0 为所用材料面积，包括工件面积与废料面积；A 为送料进距(相邻两个制件对应点的距离)；B 为条料宽度。

从上式可看出，若能减少废料面积，则材料利用率高。废料可分为工艺废料与结构废料两种(图 10 - 13)。搭边和余料属工艺废料，这是与排样形式及冲压方式有关的废料；结构废料由工件的形状特点决定，一般不能改变。所以只有设计合理的排样方案，减少工艺废料，才能提高材料利用率。

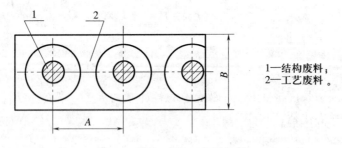

1—结构废料；
2—工艺废料。

图 10 - 13　废料分类

排样合理与否不但影响材料的经济利用，还影响到制件的质量、模具的结构与寿命、制件的生产率和模具的成本等技术、经济指标。因此，排样时应考虑如下原则。

(1) 提高材料利用率(不影响制件使用性能前提下，还可适当改变制件形状)。

(2) 排样方法应使操作方便，劳动强度小且安全。

(3) 模具结构简单、寿命高。

(4) 保证制件质量和制件对板料纤维方向的要求。

2. 排样方法

根据材料经济利用程度，排样方法可分为有废料、少废料和无废料排样 3 种，根据制件在条料上的布置形式，排样又可分为直排、斜排、对排、混合排、多排等多种形式。

206

（1）有废料排样法：如图 10 - 14(a)所示，沿制件的全部外形轮廓冲裁，在制件之间及制件与条料侧边之间，都有工艺余料（称搭边）存在。因留有搭边，所以制件质量和模具寿命较高，但材料利用率降低。

（2）少废料排样法：如图 10 - 14(b)所示，沿制件的部分外形轮廓切断或冲裁，只在制件之间（或制件与条料侧边之间）留有搭边，材料利用率有所提高。

（3）无废料排样法：无废料排样法就是无工艺搭边的排样，制件直接由切断条料获得。图 10 - 14(c)是步距为两倍制件宽度的一模两件的无废料排样。

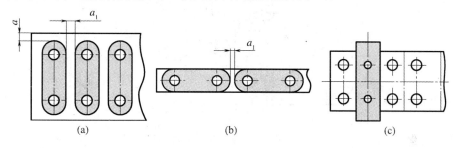

图 10 14 排样

(a)有废料排样；(b)少废料排样；(c)无废料排样

10.6 冲裁模的结构设计

冲裁模是冲裁工序所用的模具。冲裁模的结构型式很多，为研究方便，对冲裁模可按不同的特征进行分类。

（1）按工序性质可分为落料模、冲孔模、切断模、切口模、切边模、剖切模等。

（2）按工序组合方式可分为单工序模、复合模和级进模。

（3）按上、下模的导向方式可分为无导向的开式模和有导向的导板模、导柱模、导筒模等。

分类的方法比较多，上述的各种分类方法从不同的角度反映了模具结构的不同特点。下面根据工序组合方式的不同，分别分析各类冲裁模的结构及其特点。

10.6.1 单工序冲裁模

单工序冲裁模指在压力机一次行程内只完成一个冲压工序的冲裁模，如落料模、冲孔模、切断模、切口模、切边模等。

1. 落料模

落料模常见的有以下 3 种形式。

（1）无导向的开式落料模（图 10 - 15），其特点是上、下模无导向，结构简单，制造容易，冲裁间隙由冲床滑块的导向精度决定。常用于料厚而精度要求低的小批量冲件的生产。

（2）导板式落料模，是将凸模与导板（又是固定卸料板）间选用 H7/h6 的间隙配合，且该间隙小于冲裁间隙。回程时不允许凸模离开导板，以保证对凸模的导向作用。常用于料厚大于 0.3mm 的简单冲压件，如图 10 - 16 所示。

（3）图 10 - 17 是带导柱的弹顶落料模。上下模依靠导柱导套导向，间隙容易保证，并且该模具采用弹压卸料和弹压顶出的结构，冲压时材料被上下压紧完成分离。零件的变形小，平整度高。该种结构广泛用于材料厚度较小，且有平面度要求的金属件和易于分层的非金属件。

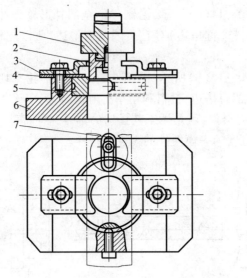

1—上模座；
2—凸模；
3—卸料板；
4—导料板；
5—凹模；
6—下模座；
7—定位板。

图 10 – 15　无导向开式落料模

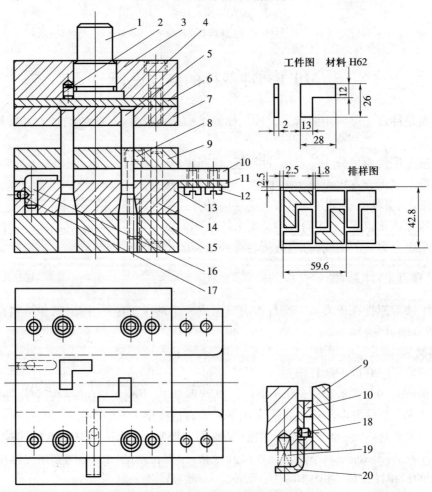

图 10 – 16　导板式落料模

1—模柄；2—止动销；3—上模座；4、8—内六角螺钉；5—凸模；6—垫板；7—凸模固定板；
9—导板；10—导料板；11—承料板；12—螺钉；13—凹模；14—圆柱销；15—下模座；
16—固定挡料销；17—止动销；18—限位销；19—弹簧；20—始用挡料销。

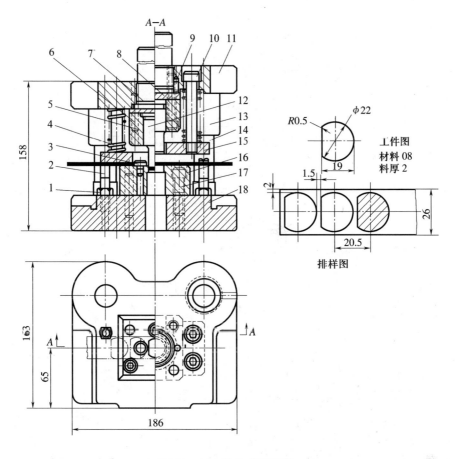

图 10 – 17 导柱式落料模

1—螺帽；2—导料螺钉；3—挡料销；4—弹簧；5—凸模固定板；6—销钉；
7—模柄；8—垫板；9—止动销；10—卸料螺钉；11—上模座；12—凸模；
13—导套；14—导柱；15—卸料板；16—凹模；17—内六角螺钉；18—下模座。

2. 冲孔模

冲孔模的结构与一般落料模相似。但冲孔模有其自己的特点,特别是冲小孔模具,必须考虑凸模的强度和刚度,以及快速更换凸模的结构。图 10 – 18 是全长导向结构的小孔冲模。

10.6.2 复合冲裁模

在压力机的一次工作行程中,在模具同一部位同时完成数道冲压工序的模具,称为复合冲裁模。复合模的设计难点是如何在同一工作位置上合理地布置好几对凸、凹模。图 10 – 19 是落料冲孔复合模。在模具的一方是落料凹模,中间装着冲孔凸模;而另一方是凸凹模,外形是落料的凸模,内孔是冲孔的凹模。若落料凹模装在上模上,称为倒装复合模;反之,称为顺装复合模。

复合模的特点是:结构紧凑,生产率高,制件精度高,特别是制件孔对外形的位置度容易保证。另一方面,复合模结构复杂,对模具零件精度要求较高,模具装配精度也较高。

10.6.3 级进冲裁模

级进模(又称连续模、跳步模)是指压力机在一次行程中,依次在模具几个不同的位置上

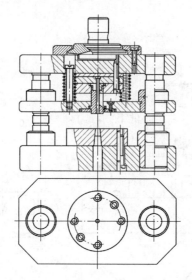

图 10 – 18 全长导向结构的小孔冲模

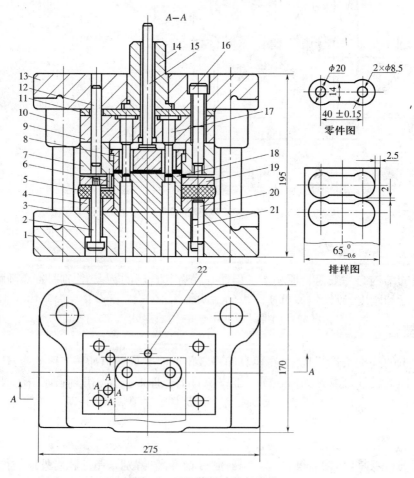

图 10 – 19 落料冲孔复合模

1—下模板；2—卸料螺钉；3—导柱；4—固定板；5—橡胶；6—导料销；7—落料凹模；
8—推件块；9—固定板；10—导套；11—垫板；12、20—销钉；13—上模板；14—模柄；
15—打杆；16、21—螺钉；17—冲孔凸模；18—凸凹模；19—卸料板；22—挡料销。

同时完成多道冲压工序的冲模。整个制件的成形是在级进过程中逐步完成的。级进成形是属工序集中的工艺方法,可使切边、切口、切槽、冲孔、塑性成形、落料等多种工序在一副模具上完成。级进模可分为普通级进模和多工位精密级进模。

由于用级进模冲压时,冲裁件是依次在几个不同位置上逐步成形的,因此要控制冲裁件的孔与外形的相对位置精度就必须严格控制送料步距。为此,级进模有两种基本结构类型:用导销定距的级进模与用侧刃定距的级进模。图 10 - 20 是双侧刃冲孔落料级进模。

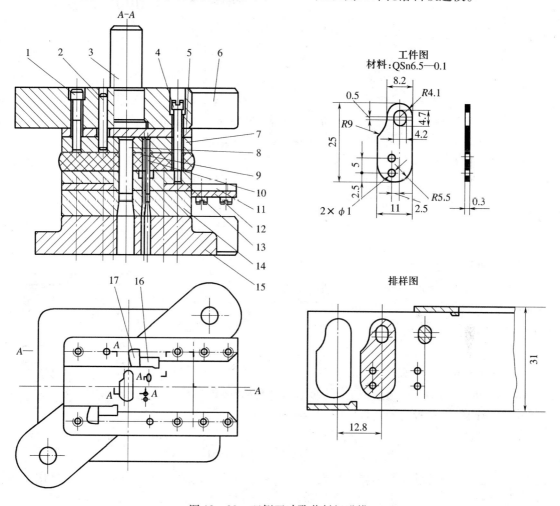

图 10 - 20 双侧刃冲孔,落料级进模
1—内六角螺钉;2—销钉;3—模柄;4—卸料螺钉;5—垫板;6—上模座;
7—凸模固定板;8、9、10—凸模;11—导料板;12—承料板;13—卸料板;
14—凹模;15—下模座;16—侧刃;17—侧刃挡块。

10.7 冲裁模主要零部件的结构设计

10.7.1 凸模与凸模组件的结构设计

1. 凸模的结构形式

凸模结构通常分为两大类。一类是镶拼式,如图 10 - 22 所示,另一类为整体式。整体式

211

中,根据加工方法的不同,又分为台阶式(图 10 – 22(a)、(b))和直通式(图 10 – 22(c))。

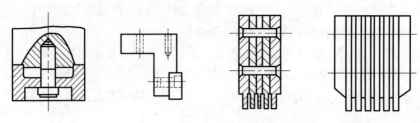

图 10 – 21　镶拼式凸模图

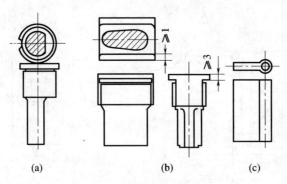

(a)　　　　　　　(b)　　　　(c)

图 10 – 22　整体式凸模

(a) 台阶式一；(b) 台阶式二；(c) 直通式。

2. 凸模长度的确定

凸模长度应根据模具结构的需要来确定(图 10 – 23)。若采用固定卸料板和导料板结构时,凸模的长度应该为

$$L = h_1 + h_2 + h_3 + (15 \sim 20) \text{mm}$$

(10 – 18)

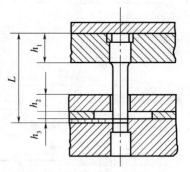

式中:h_1、h_2、h_3 分别为凸模固定板、卸料板、导料板的厚度。15mm ~ 20mm 为附加长度,包括凸模的修磨量,凸模进入凹模的深度及凸模固定板与卸料板间的安全距离。

3. 凸模材料

模具刃口要求有较高的耐磨性,并能承受冲裁时的冲

图 10 – 23　凸模长度的确定

击力。因此应有高的硬度与适当的韧性。形状简单且模具寿命要求不高的凸模可选用 T8A、T10A 等材料;形状复杂且模具有较高寿命要求的凸模应选 Cr12、Cr12MoV、CrWMn 等制造,硬度取 58HRC ~ 62HRC,要求高寿命、高耐磨性的凸模,可选硬质合金材料。

4. 凸模强度和刚度

在一般情况下,凸模的强度是足够的,不必进行强度计算。但是,对细长的凸模,或在凸模断面尺寸较小而毛坯厚度又比较大的情况下,必须进行承压能力和抗纵向弯曲能力两方面的校验。

(1) 凸模承载能力校核:凸模最小断面承受的压应力 σ 必须小于凸模材料强度允许的压力 $[\sigma]$,即

$$\sigma = \frac{P}{F_{\min}} \leqslant [\sigma]$$

(10 – 19)

式中:σ 为凸模最小断面的压应力(MPa);P 为凸模纵向总压力(N);$F_{\min}$ 为凸模最小断面积

（mm^2）；$[\sigma]$为凸模材料的许用压应力（MPa）。

（2）凸模抗弯能力校核：凸模冲裁时稳定性校验采用杆件受轴向压力的欧拉公式。根据模具结构的特点，可分为无导向装置和有导向装置的凸模（图10-24）。

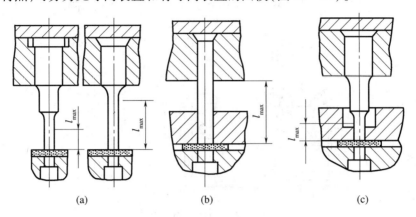

图10-24 凸模的自由长度

（a）无导向装置的凸模；（b）有导向装置的直通式凸模；（c）有导向装置的阶梯式凸模。

对无导向装置的凸模，其受力情况相当于一端固定另一端自由的压杆，其纵向的抗弯能力可用下列公式校验

对圆形凸模

$$L_{max} \leqslant \frac{95d^2}{\sqrt{P}}$$

（10-20）

对非圆形凸模

$$L_{max} \leqslant 425\sqrt{\frac{I}{P}}$$

（10-21）

有导向装置的凸模，其不发生失稳弯曲的凸模最大长度为

对圆形凸模

$$L_{max} \leqslant \frac{270d^2}{P}$$

（10-22）

对非圆形凸模

$$L_{max} \leqslant 1200\sqrt{\frac{I}{P}}$$

（10-23）

式中：I为凸模最小截面的惯性距（mm^4）；P为凸模的冲裁力（N）；d为凸模最小直径（mm）。

据上述公式可知，凸模弯曲不失稳时的最大长度L_{max}与凸模截面尺寸、冲裁力的大小、材料力学性能等因素有关。同时还受到模具精度、刃口锋利程度、制造过程、热处理等影响。

5. 凸模的固定方式

中、小型凸模多采用台肩、吊装或铆接固定，如图10-25所示。

10.7.2 凹模的结构设计

1. 凹模洞口的类型

常用凹模洞口类型如图10-26所示，其中图10-26(a)、(b)、(c)所示为直筒式刃口凹模。其特点是制造方便，刃口强度高，刃磨后工作部分尺寸不变。广泛用于冲裁公差要求较小，形状复杂的精密制件。但因废料（或制件）的聚集而增大了推件力和凹模的涨裂力，给凸、凹模的强度都带来了不利的影响。一般复合模和上出件的冲裁模用图10-26(a)、(c)所示类型，下出件的用图10-26(b)或图10-26(a)所示类型。图10-26(d)、(e)所示类型是锥筒式刃口，在凹模内不聚集材料，侧壁磨损小。但刃口强度差，刃磨后刃口径向尺寸略有增大。

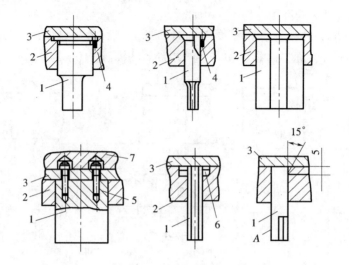

图 10 - 25 凸模的固定方法

1—凸模；2—凸模固定板；3—垫板；4—防转销；5—吊装螺钉；6—吊装横销；7—上模座。

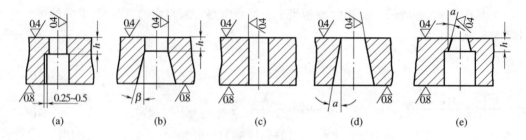

图 10 - 26 凹模洞口的类型

（a）类型一；（b）类型二；（c）类型三；（d）类型四；（e）类型五。

2. 凹模的外形尺寸

凹模的外形一般有矩形与圆形两种。凹模的外形尺寸应保证有足够的强度、刚度和修磨量。凹模的外形尺寸一般是根据被冲材料的厚度和冲裁件的最大外形尺寸来确定的,如图10 - 27 所示。

凹模厚度 $H = Kb\ (\geqslant 15\mathrm{mm})$

凹模壁厚 $c = (1.5 \sim 2)H\ (\geqslant 30\mathrm{mm} \sim 40\mathrm{mm})$

式中:b 为冲裁件的最大外形尺寸;K 为系数,考虑板料厚度的影响,如表 10 - 4 所列。

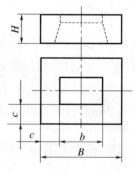

图 10 - 27 凹模外形尺寸

表 10 - 4 系数 K 值

b	料 厚 H				
	0.5	1	2	3	>3
≤50	0.30	0.35	0.42	0.50	0.60
>50 ~ 100	0.20	0.22	0.28	0.35	0.42
>100 ~ 200	0.15	0.18	0.20	0.24	0.30
>200	0.10	0.12	0.15	0.18	0.22

214

10.7.3 卸料与推件零件的设计

1. 卸料零件

设计卸料零件的目的,是将冲裁后卡箍在凸模上或凸凹模上的制件或废料卸掉,保证下次冲压正常进行。常用的卸料方式有如下几种。

(1)刚性卸料。刚性卸料采用固定卸料板结构。常用于较硬、较厚且精度要求不高的工件冲裁后的卸料。当卸料板只起卸料作用时,与凸模的间隙随材料厚度的增加而增大,单边间隙取$(0.2 \sim 0.5)t$。当固定卸料板还要起到对凸模的导向作用时,卸料板与凸模的配合间隙应小于冲裁间隙。此时要求凸模卸料时不能完全脱离卸料板。常用的固定卸料板如图 10 - 28所示。

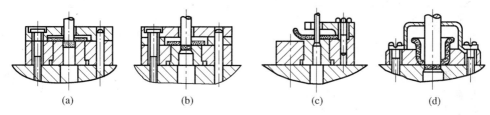

图 10 - 28　固定卸料板

(a)整体式卸料板;(b)组合式卸料板;(c)悬臂式卸料板;(d)拱形卸料板。

(2)弹压卸料板。弹压卸料板具有卸料和压料的双重作用,主要用在冲裁料厚在 1.5mm以下的板料,由于有压料作用,冲裁件比较平整。弹压卸料板与弹性元件(弹簧或橡皮)、卸料螺钉组成弹压卸料装置,如图 10 - 29 所示。

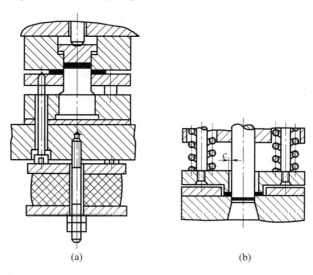

图 10 - 29　弹压卸料装置

(a)向上卸料;(b)向下卸料。

2. 推件和顶件装置

推件和顶件的目的,是将制件从凹模中推出来(凹模在上模)或顶出来(凹模在下模)。常见的弹性推件装置如图 10 - 30 所示。

弹性顶件装置一般都装在下模,如图 10 - 31 所示。通过弹性元件在模具冲压时储存能量,模具回程时,能量的释放将材料从凹模洞中顶出。

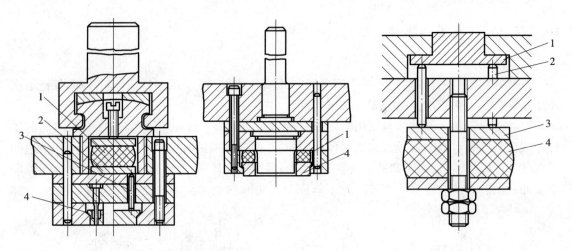

图 10-30 弹性推件装置
1—橡胶;2—推板;3—连接推杆;4—推件块。

图 10-31 弹性顶件装置
1—顶件块;2—顶杆;3—托板;4—橡胶。

10.7.4 模架

模架是整副模具的骨架,模具的全部零件都固定在它的上面,并承受冲压过程的全部载荷。模具上模座和下模座分别与冲压设备的滑块和工作台固定。上、下模间的精确位置,由导柱、导套的导向来实现。

按导柱在模架上的固定位置不同,导柱模架的基本型式有如图 10-32 所示的 4 种。

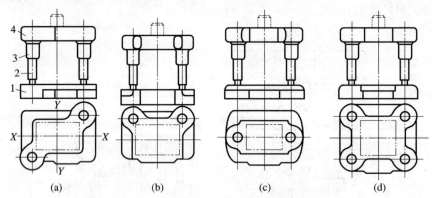

(a)   (b)   (c)   (d)

图 10-32 导柱模架
(a)对角导柱模架;(b)后侧导柱模架;(c)中间导柱模架;(d)四导柱模架。
1—下模座;2—导柱;3—导套;4—上模座。

第11章 弯曲工艺及模具设计

11.1 弯曲变形过程及特点

11.1.1 弯曲变形过程

弯曲变形的过程一般经历弹性弯曲变形、弹塑性弯曲变形、塑性弯曲变形 3 个阶段,如图 11-1 所示。

弯曲开始时,模具的凸、凹模分别与板料在 A、B 处相接触。设凸模在 A 处施加的弯曲力为 2F。这时在 B 处,凹模与板料的接触支点则产生反作用力并与弯曲力构成弯曲力矩 $M = \dfrac{Fl_1}{2}$,使板料产生弯曲。在弯曲的开始阶段,弯曲圆角半径 r_1 很大,弯曲力矩很小,仅引起材料的弹性弯曲变形。

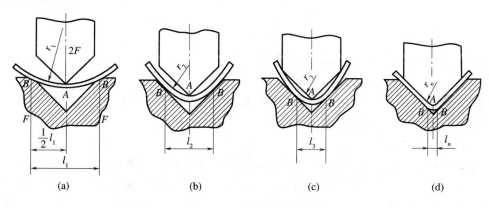

(a) (b) (c) (d)

图 11-1 弯曲变形过程

随着凸模进入凹模深度的增大,凹模与板料的接触处位置发生变化,支点 B 沿凹模斜面不断下移,弯曲力臂 l 逐渐减小,即 $l_n < l_3 < l_2 < l_1$。同时,弯曲圆角半径 r 也逐渐减小,即 $r_n < r_3 < r_2 < r_1$,板料的弯曲变形程度进一步加大。

弯曲变形程度可以用相对弯曲半径 r/t 表示,t 为板料的厚度。r/t 越小,表明弯曲变形程度越大。一般认为,当相对弯曲半径 r/t > 200 时,弯曲区材料处于弯曲弹性弯曲阶段;当相对弯曲半径 r/t 接近 200 时,材料开始进入弹-塑性弯曲阶段,毛坯变形区内(弯曲半径发生变化的部分)料厚的内外表面首先开始出现塑性变形,随后塑性变形向毛坯内部扩展。在弹-塑性弯曲变形过程中,促使材料变形的弯曲力矩逐渐增大,弯曲力臂 l 继续减小。

凸模继续下行,当相对弯曲半径 r/t < 200 时,变形由弹-塑性弯曲逐渐过渡到塑性变形。这时弯曲圆角变形区内弹性变形部分所占比例已经很小,可以忽略不计,视板料截面都已进入塑性变形状态。最终,B 点以上部分在与凸模的 V 形斜面接触后被反向弯曲,再与凹模斜面逐渐靠紧,直至板料与凸、凹模完全贴紧。

若弯曲终了时,凸模与板料、凹模三者贴合后凸模不再下压,称为自由弯曲。若凸模再下压,对板料再增加一定的压力,则称为校正弯曲,这时弯曲力将急剧上升。校正弯曲与自由弯曲的凸模下止点位置是不同的,校正弯曲使弯曲件在下止点受到刚性镦压,减小了工件的回弹。

11.1.2 板料弯曲的塑性变形特点

为了观察板料弯曲时的金属流动情况,便于分析材料的变形特点,可以采用在弯曲前的板料侧表面设置正方形网格的方法。通常用机械刻线或照相腐蚀制作网格,然后用工具显微镜观察测量弯曲前后网格的尺寸和形状变化情况,如图 11 – 2(a)所示。

弯曲前,材料侧面线条均为直线,组成大小一致的正方形小格,纵向网格线长度 $aa = bb$。弯曲后,通过观察网格形状的变化,如图 11 –2(b)所示,可以看出弯曲变形具有以下特点。

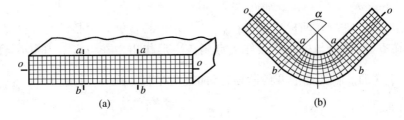

图 11 –2 弯曲变形分析

(a)弯曲前;(b)弯曲后。

1. 弯曲圆角部分是弯曲变形的主要区域

可以观察到位于弯曲圆角部分的网格发生了显著的变化,原来的正方形网格变成了扇形。靠近圆角部分的直边有少量变形,而其余直边部分的网格仍保持原状,没有变形。说明弯曲变形的区域主要发生在弯曲圆角部分。

2. 弯曲变形区内存在中性层

在弯曲圆角变形区内,板料内侧(靠近凸模一侧)的纵向网格线长度缩短,越靠近内侧越短。比较弯曲前后相应位置的网格线长度,可以看出圆弧为最短,远小于弯曲前的直线长度,说明内侧材料受压缩变形。而板料外侧(靠近凹模一侧)的纵向网格线长度伸长,越靠近外侧越长。最外侧的圆弧长度为最长,明显大于弯曲前的直线长度,说明外侧材料受到拉伸变形。

从板料弯曲外侧纵向网格线长度的伸长过渡到内侧长度的缩短,长度是逐渐改变的。由于材料的连续性,在伸长和缩短两个变形区域之间,其中必定有一层金属纤维材料的长度在弯曲前后保持不变,这一金属层称为应变中性层,如图 11 – 2 中的 o—o 层所示。应变中性层长度的确定是今后进行弯曲件毛坯展开尺寸计算的重要依据。当弯曲变形程度很小时,应变中性层的位置基本上处于材料厚度的中心,但当弯曲变形程度较大时,可以发现应变中性层向材料内侧移动,变形量越大,内移量越大。

3. 变形区横断面的变形

板料的相对宽度 b/t(b 是板料的宽度,t 是板料的厚度)对弯曲变形区的材料变形有很大影响。一般将相对宽度 $b/t > 3$ 的板料称为宽板,相对宽度 $b/t \leqslant 3$ 的板料称为窄板。

窄板弯曲时,宽度方向的变形不受约束。由于弯曲变形区外侧材料受拉引起板料宽度方向收缩,内侧材料受压引起板料宽度方向增厚,其横断面形状变成了外窄内宽的扇形,如图 11 –3 所示。变形区横断面形状尺寸发生改变称为畸变。

宽板弯曲时,在宽度方向的变形会受到相邻部分材料的制约,材料不易流动,因此其横断面形状变化较小,仅在两端会出现少量变形,如图11-3所示,由于相对于宽度尺寸而言数值较小,横断面形状基本保持为矩形。虽然宽板弯曲仅存在少量畸变,但是在某些弯曲件生产场合,如铰链加工制造,需要两个宽板弯曲件的配合时,这种畸变可能会影响产品的质量。当弯曲件质量要求高时,上述畸变可以采取在变形部位预做圆弧切口的方法加以防止。

11.1.3 弯曲变形区的应力和应变状态

板料塑性弯曲时,变形区内的应力和应变状态取决于弯曲变形程度以及弯曲毛坯的相对宽度 b/t。如图11-3所示,取材料的微小立方单元体表述弯曲变形区的应力和应变状态,σ_θ、ε_θ 分别表示切向(长度方向)应力、应变,σ_r、ε_r 分别表示径向(厚度方向)的应力、应变,σ_b、ε_b 分别表示宽度方向的应力、应变。从图中可以看出,对于宽板弯曲或窄板弯曲,变形区的应力和应变状态在切向和径向是完全相同的,仅在宽度方向有所不同。

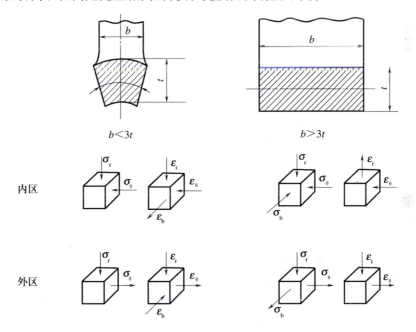

图11-3 自由弯曲时的应力、应变状态

1. 应力状态

在切向:外侧材料受拉,切向应力 σ_θ 为正;内侧材料受压,切向应力 σ_θ 为负。切向应力为绝对值最大的主应力。外侧拉应力与内侧压应力间的分界层称为应力中性层。当弯曲变形程度很大时,应力中性层有明显的向内侧移动的特性。

应变中性层的内移总是滞后于应力中性层,这是由于应力中性层的内移,使外侧拉应力区域不断向内侧压应力区域扩展,原中性层内侧附近的材料层由压缩变形转变为拉伸变形,从而造成了应变中性层的内移滞后于应力中性层。

在径向:由于变形区各层金属间的相互挤压作用,内侧、外侧同为受压,径向应力 σ_r 均为负值。在径向压应力 σ_r 的作用下,切向应力 σ_θ 的分布性质产生了显著的变化,外侧拉应力的数值小于内侧区域的压应力。只有使拉应力区域扩大,压应力区域减小,才能重新保持弯曲时的静力平衡条件,因此,应力中性层必将内移,相对弯曲半径 r/t 越小,径向压应力 σ_r 对应力中性层内移的作用越显著。

在宽度方向：窄板弯曲时，由于材料在宽度方向的变形不受约束，因此内、外侧的应力均接近于零。宽板弯曲时，在宽度方向材料流动受阻、变形困难，结果在弯曲变形区外侧产生阻止材料沿宽度方向收缩的拉应力，σ_b 为正，而在变形区内侧产生阻止材料沿宽度方向增宽的压应力，σ_b 为负。

由于窄板弯曲和宽板弯曲在板宽方向变形的不同，所以窄板弯曲的应力状态是平面的，宽板弯曲的应力状态是三维的。

2. 应变状态

在切向：外侧材料受拉，切向应变 ε_θ 为正；内侧材料受压缩，切向应变 ε_θ 为负，切向应变 ε_θ 为绝对值最大的主应变。

在径向：根据塑性变形体积不变条件 $\varepsilon_\theta + \varepsilon_r + \varepsilon_b = 0$，$\varepsilon_r$、$\varepsilon_b$ 必定和最大的切向应变 ε_θ 符号相反。因为弯曲变形区外侧的切向主应变 ε_θ 为拉应变，所以外侧的径向应变 ε_r 为压应变；而变形区内侧的切向主应变 ε_θ 为压应变，所以内侧的径向应变 ε_r 为拉应变。

在宽度方向：窄板弯曲时，由于材料在宽度方向上可自由变形，所以变形区外侧应变 ε_b 为压应变，而变形区内侧应变 ε_b 为拉应变。宽板弯曲时，因材料流动受阻，弯曲后板宽基本不变。故内外侧沿宽度方向的应变几乎为零（$\varepsilon_b \approx 0$），仅在两端有少量应变。

综上所述，可知窄板弯曲的应变状态是三维的，而宽板弯曲的应变状态是平面的。

11.2　弯曲变形卸载后的回弹

11.2.1　回弹现象

常温下的塑性弯曲和其他塑性变形一样，在外力作用下产生的总变形由塑性变形和弹性变形两部分组成。当弯曲结束外力去除后，塑性变形留存下来，而弹性变形则完全或部分消失，弯曲变形区外侧因弹性恢复而缩短，内侧因弹性恢复而伸长，产生了弯曲件的弯曲角度和弯曲半径与模具相应尺寸不一致的现象。这种现象称为弯曲回弹（简称回弹）。

在弯曲加载过程中，板料变形区内侧与外侧的应力应变符号相反，卸载时内侧与外侧的回弹变形符号也相反，而回弹的方向都是反向于弯曲变形方向的。另外，综观整个坯料，弯曲不变形区占的比例比变形区大得多，大面积不变形区的惯性影响会加大变形区的回弹，这是弯曲回弹比其他成形工艺回弹严重的另一个原因。回弹对弯曲件的形状和尺寸变化影响十分显著，使弯曲件的几何精度受到损害。

弯曲件的回弹现象通常表现为两种形式：一是弯曲半径的改变，由回弹前弯曲半径 r_t 变为回弹后的 r_0。二是弯曲角度的改变，由回弹前弯曲中心角度 α_t（凸模的中心角度）变为回弹后的工件实际中心角度 α_0，如图 11 - 4 所示。回弹值的确定主要考虑这两个因素。若弯曲中心角 α 两侧有直边，则应同时保证两侧直边之间的夹角 θ（称作弯曲角）的精度，如图 11 - 5 所示。弯曲角 θ 与弯曲中心角 α 之间的换算关系为：$\theta = 180° - \alpha$。

11.2.2　影响回弹的主要因素

1. 材料的力学性能

材料的屈服点 σ_s 越高，弹性模量 E 越小，弯曲变形的回弹也越大。因为材料的屈服点 σ_s

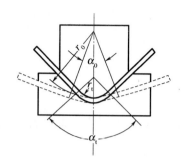 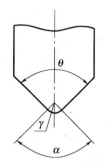

图 11 - 4　弯曲时的回弹　　　　　　　图 11 - 5　弯曲角 θ 与弯曲中心角 α

越高,材料在一定的变形程度下,其变形区断面内的应力也越大,因而引起更大的弹性变形,所以回弹值也越大。而弹性模量 E 越大,则抵抗弹性变形的能力越强,所以回弹值越小。

2. 相对弯曲半径 r/t

相对弯曲半径 r/t 越小,则回弹值越小。因为相对弯曲半径 r/t 越小,变形程度越大,变形区总的切向变形程度增大,塑性变形在总变形中占的比例增大,而相应弹性变形的比例则减少,从而回弹值减少。反之,相对弯曲半径 r/t 越大,则回弹值越大。这就是曲率半径很大的工件不易弯曲成形的原因。

3. 弯曲中心角 α

弯曲中心角 α 越大,表示变形区的长度越大,回弹累积值越大,故回弹越大。

4. 模具间隙

压制 U 形件时,模具间隙对回弹值有直接影响。间隙大,材料处于松动状态,回弹就大。在无底凹模内作自由弯曲时,回弹最大。

5. 弯曲件形状

形状复杂的弯曲件一次弯成时,由于各部分相互牵制以及弯曲件表面与模具表面之间的摩擦影响,改变了弯曲件各部分的应力状态,使回弹困难,因而回弹角减小。

6. 弯曲方式

弯曲力的大小不同使得回弹值亦有所不同。校正弯曲时,校正力越大,回弹越小。因为校正弯曲时,校正力比自由弯曲时的弯曲力大得多,使变形区的应力应变状态与自由弯曲时有所不同。极大的校正弯曲力迫使变形区内侧产生了切向拉应变,与外侧切向应变相同,因此内外侧纤维都被拉长。卸载后,变形区内外侧都因弹性恢复而缩短,但是变形区内侧产生了切向拉应变减小回弹的效果。

11. 2. 3　回弹值的确定

由于回弹直接影响了弯曲件的形状误差和尺寸公差,因此在模具设计和制造时,必须预先考虑材料的回弹值,修正模具相应工作部分的形状和尺寸。

回弹值的确定方法有理论公式计算和经验值查表法。

1. 小半径弯曲的回弹

当弯曲件的相对弯曲半径 $r/t < (5 \sim 8)$ 时,弯曲半径的变化一般很小,可以不予考虑。而仅考虑弯曲角度的回弹变化。角度的回弹值称作回弹角,以弯曲前后工件弯曲角度变化量 $\Delta \theta$ 表示。

$$\Delta \theta = \theta_0 - \theta_t$$

式中:θ_0 为工件弯曲后的实际弯曲角度;θ_t 为回弹前的弯曲角度(即凸模的弯曲角)。

可以运用查表法查取有关手册的回弹角修正经验数值。

当弯曲角不是 90°时,其回弹角则可用以下公式计算

$$\Delta\beta = \frac{\beta}{90°} \Delta\theta \tag{11-1}$$

式中:$\Delta\beta$ 为当弯曲角为 β 时的回弹角;β 为弯曲件的弯曲角;$\Delta\theta$ 为当弯曲角为 90°时的回弹角。

2. 大半径弯曲的回弹

当相对弯曲半径 $r/t > (5 \sim 8)$ 时,卸载后弯曲件的弯曲圆角半径和弯曲角度都发生了变化,凸模圆角半径和凸模弯曲中心角以及弯曲角可按纯塑性弯曲条件进行计算。

$$r_t = \frac{r}{1 + \frac{3\sigma_s r}{Et}} = \frac{1}{\frac{1}{r} + \frac{3\sigma_s}{Et}} \tag{11-2}$$

$$\alpha_t = \frac{r}{r_t}\alpha \tag{11-3}$$

$$\theta_t = 180° - \alpha_t \tag{11-4}$$

式中:r 为工件的圆角半径(mm);r_t 为凸模的圆角半径(mm);α 为工件的圆角半径 r 所对弧长的中心角(°);α_t 为凸模的圆角半径 r_t 所对弧长的中心角(°);σ_s 为弯曲材料的屈服极限(MPa);t 为弯曲材料的厚度(mm);E 为材料的弹性模量(MPa);θ_t 为凸模的弯曲角(°)。

11.2.4 减少回弹的措施

1. 从选用材料上采取措施

在满足弯曲件使用要求的条件下,尽可能选用弹性模量 E 大,屈服极限 σ_s 小,力学性能比较稳定的材料,以减少弯曲时的回弹。

2. 改进弯曲件的结构设计

在弯曲件设计上改进某些结构,加强弯曲件的刚度,以减小回弹。

3. 从工艺上采取措施

(1)采用热处理工艺。对一些硬材料和已经冷作硬化的材料,弯曲前先进行退火处理,降低其硬度,以减少弯曲时的回弹,待弯曲后再淬硬。在条件允许的情况下,甚至可使用加热弯曲。

(2)增加校正工序。运用校正弯曲工序,对弯曲件施加较大的校正压力,可以改变其变形区的应力应变状态,以减少回弹量。

(3)采用拉弯工艺。对于相对弯曲半径很大的弯曲件,由于变形区大部分处于弹性变形状态,弯曲回弹量很大。这时可以采用拉弯工艺,如图 11-6 所示。

工件在弯曲变形的过程中受到了切向(纵向)拉伸力的作用。施加的拉伸应使变形区内的合成应力大于材料的屈服极限,中性层内侧压应变转化为拉应变,从而材料的整个横断面都处于塑性拉伸变形的范围(变形区内、外侧都处于拉应变范围)。卸载后内外两侧均为收缩变形,变形方向一致,因此可大大减少弯曲件的回弹。

4. 从模具结构上采取措施

(1)补偿法。利用弯曲件不同部位回弹方向相反的特点,按预先估算或试验所得的回弹

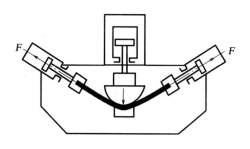

图 11-6 拉弯工艺

量,修正凸模和凹模工作部分的尺寸和几何形状,以增加与回弹方向相反的变形来补偿工件的回弹量。

如图 11-7 所示,双角弯曲时,可以将弯曲凸模两侧修去回弹角,并保持弯曲模的单面间隙等于最小料厚,促使工件贴住凸模,开模后工件两侧回弹至垂直;或者将模具底部做成圆弧形,利用开模后底部向下的回弹作用来补偿工件两侧向外的回弹。

(2) 校正法。当材料厚度在 0.8mm 以上,塑性比较好,而且弯曲圆角半径不大时,可以改变凸模结构,使校正力集中在弯曲变形区,加大变形区应力应变状态的改变程度(迫使材料内外侧同为切向压应力、切向拉应变),从而使内外侧回弹趋势相互抵消。图 11-8(a)所示为单角校正弯曲凸模的修正尺寸形状。图 11-8(b)所示为双角校正弯曲凸模的修正尺寸形状。

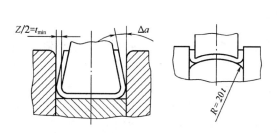

图 11-7 用补偿法修正模具结构

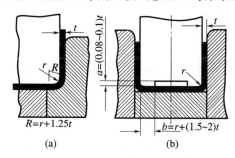

图 11-8 用校正法修正模具结构
(a)单角校正弯曲凸模的修正尺寸形状;
(b)双角校正弯曲凸模的修正尺寸形状。

11.3 弯曲成形工艺设计

11.3.1 最小相对弯曲半径 r_{min}/t

1. 最小相对弯曲半径 r_{min}/t 的概念

在保证弯曲变形区材料外表面不发生破坏的条件下,弯曲件内表面所能形成的最小圆角半径称为最小弯曲半径。

最小弯曲半径与弯曲材料厚度的比值 r_{min}/t 称作最小相对弯曲半径。r_{min}/t 又被称为最小弯曲系数,是衡量材料弯曲变形特性的主要标志。

最小弯曲半径的数值,可以根据图 11-9 用下列近似计算方法求得。在厚度一定的条件下,设中性层位置半径为 $\rho_0 = r + \dfrac{t}{2}$,则弯曲圆角变形区最外层表面的切向拉应变 ε_θ 为

$$\varepsilon_\theta = \frac{bb - oo}{oo} = \frac{\left(\rho_0 + \dfrac{t}{2}\right)\alpha - \rho_0\alpha}{\rho_0\alpha} = \frac{\dfrac{t}{2}}{\rho_0}$$

以 $\rho_0 = r + \dfrac{t}{2}$ 代入上式得

$$\varepsilon_\theta = \frac{1}{\dfrac{2r}{t} + 1} \qquad\qquad (11-5)$$

即

$$\frac{r}{t} = \frac{1}{2}\left(\frac{1}{\varepsilon_\theta} - 1\right) \qquad\qquad (11-6)$$

当 ε_θ 达到材料拉应变的最大极限值 $\varepsilon_{\theta max}$ 时,则相对弯曲半径为最小值 r_{min}/t,即

$$\frac{r_{min}}{t} = \frac{1}{2}\left(\frac{1}{\varepsilon_{\theta max}} - 1\right) \qquad\qquad (11-7)$$

材料的 $\varepsilon_{\theta max}$ 值越大,则相对弯曲半径极限值 r_{min}/t 越小,说明板料弯曲的性能越好。最小相对弯曲半径 r_{min}/t 也可以用材料的断面收缩率 ψ 计算,其与切向应变 ε_θ 之间的换算关系为

$$\psi = \frac{\varepsilon_\theta}{1 + \varepsilon_\theta} \qquad\qquad (11-8)$$

将式(11-5)代入,可得出

$$\frac{r}{t} = \frac{1}{2\psi} - 1 \qquad\qquad (11-9)$$

当弯曲时材料的断面收缩率 ψ 达到最大极限值 ψ_{max} 时,同样相对弯曲半径为最小值,于是

$$\frac{r_{min}}{t} = \frac{1}{2\psi_{max}} - 1 \qquad\qquad (11-10)$$

上述公式中的最大切向应变 $\varepsilon_{\theta max}$ 和断面收缩率 ψ_{max} 值,可以通过材料单向拉伸试验测得。但是上述理论公式计算的结果与实际的值有一定误差,因为生产实践中使用的最小相对弯曲半径除了与材料的力学性能、材料厚度等有关外,还受到其他因素的影响。

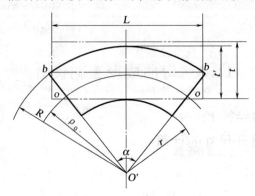

图 11-9　板料的弯曲状态及中性层

2. 影响最小相对弯曲半径 r_{min}/t 的因素

(1) 材料的力学性能。材料的塑性越好,许可的相对弯曲半径越小。对于塑性差的材料,其最小相对弯曲半径应大一些。在生产中可以采用热处理的方法来提高某些塑性较差材料以及冷作硬化材料的塑性变形能力,以减小最小相对弯曲半径。

（2）弯曲中心角 α。弯曲中心角 α 是弯曲件圆角变形区圆弧所对应的圆心角。弯曲中心角越小，变形分散效应越显著，所以最小相对弯曲半径的数值也越小。反之，弯曲中心角越大，对最小相对弯曲半径的影响将越弱，当弯曲中心角大于 $90°$ 后，对相对弯曲半径已无影响。

（3）板料的纤维方向。弯曲所用的冷轧钢板，经多次轧制具有方向性。顺着纤维方向的塑性指标优于与纤维相垂直的方向。当弯曲件的折弯线与纤维方向垂直时，材料具有较大的抗拉强度，不易拉裂，最小相对弯曲半径 $r_{\min}/t$ 的数值最小（图 11 - 10（a））；而平行时则最小相对弯曲半径数值最大（图 11 - 10（b））。

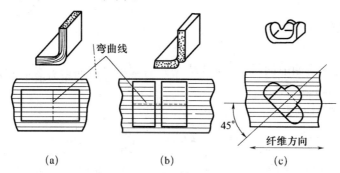

图 11 - 10　板料纤维方向对弯曲半径的影响
（a）折弯线与纤维方向垂直；（b）折弯线与纤维方向平行；（c）折弯线与纤维方向成一定角度。

因此，对于相对弯曲半径较小或者塑性较差的弯曲件，折弯线应尽可能垂直于轧制方向。当弯曲件为双侧弯曲，而且相对弯曲半径又比较小时，排样时应设法使折弯线应设置在与板料轧制方向成一定角度的位置（图 11 - 10（c））。

（4）板料的冲裁断面质量和表面质量。弯曲用的板料毛坯，一般由冲裁或剪裁获得，材料剪切断面上的毛刺、裂口和冷作硬化以及板料表面的划伤、裂纹等缺陷的存在，将会造成弯曲时应力集中，材料易破裂的现象。因此表面质量和断面质量差的板料弯曲，其最小相对弯曲半径 $r_{\min}/t$ 的数值较大。

（5）板料的宽度。弯曲件的相对宽度 b/t 越大，材料沿宽向流动的阻碍越大；相对宽度 b/t 越小，则材料沿宽向流动越容易，可以改善圆角变形区外侧的应力应变状态。因此，相对宽度 b/t 较小的窄板，其相对弯曲半径的数值可以较小。

（6）板料的厚度。弯曲变形区切向应变在板料厚度方向上按线性规律变化，内、外表面最大，在中性层上为零。当板料的厚度较小时，按此规律变化的切向应变梯度很大，与最大应变的外表面相邻近的纤维层可以起到阻止外表面材料局部不均匀延伸的作用，所以薄板弯曲允许具有更小的 $r_{\min}/t$ 值。

11.3.2　弯曲件坯料展开尺寸的计算

1. 弯曲中性层位置的确定

根据已讲述过的内容，以下两条原则可以作为弯曲件坯料展开尺寸的计算依据。

（1）变形区弯曲变形前后体积不变。

（2）应变中性层弯曲变形前后长度不变。

由于应变中性层（简称中性层）的长度弯曲变形前后不变，因此其长度就是所要求的弯曲件坯料展开尺寸的长度。而要想求得中性层的长度，必须先找到中性层的确切位置。中性层的位置可以用曲率半径 ρ_0 表示。

当弯曲变形程度很小时,可以认为中性层位于板料厚度的中心,即

$$\rho_0 = r + \frac{t}{2} \qquad (11-11)$$

式中:r 为弯曲件的内圆角半径(mm);t 为弯曲板料的厚度(mm)。

但当弯曲变形程度较大时,弯曲变形区厚度变薄,中性层位置将发生内移,从而使中性层的曲率半径 $\rho_0 < r + \frac{t}{2}$。这时的中性层位置可以根据弯曲变形前后体积不变的原则来确定。

弯曲前变形区的体积为

$$V_0 = Lbt \qquad (11-12)$$

式中:L 为板料变形区弯曲前的长度(mm);b 为板料变形区弯曲前的宽度(mm);t 为板料变形区弯曲前的厚度(mm)。

弯曲后变形区的体积为

$$V = \pi(R^2 - r^2)\frac{\alpha}{2\pi}b' \qquad (11-13)$$

式中:R 为板料弯曲变形区的外圆角半径(mm);b' 为板料变形区弯曲后的宽度(mm);r 为板料弯曲变形区的内圆角半径(mm);α 为弯曲中心角(rad)。

因为中性层的长度弯曲变形前后不变,即

$$L = \alpha\rho_0 \qquad (11-14)$$

而且弯曲变形区变形前后体积不变,即 $V_0 = V$,将式(11-12)、式(11-13)以及式(11-14)代入,得

$$\rho_0 = \frac{R^2 - r^2}{2t} \cdot \frac{b'}{b} \qquad (11-15)$$

设板料变形区弯曲后的厚度 $t' = \eta t$,$\eta = \dfrac{t'}{t} < 1$ 为变薄系数,如表 11-1 所列。

表 11-1 变薄系数 η 数值

r/t	0.1	0.5	1	2	5	>10
η	0.8	0.93	0.97	0.99	0.998	1

将 $R = r + t' = r + \eta t$ 代入式(11-15),整理后可得出

$$\rho_0 = \left(\frac{r}{t} + \frac{\eta}{2}\right)\eta\beta t \qquad (11-16)$$

式中:$\beta = \dfrac{b'}{b}$ 为展宽系数,当 $\dfrac{b}{t} > 3$ 宽板弯曲时,$\beta = 1$(不考虑畸变)。

从式(11-16)和表 11-1 可以看出,中性层位置与板料厚度 t、弯曲半径 r 以及变薄系数 η 等因素有关。相对弯曲半径 r/t 越小,则变薄系数 η、中性层的曲率半径 η 越小,中性层位置的内移越大。反之,则中性层位置的内移越小。当 r/t 大于一定值后,中性层位置将处于板料厚度的中央。

在生产实际中为了使用方便,通常采用下面的经验公式来确定中性层的位置。

$$\rho_0 = r + xt \qquad (11-17)$$

式中:x 为与变形程度有关的中性层位移系数,其值可由表 11-2 查得。

226

表 11 - 2　中性层位移系数 x 的值

r/t	0.1	0.2	0.3	0.4	0.5	0.6	0.7	0.8	1	1.2
x	0.21	0.22	0.23	0.24	0.25	0.26	0.28	0.3	0.32	0.33
r/t	1.3	1.5	2	2.5	3	4	5	6	7	≥8
x	0.34	0.36	0.38	0.39	0.4	0.42	0.44	0.46	0.48	0.5

2. 弯曲件毛坯展开尺寸的计算

按照弯曲件的形状,弯曲半径大小以及弯曲的方法等不同情况,其毛坯展开尺寸的计算方法也不相同,弯曲件毛坯展开尺寸的计算有以下几种。

(1)圆角半径 $r > 0.5t$ 的弯曲件。这类弯曲件变薄不严重,其毛坯展开长度可以根据弯曲前后中性层长度不变的原则进行计算,毛坯的长度等于弯曲件直线部分长度与弯曲部分中性层展开长度的总和,如图 11 - 11(a)所示。

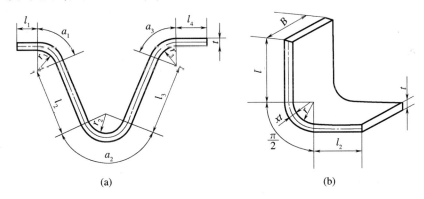

图 11 - 11　圆角半径 $r > 0.5t$ 的弯曲件
(a)弯曲中心角为锐角;(b)弯曲中心角为 90°。

$$L = \sum l_i + \sum \frac{\pi \alpha_i}{180°}(r + xt) \qquad (11 - 18)$$

式中:L 为弯曲件毛坯总长度(mm);l_i 为各段直线部分长度(mm);α_i 为各段圆弧部分弯曲中心角(°);r_i 为各段圆弧部分弯曲半径(mm);x_i 为各段圆弧部分中性层位移系数。

当弯曲中心角为 90°时(图 11 - 11(b)),单角弯曲件的毛坯展开长度为

$$L = l_1 + l_2 + \frac{\pi}{2}(r + xt) \qquad (11 - 19)$$

(2)圆角半径 $r < 0.5t$ 的弯曲件。这类弯曲件的毛坯展开长度一般根据弯曲前后体积相等的原则,考虑到弯曲圆角变形区以及相邻直边部分的变薄等因素,采用经过修正的公式进行计算。

11.3.3　弯曲力的计算

1. V 形弯曲件

V 形弯曲件如图 11 - 12(a)所示。

$$F_{\text{V自}} = \frac{0.6KBt^2\sigma_\text{b}}{r + t} \qquad (11 - 20)$$

2. U形弯曲件

U形弯曲件如图11-12(b)所示。

$$F_{U\text{自}} = \frac{0.7KBt^2\sigma_b}{r+t} \qquad (11-21)$$

式中：$F_{V\text{自}}$、$F_{U\text{自}}$为冲压行程结束时,不经受校正时的自由弯曲力(N)；B为弯曲件的宽度(mm)；t为弯曲件的厚度(mm)；r为内圆弯曲半径(等于凸模圆角半径)(mm)；σ_b为弯曲材料的抗拉强度(MPa)；K为安全系数,一般取1.3。

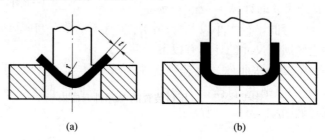

图11-12　自由弯曲示意图

(a) V形弯曲件；(b) U形弯曲件。

从公式中可以看出,对于自由弯曲,弯曲力随着材料的抗拉强度的增加而增大,而且弯曲力和材料的宽度与厚度成正比。增大凸模圆角半径虽然可以降低弯曲力,但是将会使弯曲件的回弹加大。

对设置顶件或压料装置的弯曲模,顶件力或压料力可近似取自由弯曲力的30%～80%,即

$$F_Q = (0.3 \sim 0.8)F_\text{自} \qquad (11-22)$$

11.4　弯曲模具设计

11.4.1　典型弯曲模结构

弯曲模具的结构设计是在弯曲工序确定后的基础上进行的,设计时应考虑弯曲件的形状、精度要求、材料性能以及生产批量等因素,下面分析常见各类型弯曲模的结构和特点。

1. V形件弯曲模

V形件即为单角弯曲件,形状简单,能够一次弯曲成形。这类形状的弯曲件可以用两种方法弯曲:一种是沿着工件弯曲角的角平分线方向弯曲,称为V形弯曲；另一种是垂直于工件一条边的方向弯曲,称为L形弯曲。

V形件弯曲模的基本结构如图11-13所示,图中弹簧顶杆1是为了防止压弯时板料偏移而采用的压料装置。除了压料作用以外,它还起到了弯曲后顶出工件的作用。这种模具结构简单,对材料厚度公差的要求不高,在压力机上安装调试也较方便。而且工件在弯曲冲程终端得到校正,因此回弹较小,工件的平面度较好。如果弯曲件精度要求不高,为简化模具结构,压料装置也可以省略不用。

2. U形件弯曲模

U形件弯曲模在一次弯曲过程中可以形成两个弯曲角,图11-14所示为一U形件弯曲模的结构。

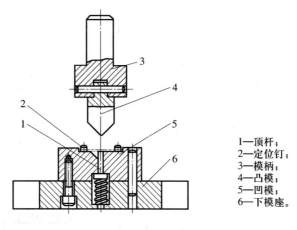

1—顶杆；
2—定位钉；
3—模柄；
4—凸模；
5—凹模；
6—下模座。

图 11 - 13 有压料装置的 V 形件弯曲模

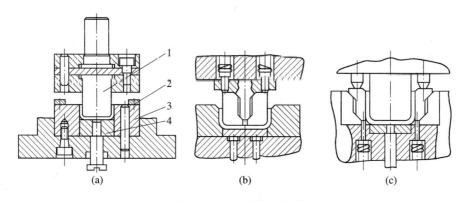

(a)   (b)   (c)

图 11 - 14 U 形件弯曲模

1—凸模；2—定位板；3—凹模；4—压料板。

11.4.2 弯曲模工作部分尺寸的设计

1. 凸模圆角半径

当弯曲件的相对弯曲半径 r/t 较小时，取凸模圆角半径等于或略小于工件内侧的圆角半径 r，但不能小于材料所允许的最小弯曲半径 r_{min}。若弯曲件的 r/t 小于最小相对弯曲半径，则应取凸模圆角半径 $r_t > r_{min}$，然后增加一道整形工序，使整形模的凸模圆角半径 $r_t = r$。

当弯曲件的相对弯曲半径 r/t 较大($r/t > 10$)，精度要求较高时，必须考虑回弹的影响，根据回弹值的大小对凸模圆角半径进行修正。

2. 凹模圆角半径

凹模入口处圆角半径 r_a 的大小对弯曲力以及弯曲件的质量均有影响，过小的凹模圆角半径会使弯矩的弯曲力臂减小，毛坯沿凹模圆角滑入时的阻力增大，弯曲力增加，并易使工件表面擦伤，甚至出现压痕。

3. 弯曲凹模深度

凹模深度要适当，若过小则弯曲件两端自由部分太长，工件回弹大，不平直；若深度过大则凹模增高，多耗模具材料并需要较大的压力机工作行程。

对于 V 形弯曲件，凹模深度及底部最小厚度如图 11 - 15(a)所示，数值查表 11 - 3。

229

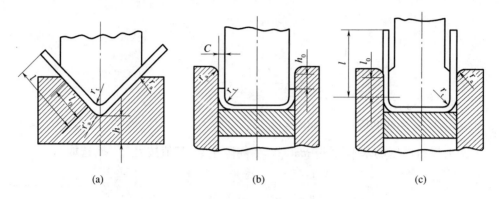

图 11-15 弯曲模工作部分尺寸

(a) V 形弯曲件; (b) U 形弯曲件直边高度不大; (c) U 形弯曲件直边较长。

表 11-3 弯曲 V 形件的凹模深度及底部最小厚度值   mm

弯曲件边长 l	板料厚度					
	≤2		2~4		>4	
	h	l_0	h	l_0	h	l_0
10~25	20	10~15	22	15	—	—
>25~50	22	15~20	27	25	32	30
>50~75	27	20~25	32	30	37	35
>75~100	32	25~30	37	35	42	40
>100~150	37	30~35	42	40	47	50

对于 U 形弯曲件,若直边高度不大或要求两边平直,则凹模深度应大于工件的深度,如图 11-15(b) 所示,图中 h_0 查表 11-4。如果弯曲件直边较长,而且对平直度要求不高,凹模深度可以小于工件的高度,如图 11-15(c) 所示,凹模深度 l_0 值查表 11-5。

表 11-4 弯曲 U 形件凹模的 h_0 值

板料厚度 t/mm	≤1	1~2	2~3	3~4	4~5	5~6	6~7	7~8	8~10
h_0/mm	3	4	5	6	8	10	15	20	25

表 11-5 弯曲 U 形件的凹模深度 l_0

弯曲件边长 l/mm	板 料 厚 度 t/mm				
	<1	>1~2	>2~4	>4~6	>6~10
<50	15	20	25	30	35
50~75	20	25	30	35	40
75~100	25	30	35	40	40
100~150	30	35	40	50	50
150~200	40	45	55	65	65

4. 弯曲凸、凹模的间隙

V 形件弯曲时,凸、凹模的间隙是靠调整压力机的闭合高度来控制的。但在模具设计中,必须考虑到模具闭合时使模具工作部分与工件能紧密贴合,以保证弯曲质量。

对于 U 形件弯曲,必须合理确定凸、凹模之间的间隙,间隙过大则回弹大,工件的形状和尺寸误差增大。间隙过小会加大弯曲力,使工件厚度减薄,增加摩擦,擦伤工件并降低模具寿

命。U 形件凸、凹模的单面间隙值一般可按下式计算

弯曲有色金属：
$$\frac{Z}{2} = t_{min} + Ct \tag{11-23}$$

弯曲黑色金属：
$$\frac{Z}{2} = t_{max} + Ct \tag{11-24}$$

式中：$\frac{Z}{2}$ 为凸、凹模的单面间隙（mm，如图 11-16（a）所示）；t_{min}、t_{max} 为板料的最小厚度和最大厚度（mm）；t 为板料厚度的基本尺寸（mm）；C 为间隙系数，其值按表 11-6 选取。

表 11-6　间隙系数 C 值

弯曲件高度 h/mm	$b/h \leqslant 2$				$b/h > 2$				
	板　料　厚　度 t/mm								
	<0.5	0.6~2	2.1~4	4.1~5	<0.5	0.6~2	2.1~4	4.2~7.6	7.6~12
10	0.05	0.05	0.04	—	0.10	0.10	0.08	—	—
20	0.05	0.05	0.04	0.03	0.10	0.10	0.08	0.06	0.06
35	0.07	0.05	0.04	0.03	0.15	0.10	0.08	0.06	0.06
50	0.10	0.07	0.05	0.04	0.20	0.15	0.10	0.06	0.06
70	0.10	0.07	0.05	0.05	0.20	0.15	0.10	0.10	0.08
100	—	0.07	0.05	0.05	—	0.15	0.10	0.10	0.08
150	—	0.10	0.07	0.05	—	0.20	0.15	0.10	0.10
200	—	0.10	0.07	0.07	—	0.20	0.15	0.15	0.10
注：b 为弯曲件宽度									

当工件精度要求较高时，间隙值应适当减小，可以取 $\frac{z}{2} = (0.95 \sim 1)t$。

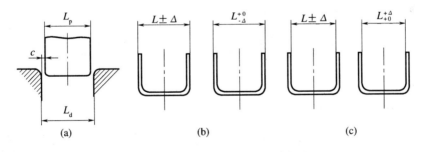

图 11-16　弯曲模及工件的尺寸标注
（a）凸凹模单面间隙；（b）弯曲件标注外形尺寸；（c）弯曲件标注内形尺寸。

5. U 形件弯曲模工作部分尺寸的计算

（1）弯曲件标注外形尺寸（图 11-16（b））。应以凹模为基准件，先确定凹模尺寸，然后再减去间隙值确定凸模尺寸。

当弯曲件为双向对称偏差时，凹模尺寸为
$$L_A = \left(L - \frac{1}{2}\Delta\right)_0^{+\delta_A} \tag{11-25}$$

当弯曲件为单向偏差时，凹模尺寸为
$$L_A = \left(L - \frac{3}{4}\Delta\right)_0^{+\delta_A} \tag{11-26}$$

231

凸模尺寸为

$$L_{\mathrm{T}} = (L_A - Z)_{-\delta_{\mathrm{T}}}^{0} \qquad (11-27)$$

或者凸模尺寸按凹模实际尺寸配制,保证单面间隙值$\dfrac{Z}{2}$。

（2）弯曲件标注内形尺寸（图 11－16（c））。应以凸模为基准件,先确定凸模尺寸,然后再增加间隙值确定凹模尺寸。

当弯曲件为双向对称偏差时,凸模尺寸为

$$L_{\mathrm{T}} = \left(L + \frac{1}{2}\Delta\right)_{-\delta_{\mathrm{T}}}^{0} \qquad (11-28)$$

当弯曲件为单向偏差时,凸模尺寸为

$$L_{\mathrm{T}} = \left(L + \frac{3}{4}\Delta\right)_{-\delta_{\mathrm{T}}}^{0} \qquad (11-29)$$

凹模尺寸为

$$L_{A} = (L_{\mathrm{T}} + Z)_{0}^{+\delta_{A}} \qquad (11-30)$$

或者凹模尺寸按凸模实际尺寸配制,保证单面间隙值$\dfrac{Z}{2}$。

式中:L 为弯曲件的基本尺寸（mm）;L_{T}、L_A 为凸模、凹模工作部分尺寸（mm）;Δ 为弯曲件公差（mm）;δ_{T}、δ_A 为凸模、凹模制造公差,选用 IT7 级 ~ IT9 级精度（mm）;$\dfrac{Z}{2}$为凸模与凹模的单面间隙（mm）。

第12章 拉深工艺及拉深模具设计

拉深是利用拉深模具将冲裁好的平板毛坯压制成各种开口的空心件,或将已制成的开口空心件加工成其他形状空心件的一种加工方法。拉深也称为拉延。

12.1 拉深变形过程及受力分析

12.1.1 拉深变形的过程及特点

如果不用模具,则只要去掉图 12 - 1 中的阴影部分,再将剩余部分沿直径 d 的圆周弯折起来,并加以焊接就可以得到直径为 d,高度为 $h = \dfrac{D-d}{2}$,周边带有焊缝,口部呈波浪的开口筒形件。这说明圆形平板毛坯在成为筒形件的过程中必须去除多余材料。但圆形平板毛坯在拉深成形过程中并没有去除多余材料,因此,只能是多余的材料在模具的作用下产生了塑性流动。可以作坐标网格试验了解材料产生了怎样的流动,即拉深前在毛坯上画一些由等距离的同心圆和等角度的辐射线组成的网格,如图 12 - 2 所示,然后进行拉深,通过比较拉深前后网格的变化可以获得材料的流动情况。拉深后筒底部的网格变化不明显,而侧壁上的网格变化很大,拉深前等距离的同心圆拉深后变成了与筒底平行的不等距离的水平圆周线,越到口部圆周线的间距越大,即

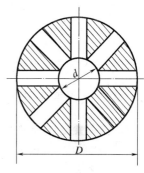

图 12 - 1 拉深时的材料
转移示意图

$$a_1 > a_2 > a_3 > \cdots > a$$

拉深前等角度的辐射线拉深后变成了等距离、相互平行且垂直于底部的平行线,即

$$b_1 = b_2 = b_3 = \cdots = b$$

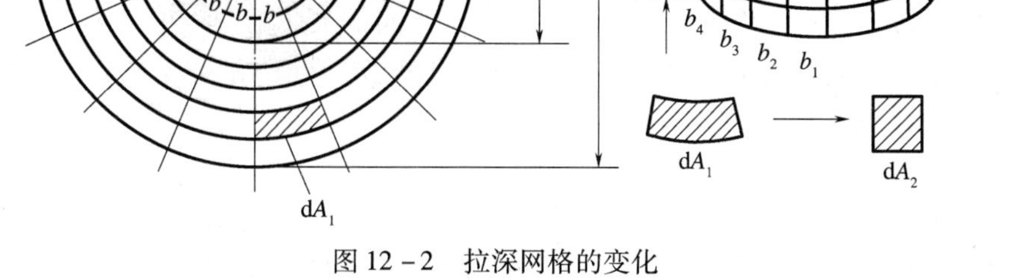

图 12 - 2 拉深网格的变化

原来的扇形网格 dA_1，拉深后在工件的侧壁变成了等宽度的矩形 dA_2，离底部越远矩形的高度越大。测量此时工件的高度，发现筒壁高度大于环行部分的半径差 $\dfrac{D-d}{2}$。这说明材料沿高度方向产生了塑性流动。

这些金属是怎样往高度方向流动的，可从变形区任选一个扇形格子来分析，如图 12-3 所示。从图中可看出，扇形的宽度大于矩形的宽度，而高度却小于矩形的高度，因此扇形格拉深后要变成矩形格，必须宽度减小而长度增加。很明显扇形格只要切向受压产生压缩变形，径向受拉产生伸长变形就能产生这种情况。而在实际的变形过程中，由于有多余材料存在（图12-1 中的三角形部分），拉深时材料间的相互挤压产生了切向压应力（图 12-3），凸模提供的拉深力产生了径向拉应力。故 $(D-d)$ 的圆环部分在径向拉应力和切向压应力的作用下径向伸长，切向缩短，扇形格子就变成了矩形格子，使高度增加。

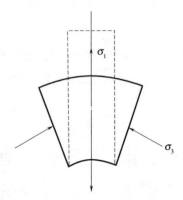

图 12-3　拉深时扇形单元的受力与变形情况

综上所述，拉深变形过程可描述为：处于凸缘底部的材料在拉深过程中变化很小，变形主要集中在处于凹模平面上的 $(D-d)$ 圆环形部分。该处金属在切向压应力和径向拉应力的共同作用下沿切向被压缩，且越到口部压缩的越多，沿径向伸长，且越到口部伸长得越多。该部分是拉深的主要变形区。

12.1.2　拉深变形过程的受力分析

1. 拉深变形过程中的应力和应变状态

拉深过程中，材料的变形程度由底部向口部逐渐增大，因此拉深过程中毛坯各部分的硬化程度也不一样，应力与应变状态各不相同。随着拉深的不断进行，留在凹模表面的材料不断被拉进凸、凹模的间隙而变为筒壁，因而即使是变形区同一位置的材料，其应力和应变状态也在时刻发生变化。

现以带压边圈的直壁圆筒形件的首次拉深为例，说明在拉深过程中某一时刻毛坯的变形和受力情况（图 12-4）。假设 σ_1、ε_1 为毛坯的径向应力与应变；σ_2、ε_2 为毛坯的厚向应力与应变；σ_3、ε_3 为毛坯的切向应力与应变。

根据圆筒件各部位的受力和变形性质的不同，将整个毛坯分为以下 5 个部分。

（1）平面凸缘部分。

这是拉深变形的主要变形区，也是扇形格子变成矩形格子的区域。此处材料被拉深凸模拉进凸、凹模间隙而形成筒壁。这一区域主要承受切向的压应力 σ_3 和径向的拉应力 σ_1，厚度方向承受由压边力引起的压应力 σ_2 的作用，是二压一拉的三向应力状态，如图 12-4 所示。

切向产生压缩变形 ε_3，径向产生伸长变形 ε_1，厚向的变形 ε_2 取决于 σ_1 和 σ_3 之间的比值。当 σ_1 的绝对值最大时，则 ε_2 为压应变，当 σ_3 的绝对值最大时，ε_2 为拉应变。因此该区域的应变也是三向的。

（2）凹模圆角部分。

这是凸缘和筒壁部分的过渡区，有与凸缘部分相同的特点，即径向受拉应力 σ_1 和切向受压应力 σ_3 作用外，厚度方向上还要受凹模圆角的压力和弯曲作用产生的压应力的作用。此区

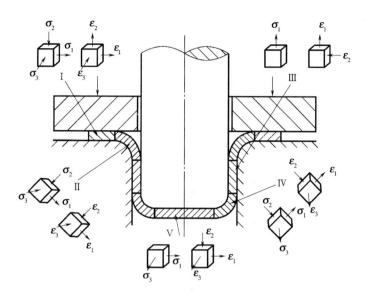

图 12 - 4 拉深中毛坯的应力与应变情况

域的应变状态也是三向的：ε_1 是绝对值最人的拉应变，ε_2 和 ε_3 是压应变，此处材料厚度减薄。

（3）筒壁部分。

它将凸模的作用力传给凸缘，因此是传力区。σ_1 是凸模产生的拉应力，由于材料在切向受凸模的限制不能自由收缩，σ_3 也是拉应力，但是拉应力很小。因此变形与应力均为平面状态。其中 ε_1 为伸长应变，ε_2 为压缩应变。

（4）凸模圆角部分。

这部分是筒壁和圆筒底部的过渡区，材料承受筒壁较大的拉应力 σ_1、凸模圆角的压力和弯曲作用产生的压应力 σ_2 及切向拉应力 σ_3。此处往往成为整个拉深件强度最薄弱的地方，是拉深过程中的"危险断面"。

（5）圆筒底部。

这部分材料处于凸模下面，直接接收凸模施加的力并由它将力传给圆筒壁部，因此该区域也是传力区。由于凸模圆角处的摩擦制约了底部材料的向外流动，故圆筒底部变形不大，一般可忽略不计。

2. 凸缘变形区的应力分析

设用半径为 R_0 的板料毛坯拉深半径为 r 的圆筒形零件，采用有压边圈（图 12 -5）拉深时，变形区材料径向受拉应力 σ_1 的作用，切向受压应力 σ_3 的作用，厚度方向受压边圈所加的不大的压应力 σ_2 的作用。若 σ_2 忽略不计，则只需求 σ_1 和 σ_3 的值，即可知变形区的应力分布。

要求出 σ_1 和 σ_3 两个未知数的值，必须列出两个方程，这可根据变形时金属单元体应满足的平衡条件和塑性条件（屈服准则）得到。为此从变形区任意半径处截取宽度为 $\mathrm{d}R$、夹角为 $\mathrm{d}\varphi$ 的微元体，分析其受力情况，如图 12 -6 所示。根据微元体的受力平衡可得

$$\sigma_1 R\varphi t + \mathrm{d}(\sigma_1 R\varphi t) - \sigma_1 R\varphi t + 2\sigma_3 t\mathrm{d}R\sin\frac{\mathrm{d}\varphi}{2} = 0$$

取 $\sin\left(\dfrac{\mathrm{d}\varphi}{2}\right) \approx \dfrac{\mathrm{d}\varphi}{2}$，并略去高阶无穷小，得

$$R\mathrm{d}\sigma_1 + \mathrm{d}R(\sigma_1 - \sigma_3) = 0$$

塑性变形时需满足的塑性方程为

$$\sigma_1 - \sigma_3 = \beta\sigma_s$$

式中 β 与应力状态有关,其变化范围为 $1 \sim 1.155$,在进行力学分析时,为了简便均取平均值为考虑硬化时的平均塑性流动应力。

由上述两式,并考虑边界条件(当 $R = R_t$ 时,$\sigma_1 = 0$),经数学推导就可以求出径向拉应力和切向压应力 σ_3 的大小为

$$\sigma_1 = 1.1\sigma_s\ln\frac{R_t}{R} \tag{12-1}$$

$$\sigma_3 = -1.1\sigma_s(1 - \ln\frac{R_t}{R}) \tag{12-2}$$

式中:σ_s 为变形区材料的屈服极限(MPa);R_t 为拉深中某时刻的凸缘半径(mm);R 为凸缘区内任意点的半径(mm)。

当拉深进行到某瞬时,凸缘变形区的外径为 R_t 时,把变形区内不同点的半径 R 代入公式。

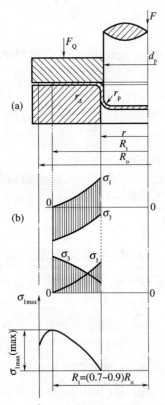

图 12-5　圆筒件拉深时的应力分布

(a)圆筒件拉深;(b)应力分布图。

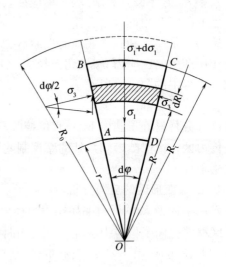

图 12-6　凸缘部分单元体的受力状态

由式(12-1)和式(12-2),就可以算出各点的应力(图 12-5(b)),它是按对数曲线规律分布的,从分布曲线可看出,在变形区的内边缘(即 $R = r$ 处)径向拉应力 σ_1 最大,其值为

$$\sigma_1 = 1.1\sigma_s\ln\frac{R_t}{r} \tag{12-3}$$

而 σ_3 最小,为 $\sigma_3 = -1.1\sigma_s(1 - \ln\frac{R_t}{r})$。在变形区外边缘 $R = R_t$ 处压应力 σ_3 最大,其

值为

$$\sigma_3 = -1.1\sigma_s \qquad (12-4)$$

而拉应力 σ_1 最小为零。从凸缘外边向内边 σ_1 由低到高变化,σ_3 则由高到低变化,在凸缘中间必有一交点存在(图 12-5(b)),在此点处有 $|\sigma_1| = |\sigma_3|$,所以

$$1.1\sigma_m\ln R_t/R = 1.1\sigma_m(1 - \ln R_t/R)$$

化简得

$$\ln R_t/R = 1/2$$

即

$$R = 0.61R_t \qquad (12-5)$$

即交点在 $R = 0.61R_t$ 处。用 R 所作出的圆将凸缘变形区分成两部分,由此圆向凹模洞口方向的部分拉应力占优势($|\sigma_1| > |\sigma_3|$),拉应变 ε_1 为绝对值最大的主变形,厚度方向的变形 ε_2 是压缩应变。由此圆向外到毛坯边缘的部分,压应力占优势($|\sigma_1| < |\sigma_3|$),压应变 ε_3 为绝对值最大的主应变,厚度方向上的变形 ε_2 是正值(增厚)。交点处就是变形区在厚度方向发生增厚和减薄变形的分界点。

12.1.3 拉深成形的起皱与拉裂

由上面的分析可知,拉深时毛坯各部分的应力与应变状态不同,而且随着拉深过程的进行应力与应变状态还在变化,这使得在拉深变形过程中产生了一些特有的现象。

1. 起皱

拉深时凸缘变形区的每个小扇形块在切向均受到 σ_3 压应力的作用。当 σ_3 过大,扇形块又较薄,σ_3 超过此时扇形块所能承受的临界压应力时,扇形块就会失稳弯曲而拱起。当沿着圆周的每个小扇形块都拱起时,在凸缘变形区沿切向就会形成高低不平的皱褶,这种现象称为起皱,如图 12-7 所示。起皱在拉深薄料时更容易发生,而且首先在凸缘的外缘开始,因为此处的 σ_3 值最大。

2. 拉裂

拉深工件的厚度沿底部向口部方向是不同的。在圆筒

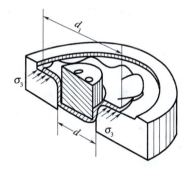

图 12-7 毛坯凸缘的起皱情况

件侧壁的上部厚度增加最多,约为 30%;而在筒壁与底部转角稍上的地方板料厚度最小,厚度减少了将近 10%,该处拉深时最容易被拉断。通常称此断面为"危险断面"。当该断面的应力超过材料此时的强度极限时,零件就在此处产生破裂。即使拉深件未被拉裂,由于材料变薄过于严重,也可能使产品报废。

为防止拉裂,可根据板材的成形性能,采用适当的拉深比和压边力,增加凸模的表面粗糙度,改善凸缘部分变形材料的润滑条件,合理设计模具工作部分的形状,选用拉深性能好的材料等措施。

12.2 圆筒形件拉深

圆筒形件是最典型的拉深件,掌握了它的工艺计算方法后,其他零件的工艺计算可以借鉴其计算方法。下面介绍如何计算毛坯尺寸、拉深次数、半成品尺寸、拉深力和功,以及如何确定模具工作部分的尺寸等。

12.2.1 拉深件毛坯尺寸的确定

1. 计算拉深件毛坯尺寸的理论依据

（1）体积不变原理。拉深前和拉深后材料的体积不变。对于不变薄拉深,因假设变形中材料厚度不变,则拉深前毛坯的表面积与拉深后工件的表面积认为近似相等。

（2）相似原理。毛坯的形状一般与工件截面形状相似。如工件的横断面是圆形的、椭圆形的,则拉深前毛坯的形状基本上也是圆形的和椭圆形的,并且毛坯的周边必须制成光滑曲线,急剧的转折。

图 12-8 所示的零件其毛坯即为圆形。这样,当工件的重量、体积或面积已知时,其毛坯的尺寸就可以求得。具体的方法有等重量法、等体积法、等面积法、分析图解法和作图法等,生产中用得最多的是等面积法。

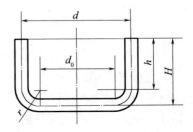

图 12-8 圆筒零件毛坯的计算

2. 具体求解步骤

（1）确定修边余量。由于材料的各向异性以及拉深时金属流动条件的差异,拉深后工件口部不平,通常拉深后需切边,因此计算毛坯尺寸时应在工件高度方向上(无凸缘件)或凸缘上增加修边余量δ。修边余量δ的值可根据零件的相对高度查表 12-1、表 12-2。

表 12-1　无凸缘拉深件的修边余量 δ

拉深高度 h/mm	拉深相对高度 h/d 或 h/B/mm			
	>0.5~0.8	>0.8~1.6	>1.6~2.5	>2.5~4
≤10	1.0	1.2	1.5	2
>10~20	1.2	1.6	2	2.5
>20~50	2	2.5	3.3	4
>50~100	3	3.8	5	6
>100~150	4	5	6.5	8
>150~200	5	6.3	8	10
>200~250	6	7.5	9	11
>250	7	8.5	10	12
注:B 为正方形的边宽或长方形的短边宽度				

表 12-2　有凸缘拉深件的修边余量 δ

凸缘直径/mm	凸缘相对直径/mm			
	<1.5	>1.5~2	>2~2.5	>2.5~3
<25	1.8	1.6	1.4	1.2
>25~50	2.5	2.0	1.8	1.6
>50~100	3.5	3.0	2.5	2.2
>100~150	4.3	3.6	3.0	2.5
>150~200	5.0	4.2	3.5	2.7
>200~250	5.5	4.6	3.8	2.8
>250	6.0	5.0	4.0	3.0
注:1. 对于高拉深件必须规定中间修边工序; 　　2. 对于材料厚度小于 0.5mm 的薄材料作多次拉深时,应按表值增加 30%				

（2）计算工件表面积。为了便于计算,把零件分解成若干个简单几何体,分别求出其表面积后再相加。图 12-8 的零件可看成由圆筒直壁部分、圆弧旋转而成的球台部分以及底部圆形平板 3 部分组成。

圆筒直壁部分的表面积为

$$A_1 = \pi d(h + \delta) \qquad (12-6)$$

式中:d 为圆筒部分的中径。

圆角球台部分的表面积为

$$A_2 = 2\pi\left(\frac{d_0}{2} + \frac{2r}{\pi}\right)\frac{\pi r}{2} = \frac{\pi}{4}(2\pi r d_0 + 8r^2) \qquad (12-7)$$

式中:d_0 为底部平板部分的直径;r 为工件中线在圆角处的圆角半径。

底部表面积为

$$A_3 = \frac{\pi}{4}d_0^2 \qquad (12-8)$$

工件的总面积为 A_1,A_2 和 A_3 部分之和,即

$$A = \pi d(h + \delta) + \frac{\pi}{4}(2\pi r d_0 + 8r^2) + \frac{\pi}{4}d_0^2 \qquad (12-9)$$

（3）求出毛坯尺寸。设毛坯的直径为 D,根据毛坯表面积等于工件表面积的原则,得

$$\frac{\pi}{4}D^2 = \pi d(h + \delta) + \frac{\pi}{4}(2\pi r d_0 + 8r^2) + \frac{\pi}{4}d_0^2$$

所以

$$D = \sqrt{d_0^2 + 4d(h + \delta) + 2\pi r d_0 + 8r^2} \qquad (12-10)$$

12.2.2 拉深系数及其影响因素

1. 拉深系数 m

拉深系数是指拉深后圆筒形件的直径与拉深前毛坯(或半成品)的直径之比。图 12-9 所示是用直径为 D 的毛坯拉成直径为 d_n、高度为 h_n 工件的工艺顺序。第一次拉成 d_1 和 h_1 的尺寸,第二次半成品尺寸为 d_2 和 h_2,依此最后一次即得工件的尺寸 d_n 和 h_n。其各次的拉深系数为

$$m_1 = d_1/D$$
$$m_2 = d_2/d_1$$
$$\vdots$$
$$m_{n-1} = d_{n-1}/d_{n-2}$$
$$m_n = d_n/d_{n-1} \qquad (12-11)$$

工件的直径 d_n 与毛坯直径 D 之比称为总拉深系数,即工件所需要的拉深系数。

$$m_总 = \frac{d_n}{D} = \frac{d_1 d_2 \cdots d_{n-1} d_n}{D d_1 \cdots d_{n-2} d_n} = m_1 m_2 \cdots m_{n-1} m_n \qquad (12-12)$$

拉深系数的倒数称为拉深程度或拉深比,其值为

$$K_n = \frac{1}{m_n} = \frac{d_{n-1}}{d_n} \qquad (12-13)$$

2. 影响极限拉深系数的因素

在不同的条件下极限拉深系数是不同的,影响极限拉深系数的因素有以下诸方面。

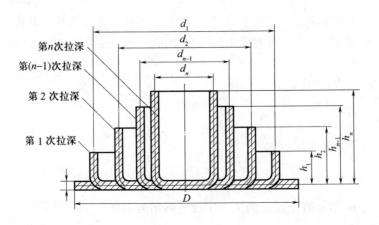

图 12-9　拉深工序示意图

（1）材料的力学性能。屈强比 σ_s/σ_b 越小对拉深越有利。因 σ_s 小表示变形区抗力小,材料容易变形。而 σ_b 大则说明危险断面处强度高而不易破裂,因而 σ_s/σ_b 小的材料拉深系数可取小些。

（2）材料的相对厚度。材料的相对厚度大时,凸缘抵抗失稳起皱的能力增强,故极限拉深系数可减小。

（3）材料的表面质量。材料的表面光滑,拉深时摩擦力小而容易流动,所以极限拉深系数可减小。

（4）凹模圆角半径。凹模圆角半径过小,则材料沿圆角部分流动时的阻力增加,引起拉深力加大,故极限拉深系数应取较大值。

（5）凸模圆角半径。凸模圆角半径过小时,毛坯在此处的弯曲变形程度增加,危险断面强度过多地被削弱,故极限拉深系数应取大值。

（6）模具表面质量。模具表面光滑,粗糙度小,则摩擦力小,极限拉深系数低。

（7）润滑情况。润滑好则摩擦小,极限拉深系数可小些。但凸模不必润滑,否则会减弱凸模表面摩擦对危险断面处的有益作用(盒形件例外)。

3. 拉深系数的确定

无凸缘圆筒形工件有压边圈和无压边圈时的拉深系数分别可查表 12-3 和表 12-4。

表 12-3　无凸缘筒形件带压边圈时的极限拉深系数

拉深系数	毛坯相对厚度(t/D)/%					
	0.08~0.15	0.15~0.3	0.3~0.6	0.6~1.0	1.0~1.5	1.5~2.0
m_1	0.60~0.63	0.58~0.60	0.55~0.58	0.53~0.55	0.50~0.53	0.48~0.50
m_2	0.80~0.82	0.79~0.80	0.78~0.79	0.76~0.78	0.75~0.76	0.73~0.75
m_3	0.82~0.84	0.81~0.82	0.80~0.81	0.79~0.80	0.78~0.79	0.76~0.78
m_4	0.85~0.86	0.83~0.85	0.82~0.83	0.81~0.82	0.80~0.81	0.78~0.80
m_5	0.87~0.88	0.86~0.87	0.85~0.86	0.84~0.85	0.82~0.83	0.80~0.82

注:1. 表中数据适用于 08、10 和 15Mn 等普通拉深钢及 H62 黄铜,对拉深性能较差的材料 20、25、Q235 钢,硬铝等应比表中数值大 1.5%~2.0%,而对塑性较好的 05、08、10 钢及软铝应比表中数值小 1.5%~2.0%;

　　　 2. 表中数据运用于未经中间退火的拉深,若采用中间退火,表中数值应小 2%~3%;

　　　 3. 表中较小值适用于大的凹模圆角半径 $r_d = (8\sim15)t$,较大值适用于小的圆角半径 $r_d = (4\sim8)t$

表 12－4　无凸缘筒形件不带压边圈时的极限拉深系数

拉深系数	毛坯相对厚度(t/D)/%				
	1.5	2.0	2.5	3.0	>3
m_1	0.65	0.60	0.55	0.55	0.50
m_2	0.80	0.75	0.75	0.75	0.70
m_3	0.84	0.80	0.80	0.80	0.75
m_4	0.87	0.84	0.84	0.84	0.78
m_5	0.90	0.87	0.87	0.87	0.82
m_6	—	0.90	0.90	0.90	0.85

注：此表适合于 08、10 及 15Mn 等材料，其余各项目同表 12－3

4. 后续各次拉深的特点

后续各次拉深所用的毛坯与首次拉深时不同，不是平板而是筒形件。因此，它与首次拉深相比，有许多不同之处。

（1）首次拉深时，平板毛坯的厚度和力学性能都是均匀的，而后续各次拉深时筒形毛坯的壁厚及力学性能都不均匀。

（2）首次拉深时，凸缘变形区是逐渐缩小的，而后续各次拉深时，其变形区保持不变，只是在拉深终了以后才逐渐缩小。

（3）首次拉深时，拉深力的变化是变形抗力增加与变形区减小两个相反的因素互相消长的过程，因而在开始阶段较快的达到最大的拉深力，然后逐渐减小到零。而后续各次拉深变形区保持不变，但材料的硬化及厚度增加都是沿筒的高度方向进行的，所以其拉深力在整个拉深过程中一直都在增加，直到拉深的最后阶段才由最大值下降至零（图 12－10）。

（4）后续各次拉深时的危险断面与首次拉深时一样，都是在凸模的圆角处，但首次拉深的最大拉深力发生在初始阶段，所以破裂也发生在初始阶段，而后续各次拉深的最大拉深力发生在拉深的终了阶段，所以破裂往往发生在结尾阶段。

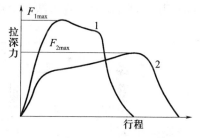

图 12－10　首次拉深与二次拉深
的拉深力

1—首次拉深；2—二次拉深。

（5）后续各次拉深变形区的外缘有筒壁的刚性支持，所以稳定性较首次拉深为好。只是在拉深的最后阶段，筒壁边缘进入变形区以后，变形区的外缘失去了刚性支持，这时才易起皱。

（6）后续各次拉深时由于材料已冷作硬化，加上变形复杂（毛坯的筒壁必须经过两次弯曲才被凸模拉入凹模内），所以它的极限拉深系数要比首次拉深大得多，而且通常后一次都大于前一次。

12.2.3　无凸缘件的拉深次数和工序尺寸的确定

（1）判断能否一次拉出。判断零件能否一次拉出，仅需比较实际所需的总拉深系数 $m_总$ 和第一次允许的极限拉深系数 m_1 的大小即可。若 $m_总 > m_1$，说明拉深该工件的实际变形程度比第一次容许的极限变形程度要小，所以工件可以一次拉成。若 $m_总 < m_1$，则需要多次拉深才能够成形零件。

（2）计算拉深次数。计算拉深次数 n 的方法有多种,生产上经常用推算法辅以查表法进行计算,如表 12 - 5 所列。把毛坯直径或中间工序毛坯尺寸依次乘以查出的极限拉深系数 $m_1, m_2, \cdots, m_n$ 得各次半成品的直径。直到计算出的直径 d_n 小于或等于工件直径 d 为止。则直径 d_n 的下角标 n 即表示拉深次数。

表 12 - 5   无凸缘筒形件拉深的相对高度 h/d 与拉深次数的关系(材料 08F、10F)

拉深次数	毛坯相对厚度(t/D)/%					
	0.08 ~ 0.15	0.15 ~ 0.3	0.3 ~ 0.6	0.6 ~ 1.0	1.0 ~ 1.5	1.5 ~ 2.0
1	0.38 ~ 0.64	0.45 ~ 0.52	0.5 ~ 0.62	0.57 ~ 0.71	0.65 ~ 0.84	0.77 ~ 0.94
2	0.7 ~ 0.9	0.83 ~ 0.96	0.94 ~ 1.13	1.1 ~ 1.36	1.32 ~ 1.60	1.54 ~ 1.88
3	1.1 ~ 1.3	1.3 ~ 1.6	1.5 ~ 1.9	1.8 ~ 2.3	2.2 ~ 2.8	2.7 ~ 3.5
4	1.5 ~ 2.0	2.0 ~ 2.4	2.4 ~ 2.9	2.9 ~ 3.6	3.5 ~ 4.3	4.3 ~ 5.6
5	2.0 ~ 2.7	2.7 ~ 3.3	3.3 ~ 4.1	4.1 ~ 5.2	5.1 ~ 6.6	6.6 ~ 8.9

注:大的 h/d 适用于首次拉深工序的大凹模圆角 $r_d = (8 \sim 15)t$。小的 h/d 适用于首次拉深工序的小凹模圆角 $r_d = (4 \sim 8)t$。

12.2.4   有凸缘圆筒形零件的拉深方法及工艺计算

有凸缘圆筒形件的拉深变形原理与一般圆筒形件是相同的,但由于带有凸缘(图 12 - 11),其拉深方法及计算方法与一般圆筒形件有一定的差别。

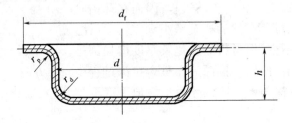

图 12 - 11   凸缘件毛坯的计算

1. 有凸缘筒形零件的拉深特点

有凸缘拉深件可以看成是一般圆筒形件在拉深未结束时的半成品,即只将毛坯外径拉深到等于法兰边(即凸缘)直径 d_f 时拉深过程就结束,因此其变形区的应力状态和变形特点应与圆筒形件相同。

下面着重对宽凸缘件的拉深进行分析,主要介绍其与直壁圆筒形件的不同点。当 $r_p = r_d = r$ 时(图 12 - 11),宽凸缘件毛坯直径的计算公式为

$$D = \sqrt{d_f^2 + 4dh - 3.44dr} \tag{12 - 14}$$

根据拉深系数的定义,宽凸缘件总的拉深系数仍可表示为

$$m = \frac{d}{D} = \frac{1}{\sqrt{(d_f/d)^2 + 4h/d - 3.44r/d}} \tag{12 - 15}$$

式中:D 为毛坯直径(mm);d_f 为凸缘直径(mm);d 为筒部直径(中径)(mm);r 为底部和凸缘部的圆角半径(当料厚大于 1mm 时,r 值按中线尺寸计算)。

由上式可知,凸缘件的拉深系数决定于 3 个尺寸因素:相对凸缘直径 d_f/d,相对拉深高度

h/d 和相对圆角半径 r/d。其中 d_f/d 的影响最大,而 r/d 的影响最小。

由于宽凸缘拉深时材料并没有被全部拉入凹模,因此同圆形件相比这种拉深具有自己的特点。

(1)宽凸缘件的拉深变形程度不能用拉深系数的大小来衡量。

(2)宽凸缘件的首次极限拉深系数比圆筒件要小。

(3)宽凸缘件的首次极限拉深系数值与零件的相对凸缘直径 d_f/d 有关。

由式(12-15)可知,d_f/d 越大,则极限拉深系数越小。由此可以看出,宽凸缘件的首次极限拉深系数不能仅根据 d_f/d 的大小来选用,还应考虑毛坯的相对厚度,如表 12-6 所列。

由表 12-6 可见,当 $d_f/d<1.1$ 时,有凸缘筒形件的极限拉深系数与无凸缘圆筒形件的基本相同。随着 d_f/d 的增加,拉深系数减小,到 $d_f/d=3$ 时,拉深系数为 0.33。这并不意味着拉深变形程度很大。因为此时 $d_f/d=3$,即 $d_f=3d$,而根据拉深系数又可得出 $D=3d$,二者相比较即可得出 $d_f=D$,说明凸缘直径与毛坯直径相同,毛坯外径不收缩,零件的筒部是靠局部变形而成形的,此时已不再是拉深变形了,变形的性质已经发生了变化。

当凸缘件总的拉深系数一定,即毛坯直径 D 一定,工件直径一定时,用同一直径的毛坯能够拉出多个具有不同 d_f/d 和 h/d 的零件,但这些零件的 d_f/d 和 h/d 值之间要受总拉深系数的制约,其相互间的关系是一定的。d_f/d 大,则 h/d 小;d_f/d 小,则 h/d 大。因此,也常用 h/d 来表示第一次拉深时的极限变形程度,如表 12-7 所列。如果工件的 d_f/d 和 h/d 都大,则毛坯的变形区就宽,拉深的难度就大,一次不能拉出工件,只有进行多次拉深才行。

表 12-6　凸缘件的第一次拉深系数(适用于 08、10 号钢)

凸缘相对直径 d_f/d	毛坯的相对厚度 $(t/D)/\%$				
	>0.06~0.2	>0.2~0.5	>0.5~1	>1~1.5	>1.5
≈1.1	0.59	0.57	0.55	0.53	0.50
>1.1~1.3	0.55	0.54	0.53	0.51	0.49
>1.3~1.5	0.52	0.51	0.50	0.49	0.47
>1.5~1.8	0.48	0.48	0.47	0.46	0.45
>1.8~2.0	0.45	0.45	0.44	0.43	0.42
>2.0~2.2	0.42	0.42	0.42	0.41	0.40
>2.2~2.5	0.38	0.38	0.38	0.38	0.37
>2.5~2.8	0.35	0.35	0.34	0.34	0.33
>2.8~3.0	0.33	0.33	0.32	0.32	0.31

表 12-7　凸缘件第一次拉深的最大相对高度 h/d(适用于 08、10 钢)

拉深系数 m	毛坯的相对厚度 $(t/D)/\%$				
	2.0~0.5	1.5~1.0	1.0~0.6	0.6~0.3	0.3~0.15
m_1	0.73	0.75	0.76	0.78	0.80
m_2	0.75	0.78	0.79	0.80	0.82
m_3	0.78	0.80	0.82	0.83	0.84
m_4	0.80	0.82	0.84	0.85	0.86
注:较大值适用于零件圆角半径较大的情况,即 r_d、r_p 为 $(10~20)t$;较小值适用于零件圆角半径较小的情况,即 r_d、r_p 为 $(4~8)t$					

243

2. 宽凸缘零件的拉深方法

宽凸缘件的拉深方法有两种:一种是中小型 $d_f < 200\text{mm}$、料薄的零件,通常靠减小筒形直径,增加高度来达到尺寸要求,即圆角半径 r_p 及 r_d 在首次拉深时就与 d_f 一起成形到工件的尺寸,在后续的拉深过程中基本上保持不变,如图 12-12(a)所示。这种方法拉深时不易起皱,但制成的零件表面质量较差,容易在直壁部分和凸缘上残留中间工序形成的圆角部分弯曲和厚度局部变化的痕迹,所以最后应加一道压力较大的整形工序。

另一种方法如图 12-12(b)所示。常用在 $d_f > 200\text{mm}$ 的大型拉深件中。零件的高度在第一次拉深时就基本形成,在以后的整个拉深过程中基本保持不变,通过减小圆角半径 r_p 及 r_d,逐渐缩小筒形部分的直径来拉成零件。此法对厚料更为合适。用本法制成的零件表面光滑平整,厚度均匀,不存在中间工序中圆角部分的弯曲与局部变薄的痕迹。但在第一次拉深时,因圆角半径较大,容易发生起皱,当零件底部圆角半径较小,或者对凸缘有不平度要求时,也需要在最后加一道整形工序。在实际生产中往往将上述两种方法综合起来用。

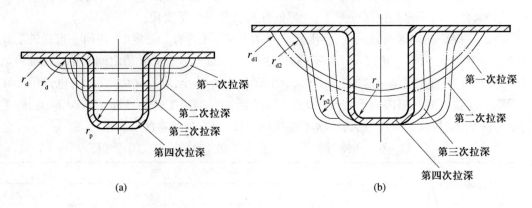

(a)   (b)

图 12-12　宽凸缘件的拉深方法

(a) 对 $d_f < 200\text{mm}$ 的零件; (b) 对 $d_f > 200\text{mm}$ 的零件。

12.2.5　阶梯圆筒形件的拉深

阶梯圆筒形件(图 12-13)从形状来说相当于若干个直壁圆筒形件的组合,因此它的拉深同直壁圆筒形件的拉深基本相似,每一个阶梯的拉深即相当于相应的圆筒形件的拉深。但由于其形状相对复杂,因此拉深工艺的设计与直壁圆筒形件有较大的差别,主要表现在拉深次数的确定和拉深方法上。

1. 拉深次数的确定

判断阶梯形件能否一次拉成,主要根据零件的总高度与其最小阶梯筒部的直径之比(图 12-13),是否小于相应圆筒形件第一次拉深所允许的相对高度,即

$$(h_1 + h_2 + h_3 + \cdots + h_n)/d_n \leqslant h/d_n \qquad (12-16)$$

式中:$h_1, h_2, h_3, \cdots h_n$ 分别为各个阶梯的高度(mm);d_n 为最小阶梯筒部的直径(mm);h 为直径为 d_n 的圆筒形件第一次拉深时可能得到的最大高度(mm);h/d_n 为第一次拉深允许的相对高度,由表12-7 查出。

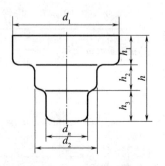

图 12-13　阶梯圆筒形件

244

若上述条件不能满足,则该阶梯件需多次拉深。

2. 拉深方法的确定

常用的阶梯形件的拉深方法有如下几种。

(1) 若任意两个相邻阶梯的直径比 d_n/d_{n-1} 都大于或等于相应的圆筒形件的极限拉深系数,则先从大的阶梯拉起,每次拉深一个阶梯,逐一拉深到最小的阶梯,如图 12 – 14 所示。阶梯数也就是拉深次数。

(2) 若相邻两阶梯直径 d_n/d_{n-1} 之比小于相应的圆筒形件的极限拉深系数,则按带凸缘圆筒形件的拉深进行,先拉小直径 d_n,再拉大直径 d_{n-1},即由小阶梯拉深到大阶梯,如图 12 – 15 所示。图中 d_2/d_1 小于相应的圆筒形件的极限拉深系数,故先拉 d_2,再用工序 V 拉出 d_1。

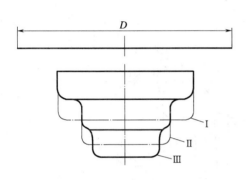

图 12 – 14 由大阶梯到小阶梯(Ⅰ、Ⅱ、Ⅲ为工序顺序)

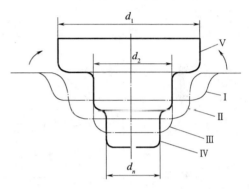

图 12 – 15 由小直径到大直径(Ⅰ、Ⅱ、Ⅲ、Ⅳ、V 为工序顺序)

(3) 若最小阶梯直径 d_n 过小,即 d_n/d_{n-1} 过小,h_n 又不大时,最小阶梯可用胀形法得到。

(4) 若阶梯形件较浅,且每个阶梯的高度又不大,但相邻阶梯直径相差又较大而不能一次拉出时,可先拉成圆形或带有大圆角的筒形,最后通过整形得到所需零件,如图 12 – 16 所示。

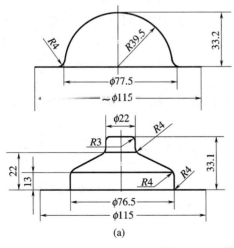

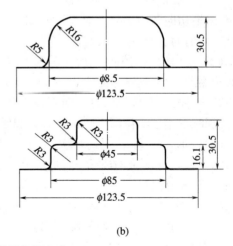

(a)

(b)

图 12 – 16 浅阶梯形件的拉深方法

(a) 球面形状; (b) 大圆角形状。

12.3 盒形件的拉深

12.3.1 盒形件的变形特点

从几何形状特点看,矩形盒状零件可划分成 2 个长度为$(A-2r)$和 2 个长度为$(B-2r)$的直边加上 4 个半径为 r 的 1/4 圆筒部分,如图 12 - 17 所示。若将圆角部分和直边部分分开考虑,则圆角部分的变形相当于直径为 $2r$、高为 h 的圆筒件的拉深,直边部分的变形相当于弯曲。但实际上圆角部分和直边部分是联系在一起的整体,因此盒形件的拉深又不完全等同于简单的弯曲和拉深,有其特有的变形特点,这可通过网格试验进行验证。

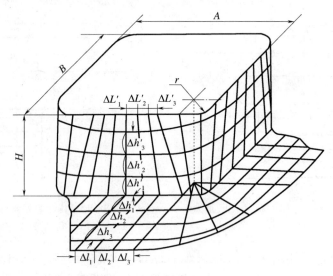

图 12 - 17 盒形件的拉深变形特点

根据网格的变化可知盒形件拉深有以下变形特点。

(1) 盒形件拉深的变形性质与圆筒件一样,也是径向伸长,切向缩短。沿径向越往口部伸长越多,沿切向圆角部分变形大,直边部分变形小,圆角部分的材料向直边流动,即盒形件的变形是不均匀的。

(2) 变形的不均匀导致应力分布不均匀(图 12 - 18)。在圆角部的中点处 σ_1 和 σ_3 最大,向两边逐渐减小,到直边的中点处 σ_1 和 σ_3 最小。故盒形件拉深时破坏首先发生在圆角处。又因圆角部材料在拉深时容许向直边流动,所以盒形件与相应的圆筒件比较,危险断面处受力小,拉深时采用小的拉深系数也不容易起皱。

(3) 盒形件拉深时,由于直边部分和圆角部分实际上是联系在一起的整体,因此两部分的变形相互影响,影响的结果是:直边部分除了产生弯曲变形外,还产生了径向伸长,切向压缩的拉深变形。两部分相互影响的程度随盒形件形状的不同而不同,也就是说随相对圆角半径 r/B 和相对高度 H/B 的不同而不同。r/B 越小,圆角部分的材料向直边部分流得越多,直边部分对圆角部分的影响越大,使得圆角部分的变形与相应圆筒件的差别较大。当 $r/B = 0.5$ 时,直边不复存在,盒形件成为圆筒件,盒形件的变形与圆筒件一样。

当相对高度 H/B 大时,圆角部分对直边部分的影响就大,直边部分的变形与简单弯曲的差别就大。因此盒形件毛坯的形状和尺寸必然与 r/B 和 H/B 的值有关。对于不同的 r/B 和

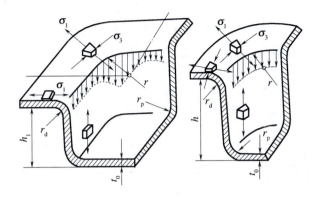

图 12 – 18 盒形件拉深时的应力分布

H/B,盒形件毛坯的计算方法和工序计算方法也就不同。

12.3.2 盒形零件拉深毛坯形状与尺寸的确定

毛坯形状和尺寸的确定应根据零件的 r/B 和 H/B 的值来进行,因为这两个因素决定了圆角和直边在拉深时的影响程度。计算的原则仍然是保证毛坯的面积等于加上修边量后的工件面积,并尽可能要满足口部平齐的要求。一次拉深成形的低盒形件与多次拉深成形的高盒形件,计算毛坯的方法是不同的。下面主要介绍这两种零件毛坯的确定方法。

1. 一次拉深成形的低盒形件($H \leqslant 0.3B,B$ 为盒形件的短边长度)毛坯的计算

低盒形件是指一次可拉深成形,或虽两次拉深,但第二次仅用来整形的零件。这种零件拉深时仅有微量材料从角部转移到直边,即圆角与直边间的相互影响很小,因此可以认为直边部分只是简单的弯曲变形,毛坯按弯曲变形展开计算。圆角部分只发生拉深变形,按圆筒形拉深展开,再用光滑曲线进行修正即得毛坯,如图 12 – 19 所示,计算步骤如下。

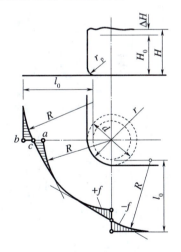

(1)按弯曲计算直边部分的展开长度 l_0。

$$l_0 = H + 0.57r_p$$
$$H = H_0 + \Delta H \qquad (12 - 17)$$

式中:H_0 为工件高度;ΔH 为盒形件修边余量(表 12 – 8)。

(2)把圆角部分看成是直径为 $d = 2r$,高为 H 的圆筒件,则展开的毛坯半径为

图 12 – 19 低盒形件毛坯的作图法

$$R = \sqrt{r^2 + 2rH - r_p(0.86r + 0.14r_p)} \qquad (12 - 18)$$

表 12 – 8 盒形件修边余量 ΔH

所需拉深系数	1	2	3	4
修边余量 ΔH	$(0.03 \sim 0.05)H$	$(0.04 \sim 0.06)H$	$(0.05 \sim 0.08)H$	$(0.06 \sim 0.1)H$

当 $r = r_p$ 时,则

$$R = \sqrt{2rH}$$

(3)通过作图用光滑曲线连接直边和圆角部分,即得毛坯的形状和尺寸。具体作图步骤

如下。

　①　按上述公式求出直边部分毛坯的展开长度 l_0 和圆角部位的展开长度 R。

　②　按 1:1 比例画出盒形件平面图，并过 r 圆心画水平线 ab，再以 r 圆心为圆心，以其为半径画弧，交 ab 于 a 点。

　③　画直边展开线交 ab 于 b 点，展开线距离 r_p 圆心迹线的长度为 l_0。

　④　过线段 ab 的中点 c 作圆弧 R 的切线，再以其为半径作圆弧与直边及切线相切。使阴影部分面积 $-f$ 与 $+f$ 基本相等。这样修正后即得毛坯的外形。

2. 高盒形件（$H > 0.3B$）毛坯的计算

毛坯尺寸仍根据工件表面积与毛坯表面积相等的原则计算。当零件为方盒形且高度比较大，需要多道工序拉深时，可采用圆形毛坯，其直径为

$$D = 1.13\sqrt{B^2 + 4B(H - 0.43r_p)} - 1.72r(H + 0.5r) - 4r_p(0.11r_p - 0.18r)$$

$$(12 - 19)$$

公式中的符号如图 12 - 20 所示。

对高度和圆角半径都比较大的盒形件（$H/B \geqslant 0.7 \sim 0.8$），拉深时圆角部分有大量材料向直边流动，直边部分拉深变形也大，这时毛坯的形状可做成长圆形或椭圆形，如图 12 - 21 所示。将尺寸为 $A \times B$ 的盒形件，看作由两个宽度为 B 的半方形盒和中间为 $A - B$ 的直边部分连接而成，这样，毛坯的形状就是由两个半圆弧和中间两平行边所组成的长圆形，长圆形毛坯的圆弧半径为：$R_b = \dfrac{D}{2}$。

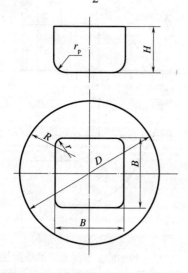
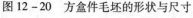
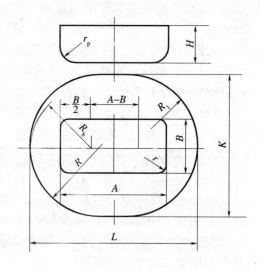

图 12 - 20　方盒件毛坯的形状与尺寸　　　　图 12 - 21　高盒形件的毛坯形状与尺寸

式中 D 是宽为 B 的方形件的毛坯直径，按式（12 - 17）计算。圆心距短边的距离为 $B/2$。则长圆形毛坯的长度为

$$L = 2R_b + A - B = D + A - B \qquad (12 - 20)$$

长圆形毛坯的宽度为

$$K = \frac{D(B - 2r) + [B + 2(H - 0.43r_p)](A - B)}{A - 2r} \qquad (12 - 21)$$

然后用 $R = K/2$ 过毛坯长度两端作弧，既与 R_b 弧相切，又与两长边的展开直线相切，则毛坯的外形即为一长圆形。

248

如 $K \approx L$,则毛坯做成圆形,半径为 $R = 0.5K$。

12.3.3　盒形件拉深的变形程度

由于盒形件初次拉深时圆角部分的受力和变形比直边大,起皱和拉破易在圆角部分发生,故盒形件初次拉深时的极限变形量由圆角部分传力的强度确定。

拉深时圆角部分的变形程度仍用拉深系数表示

$$m = d/D \qquad (12-22)$$

式中:d 为与圆角部相应的圆筒体直径;D 为与圆角部相应的圆筒体展开毛坯直径。

当 $r = r_p$ 时,与圆角部相应的圆筒体毛坯直径为

$$D = 2\sqrt{2rH} \qquad (12-23)$$

则

$$m = \frac{d}{D} = \frac{2r}{2\sqrt{2rH}} = \sqrt{\frac{r}{2H}} \qquad (12-24)$$

式中:r 为工件底部和角部的圆角半径;H 为工件的高。

由上式可知初次拉深的变形程度可用盒形件相对高度 H/r 来表示,这在使用中比较方便。H/r 越大,表示变形程度越大。用平板毛坯一次能拉出的最大相对高度值如表 12-9 所列。若零件的 H/r 小于表 12-9 中的值,则可一次拉成,否则必须采用多道拉深。

表 12-9　盒形件初次拉深的最大相对高度

r/B	0.4	0.3	0.2	0.1	0.05
H/r	2~3	2.8~4	4~6	8~12	10~15

12.3.4　高盒形件多工序拉深方法及工序件尺寸的确定

高盒形件必须采用多工序拉深才能最后成形。

1. 高方盒件的多次拉深

图 12-22 所示为多工序拉深盒形件各中间工序的半成品形状和尺寸的确定方法。采用直径为 D_0 的圆形板料,中间工序都拉成圆形,最后一道工序拉成要求的正方形形状和尺寸。工序计算由倒数第二道(即 $n-1$ 道)开始往前推算,直到由毛坯能一次拉成相应的半成品为止。由图 12-22 的几何关系可知,$(n-1)$ 道工序半成品的直径可用下式计算

$$D_{n-1} = 1.41B - 0.82r + 2\delta \qquad (12-25)$$

式中:D_{n-1} 为 $(n-1)$ 次拉深工序后半成品的直径;B 为方形盒件的宽度(按内表面计算);r 为方形盒件角部的内圆角半径;δ 为方盒形件角部的壁间距离,为 $(n-1)$ 道工序半成品内表面到盒形件在圆角处内表面的距离。一般取 $\delta = (0.2 \sim 0.25)r$。

δ 值对拉深时毛坯变形程度的大小,以及变形分布的均匀程度有直接影响。工件的 r/B 大则 δ 小;拉深次数多时 δ 也小。过大的 δ 值可能使拉深件被拉裂。

$(n-1)$ 道工序直径确定后,其他各工序的直径可按圆筒件的计算方法确定。相当于用直径为 D 的毛坯拉成直径为 D_{n-1},高为 H_{n-1} 的圆筒形零件。

2. 高矩形盒件的多次拉深

这种拉深可采用图 12-23 所示的中间毛坯形状与尺寸。可把矩形盒的两个边视为 4 个方形盒的边长,在保证同一角部壁间距离 δ 时,可采用由 4 段圆弧构成的椭圆形筒,作为最后

一道工序拉深前的半成品毛坯(是$(n-1)$道拉深所得的半成品)。其长轴与短轴处的曲率半径分别用$R_{a(n-1)}$及$R_{b(n-1)}$表示,并用下式计算

$$R_{a(n-1)} = 0.707A - 0.41r + \delta$$
$$R_{b(n-1)} = 0.707B - 0.41r + \delta \qquad (12-26)$$

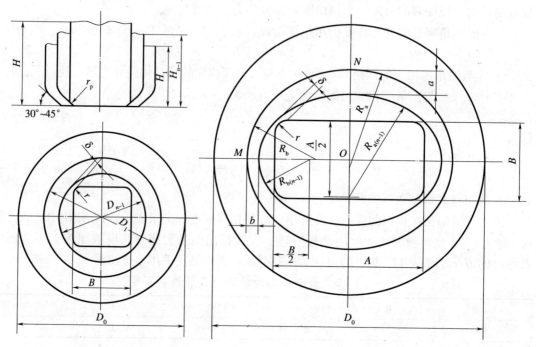

图 12-22　方盒件拉深的半成品　　　　　图 12-23　高矩形盒形件多工序拉深的
　　　　　　　形状与尺寸　　　　　　　　　　　　　　半成品的形状与尺寸

式中:A、B分别为矩形盒的长度与宽度。

椭圆长、短半轴a_{n-1}和b_{n-1},分别用下式求得

$$a_{n-1} = R_{b(n-1)} + (A-B)/2$$
$$b_{n-1} = R_{a(n-1)} - (A-B)/2 \qquad (12-27)$$

由于$(n-1)$道拉深得到的半成品形状是椭圆形筒,所以高矩形盒多工序拉深工艺的计算又可归结为高椭圆形筒的多次拉深成形问题。

12.4　拉深力及功的计算

1. 压边力的计算

解决拉深工作中的起皱问题的主要方法是采用防皱压边圈。至于是否需要采用压边圈,可按表12-10的条件决定。

表 12-10　采用或不采用压边圈的条件

拉深方法	第一次拉深		后续各次拉深	
	$(t/D)/\%$	m_1	$(t/D)/\%$	m_2
用压边圈	<1.5	<0.6	<1.0	<0.8
可用可不用	1.5~2.0	0.6	1.0~1.5	0.8
不用压边圈	>2.0	>0.6	>1.5	>0.8

压边力是为了防止毛坯起皱,保证拉深过程顺利进行而施加的力,它的大小对拉深影响很大。压边力的数值应适当,太小时防皱效果不好,太大时则会增加危险断面处的拉应力,引起拉裂破坏或严重变薄超差(图 12 – 24、图 12 – 25)。在生产中,压边力都有一定的调节范围(图 12 – 24),其范围在最大压边力 F_{Qmax} 和最小压边力 F_{Qmin} 之间。当拉深系数小至接近极限拉深系数时,这个变动范围就小,压边力的变动对拉深工作的影响就显著。通常是使压边力 F_Q 稍大于防皱作用所需的最低值,并按下列公式进行计算。

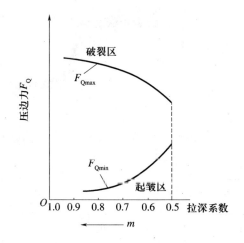

图 12 – 24 压边力对拉深的影响   图 12 – 25 拉深力与压边力的关系

总压边力

$$F_Q = Aq \qquad (12 - 28)$$

式中:A 为在开始拉深瞬间不考虑凹模圆角时的压边面积(mm^2)。

筒形件第一次拉深时

$$F_Q = \frac{\pi q}{4} [D^2 - (d_1 + 2r_d)^2] \qquad (12 - 29)$$

筒形件后续各道拉深时

$$F_{Qn} = \frac{\pi q}{4} [d_{n-1}^2 - (d_n + 2r_d)^2] \qquad (12 - 30)$$

式中:q 为单位压边力(MPa),可按表 12 – 11 选用;d_1,$\cdots$,d_n 分别为第一次及以后各次工件的外径(mm);r_d 为凹模洞口的圆角半径(mm)。

表 12 – 11 单位压边力 q

材料名称		单位压边力 q/MPa	材料名称	单位压边力 q/MPa
铝		0.8 ~ 1.2	镀锡钢板	2.5 ~ 3.0
紫铜、硬铝(已退火)		1.2 ~ 1.8	高合金钢 不锈钢	3.0 ~ 4.5
黄铜		1.5 ~ 2.0		
软钢	$t < 0.5mm$	2.5 ~ 3.0	高温合金	2.8 ~ 3.5
	$t > 0.5mm$	2.0 ~ 2.5		

在生产中，一次拉深时的压边力 F_Q 也可按拉深力的 1/4 选取，即

$$F_Q = 0.25F_1 \tag{12-31}$$

拉深中凸缘起皱的规律与 σ_{1max} 的变化规律相似，如图 12-26 所示。起皱趋势最严重的时刻是毛坯外缘缩小到 $0.85R_0$ 时。理论上合理的压边力应随起皱趋势的变化而变化。当起皱严重时压边力变大，起皱不严重时压边力就随着减少。但要实现这种变化是很困难的。

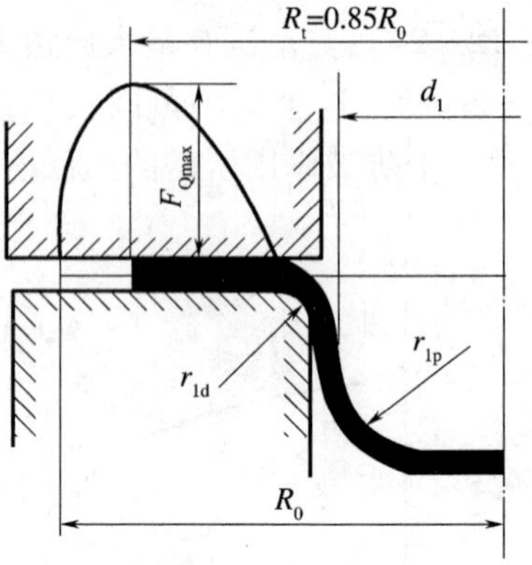

2. 拉深力的计算

圆筒形工件采用压边拉深时可用下式计算拉深力
第一次拉深

$$F_1 = \pi d_1 t \sigma_b k_1 \tag{12-32}$$

第二次以后拉深

$$F_n = \pi d_n t \sigma_b k_n \tag{12-33}$$

图 12-26 首次拉深压边力 F_Q 的变化

式中：σ_b 为材料的抗拉强度；k_1、k_2 为系数，可查表 12-12 获得。

表 12-12 修正系数 k_1、λ_1、k_2、λ_2

拉深系数 m_1	0.55	0.57	0.60	0.62	0.65	0.77	0.70	0.72	0.75	0.75	0.80		
修正系数 k_1	1.00	0.93	0.86	0.79	0.72	0.66	0.60	0.55	0.50	0.45	0.40		
系数 λ_1	0.80		0.77		0.74		0.70		0.67		0.64		
拉深系数 m_2							0.70	0.72	0.75	0.77	0.80	0.85	0.90	0.95
修正系数 k_2							1.00	0.95	0.90	0.85	0.80	0.70	0.60	0.50
系数 λ_2							0.80		0.80		0.75		0.70

3. 拉深功的计算

当拉深行程较大，特别是采用落料、拉深复合模时，不能简单地将落料力与拉深力叠加来选择压力机，因为压力机的公称压力是指在接近下死点时的压力机压力。因此，应该注意压力机的压力曲线。否则很可能由于过早地出现最大冲压力而使压力机超载损坏（图 12-27）。一般可按下式作概略计算。

浅拉深时

$$\sum F \leqslant (0.7 \sim 0.8)F_0 \tag{12-34}$$

深拉深时

$$\sum F \leqslant (0.5 \sim 0.6)F_0 \tag{12-35}$$

式中：$\sum F$ 为拉深力和压边力的总和，在用复合冲压时，还包括其他力；F_0 为压力机的公称压力。

拉深功可按下式计算。

第一次拉深

$$A_1 = \frac{\lambda_1 F_{1max} h_1}{1000} \tag{12-36}$$

252

后续各次拉深

$$A_n = \frac{\lambda_2 F_{n\max} h_n}{1000} \qquad (12 - 37)$$

式中:$F_{1\max}$,$F_{n\max}$ 为第一次和以后各次拉深的最大拉深力(N),如图 12 - 28 所示;λ_1,λ_2 为平均变形力与最大变形力的比值,如表 12 - 12 所列;h_1,h_n 为第一次和以后各次的拉深高度(mm)。

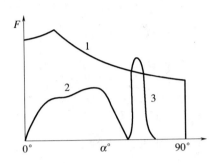

图 12 - 27　拉深力与压力机的压力曲线
1—压力机的压力曲线;2—拉深力;3—落料力。

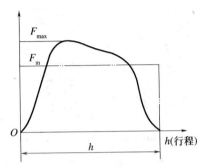

图 12 - 28　最大拉深力 $F_{1\max}$、$F_{n\max}$ 和平均拉深力 F_m

拉深所需压力机的电动机功率为

$$N = \frac{A\xi n}{60 \times 75 \times \eta_1 \eta_2 \times 1.36 \times 10} \qquad (\text{kW}) \qquad (12 - 38)$$

式中:A 为拉深功(Nm);ξ 为不均衡系数,取 $\xi = 1.2 \sim 1.4$;η_1、η_2 为压力机效率、电动机效率,取 $\eta_1 = 0.6 \sim 0.8$,$\eta_2 = 0.9 \sim 0.95$;n 为压力机每分钟的行程次数。

若所选压力机的电动机功率小于计算值,则应另选功率较大的压力机。

12.5　拉深模具的设计

12.5.1　拉深模具的分类及典型结构

拉深模按其工序顺序可分为首次拉深模和后续各工序拉深模,它们之间的本质区别是压边圈的结构和定位方式上的差异。按拉深模使用的冲压设备又可分为单动压力机用拉深模、双动压力机用拉深模及三动压力机用拉深模,它们的本质区别在于压边装置的不同(弹性压边和刚性压边)。按工序的组合来分,又可分为单工序拉深模、复合模和级进式拉深模。此外还可按有无压边装置分为无压边装置拉深模和有压边装置拉深模等。下面将介绍几种常见的拉深模典型结构。

1. 无压边装置的首次拉深模(图 12 - 29)

此模具结构简单,常用于板料塑性好,相对厚度 $t/D \geqslant 0.03(1 - m)$,$m_1 > 0.6$ 时的拉深。工件以定位板 2 定位,拉深结束后的卸件工作由凹模底部的台阶完成,拉深凸模要深入到凹模下面,所以该模具只适合于浅拉深。

2. 具有弹性压边装置的首次拉深模

这是最广泛采用的首次拉深模结构形式(图 12 - 30)。压边力由弹性元件的压缩产生。这种装置可装在上模部分(即为上压边),也可装在下模部分(即为下压边)。上压边的特征是

253

由于上模空间位置受到限制,不可能使用很大的弹簧或橡皮,因此上压边装置的压边力小,这种装置主要用在压边力不大的场合。相反,下压边装置的压边力可以较大,所以拉深模具常采用下压边装置。

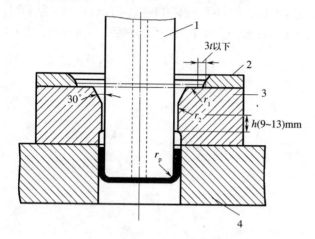

图 12-29 无压边装置的首次拉深模
1—凸模;2—定位板;3—凹模;4—下模座。

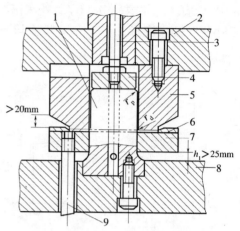

图 12-30 有压边装置的首次拉深模
1—凸模;2—上模座;3—打料杆;
4—推件块;5—凹模;6—定位板;
7—压边圈;8—下模座;9—卸料螺钉。

12.5.2 拉深模工作部分的结构和尺寸

拉深模工作部分的尺寸指的是凹模圆角半径 r_d,凸模圆角半径 r_p,凸、凹模的间隙 c,凸模直径 D_p,凹模直径 D_d 等,如图 12-31 所示。

1. 凹模圆角半径 r_d

拉深时,材料在经过凹模圆角时不仅因为发生弯曲变形需要克服弯曲阻力,还要克服因相对流动引起的摩擦阻力,所以 r_d 的大小对拉深工作的影响非常大,主要有以下影响。

(1) 拉深力的大小。当 r_d 小时,材料流过凹模时产生较大的弯曲变形,结果需承受较大的弯曲变形阻力,此时凹模圆角对板料施加的厚向压力加大,引起摩擦力增加。当弯曲

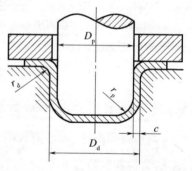

图 12-31 拉深模工作部分的尺寸

后的材料被拉入凸、凹模间隙进行校直时,又会使反向弯曲的校直力增加,从而使筒壁内总的变形抗力增大,拉深力增加,变薄严重,甚至在危险断面处拉破。在这种情况下,材料变形受限制,必须采用较大的拉深系数。

(2) 拉深件的质量。当 r_d 过小时,坯料在滑过凹模圆角时容易被刮伤,结果使工件的表面质量受损。而当 r_d 太大时,拉深初期毛坯没有与模具表面接触的宽度加大(图 12-31),由于这部分材料不受压边力的作用,因而容易起皱。在拉深后期毛坯外边缘也会因过早脱离压边圈的作用而起皱,使拉深件质量不好,在侧壁下部和口部形成皱褶。尤其当毛坯的相对厚度小时,这个现象更严重。在这种情况下,也不宜采用大的变形程度。

(3) 拉深模的寿命。当 r_d 小时,材料对凹模的压力增加,摩擦力增大,磨损加剧,使模具

的寿命降低。所以 r_d 的值既不能太大也不能太小。在生产上一般应尽量避免采用过小的凹模圆角半径,在保证工件质量的前提下尽量取大值,以满足模具寿命的要求。通常可按经验公式计算

$$r_d = 0.8\sqrt{(D-d)t} \tag{12-39}$$

式中:D 为毛坯直径或上道工序拉深件直径(mm);d 为本道工序拉深后的直径(mm)。

首次拉深的 r_d 可按表 12-13 选取。

后续各次拉深时 r_d 应逐步减小,其值可按关系式 $r_{dn} = (0.6 \sim 0.8) r_{d(n-1)}$ 确定,但应大于或等于 $2t$。若其值小于 $2t$,一般很难拉出,只能靠拉深后整形得到所需零件。

表 12-13　首次拉深的凹模圆角半径 r_d

拉深方法	材料厚度 t/mm				
	2.0 ~ 1.5	1.5 ~ 1.0	1.0 ~ 0.6	0.6 ~ 0.3	0.3 ~ 0.1
无凸缘拉深	$(4 \sim 7)t$	$(5 \sim 8)t$	$(6 \sim 9)t$	$(7 \sim 10)t$	$(8 \sim 13)t$
有凸缘拉深	$(6 \sim 10)t$	$(8 \sim 13)t$	$(10 \sim 16)t$	$(12 \sim 18)t$	$(15 \sim 22)t$
注:表中数据当材料性能好且润滑好时可适当减小					

2. 凸模圆角半径 r_p

凸模圆角半径对拉深工序的影响没有凹模圆角半径大,但其值也必须合适。拉深初期毛坯在 r_p 处弯曲变形大,危险断面受拉力增大,工件易产生局部变薄或拉裂,且局部变薄和弯曲变形的痕迹在后续拉深时将会遗留在成品零件的侧壁上,影响零件的质量。而且多工序拉深时,由于后续工序的压边圈圆角半径应等于前道工序的凸模圆角半径,所以当 r_p 过小时,在以后的拉深工序中毛坯沿压边圈滑动的阻力会增大,这对拉深过程是不利的。因而,凸模圆角半径不能太小。若凸模圆角半径 r_p 过大,会使 r_p 处材料在拉深初期不与凸模表面接触,易产生底部变薄和内皱,如图 12-32 所示。

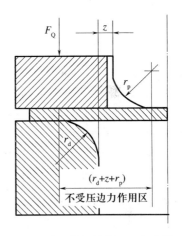

图 12-32　拉深初期毛坯与凸模、凹模的位置关系

一般,首次拉深时凸模的圆角半径为

$$r_p = (0.7 \sim 1.0) r_d \tag{12-40}$$

以后各次 r_p 可取为各次拉深中直径减小量的 $1/2$,即

$$r_{p(n-1)} = \frac{d_{n-1} - d_n - 2t}{2} \tag{12-41}$$

式中:$r_{p(n-1)}$ 为本道拉深的凸模圆角半径;d_{n-1} 为本道拉深直径;d_n 为下道拉深的工件直径。

最后一次拉深时 r_{pn} 应等于零件的内圆角半径值,即

$$r_{pn} = r_{零件}$$

但 r_{pn} 不得小于料厚。如必须获得较小的圆角半径时,最后一次拉深时仍取 $r_{pn} > r_{零件}$,拉深结束后再增加一道整形工序,以得到 $r_{p零件}$。

3. 凸模和凹模的间隙 c

拉深模间隙是指单面间隙。间隙的大小对拉深力、拉深件的质量、拉深模的寿命都有影

响。若 c 值太小,凸缘区变厚的材料通过间隙时,校直与变形的阻力增加,与模具表面间的摩擦、磨损严重,使拉深力增加,零件变薄严重,甚至拉破,模具寿命降低。间隙小时得到的零件侧壁平直而光滑,质量较好,精度较高。

间隙过大时,对毛坯的校直和挤压作用减小,拉深力降低,模具的寿命提高,但零件的质量变差,冲出的零件侧壁不直。

因此,拉深模的间隙值也应合适,确定 c 时要考虑压边状况、拉深次数和工件精度等。其原则是:既要考虑板料本身的公差,又要考虑板料的增厚现象,间隙一般都比毛坯厚度略大一些。采用压边拉深时其值可按下式计算

$$c = t_{max} + \mu t \qquad (12 - 42)$$

式中:μ 为考虑材料变厚,为减少摩擦而增大间隙的系数,可查表 12-14;t 为材料的名义厚度;t_{max} 为材料的最大厚度,其值为 $t_{max} = 1 + \delta$,其中 δ 为材料的正偏差。

表 12-14 增大间隙的系数 μ

拉深工序数		材料厚度/mm		
		0.5~2	2~4	4~6
1	第一次	0.2/0.1	0.1/0.08	0.1/0.06
2	第一次	0.3	0.25	0.2
	第二次	0.1	0.1	0.1
3	第一次	0.5	0.4	0.35
	第二次	0.3	0.25	0.2
	第三次	0.1/0.08	0.1/0.06	0.1/0.05
4	第一、二次	0.5	0.4	0.35
	第三次	0.3	0.25	0.2
	第四次	0.1/0	0.1/0	0.1/0
5	第一、二次	0.5	0.4	0.35
	第三次	0.5	0.4	0.35
	第四次	0.3	0.25	0.2
	第五次	0.1/0.08	0.1/0.06	0.1/0.05

注:表中数值适用于一般精度(自由公差)零件的拉深。具有分数的地方,分母的数值适用于精密零件(IT10~IT12 级)的拉深

不用压边圈拉深时,考虑到起皱的可能性取间隙值为

$$c = (1 \sim 1.1) t_{max} \qquad (12 - 43)$$

式中较小的数值用于末次拉深或精密拉深件,较大的数值用于中间拉深或精度要求不高的拉深件。

在用压边圈拉深时,间隙数值也可以按表 12-15 取值。

表 12-15 有压边时的单向间隙 c

总拉深次数	拉深工序	单边间隙
1	第一次拉深	$(1 \sim 1.1)t$
2	第一次拉深	$1.1t$
	第二次拉深	$(1 \sim 1.05)t$

总拉深次数	拉深工序	单边间隙
3	第一次拉深 第二次拉深 第三次拉深	$1.2t$ $1.1t$ $(1\sim1.05)t$
4	第一、二次拉深 第三次拉深 第四次拉深	$1.2t$ $1.1t$ $(1\sim1.05)t$
5	第一、二、三次拉深 第四次拉深 第五次拉深	$1.2t$ $1.1t$ $(1\sim1.05)t$

注:1. t 为材料厚度,取材料允许偏差的中间值;
　　2. 当拉深精密工件时,对最末一次拉深间隙取 $c=t$

对精度要求高的零件,为了使拉深后回弹小,表面光洁,常采用负间隙拉深,其间隙值为 $c=(0.9\sim0.95)t$,c 处于材料的名义厚度和最小厚度之间。采用较小间隙时拉深力比一般情况要增大 20%,故这时拉深系数应加大。当拉深相对高度 $H/d<0.15$ 的工件时,为了克服回弹应采用负间隙。

4. 凸模、凹模的尺寸及公差

工件的尺寸精度由末次拉深的凸、凹模的尺寸及公差决定,因此除最后一道拉深模的尺寸公差需要考虑外,首次及中间各道次的模具尺寸公差和拉深半成品的尺寸公差没有必要作严格限制,这时模具的尺寸只要取等于毛坯的过渡尺寸即可。若以凹模为基准时,凹模尺寸为

$$D_d = D^{+\delta_d}$$

凸模尺寸为

$$D_p = (D-2c)_{-\delta_p} \tag{12-44}$$

对于最后一道拉深工序,拉深凹模及凸模的尺寸和公差应按零件的要求来确定。

当工件的外形尺寸及公差有要求时(12-33(a)),以凹模为基准。先确定凹模尺寸,因凹模尺寸在拉深中随磨损的增加而逐渐变大,故凹模尺寸开始时应取小些。其值为

$$D_d = (D-0.75\Delta)^{+\delta_d} \tag{12-45}$$

凸模尺寸为

$$D_p = (D-0.75\Delta-2c)_{-\delta_p} \tag{12-46}$$

当工件的内形尺寸及公差有要求时(12-33(b)),以凸模为基准,先定凸模尺寸。考虑到凸模基本不磨损,以及工件的回弹情况,凸模的开始尺寸不要取得过大。其值为

$$D_p = (d+0.4\Delta)_{-\delta_p} \tag{12-47}$$

凹模尺寸为

$$D_d = (d+0.4\Delta+2c)^{+\delta_d} \tag{12-48}$$

凸、凹模的制造公差 δ_p 和 δ_d 可根据工件的公差来选定。工件公差为 IT13 级以上时,δ_p 和 δ_d 可按 IT6~IT8 级取,工件公差在 IT14 级以下时,δ_p 和 δ_d 按 IT10 级取。

5. 凸、凹模的结构形式

拉深凸模与凹模的结构形式取决于工件的形状、尺寸以及拉深方法、拉深次数等工艺要求,不同的结构形式对拉深的变形情况、变形程度的大小及产品的质量均有不同的影响。

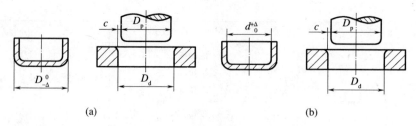

图 12 - 33 拉深零件尺寸与模具尺寸

（a）外形有要求时；（b）内形有要求时。

当毛坯的相对厚度较大,不易起皱,不需用压边圈压边时,应采用锥形凹模。这种模具在拉深的初期就使毛坯呈曲面形状,因而较平端面拉深凹模具有更大的抗失稳能力,故可以采用更小的拉深系数进行拉深。

当毛坯的相对厚度较小,必须采用压边圈进行多次拉深时,应该采用图 12 - 34 所示的模具结构。图 12 - 34(a)中凸、凹模具有圆角结构,用于拉深直径 $d \leqslant 100 \mathrm{mm}$ 的拉深件。图 12 - 34(b)中凸、凹模具有斜角结构,用于拉深直径 $d \geqslant 100 \mathrm{mm}$ 的拉深件。

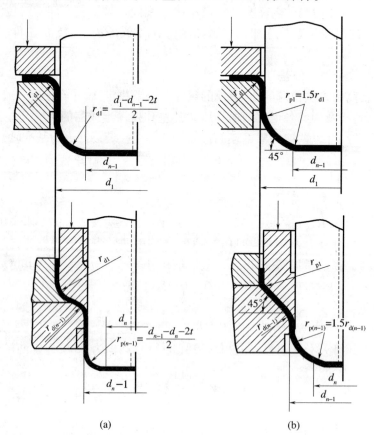

图 12 - 34 拉深模工作部分的结构

（a）凸、凹模具有圆角结构；（b）凸、凹模具有斜角结构。

采用这种有斜角的凸模和凹模,除具有改善金属的流动,减少变形抗力,材料不易变薄的功能外;同时还可减轻毛坯反复弯曲变形的程度,提高零件侧壁的质量,使毛坯在下次工序中容易定位。不论采用哪种结构,均需注意前后两道工序的冲模在形状和尺寸上的协调,使前道

258

工序得到的半成品形状有利于后道工序的成形。比如压边圈的形状和尺寸应与前道工序凸模的相应部分相同,拉深凹模的锥面角度 α 也要与前道工序凸模的斜角一致,前道工序凸模的锥顶径 d_1 应比后续工序凸模的直径 d_2 小,以避免毛坯在 A 处可能产生不必要的反复弯曲,使工件筒壁的质量变差等(图 12-35)。

为了使最后一道拉深工序后零件的底部平整,如果是采用圆角结构的冲模,其最后一次拉深凸模圆角半径的圆心应与倒数第二道拉深凸模圆角半径的圆心位于同一条中心线上。如果是斜角的冲模结构,则倒数第二道工序($n-1$ 道)凸模底部的斜线应与最后一道的凸模圆角半径相切,如图 12-36 所示。

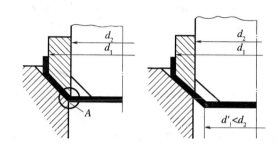

图 12-35　斜角尺寸的确定

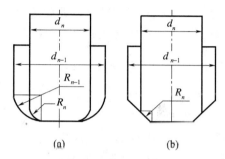

图 12-36　最后拉深中毛坯底部尺寸的变化
(a) 拉伸前;(b) 拉伸后。

凸模与凹模的锥角 α 对拉深有一定的影响。α 大对拉深变形有利,但 α 过大时相对厚度小的材料可能要引起皱纹,因而 α 的大小可根据材料的厚度确定。

为了便于取出工件,拉深凸模应钻通气孔,其尺寸可查表 12-16。

表 12-16　通气孔尺寸

凸模直径/mm	≤50	>50~100	>100~200	>200
出气孔直径/mm	5	6.5	8	9.5

第13章 其他成形工艺及模具

13.1 胀 形

胀形是使板料厚度减薄表面积增加的一种冲压成形方法。胀形按冲头结构分有:刚模胀形和软模胀形。按成形面积分有:局部胀形和整体胀形。

13.1.1 胀形变形特点

如图13-1为球头凸模胀形平板毛坯时的胀形变形区及其主应力和主应变图。胀形变形具有以下特点。

（1）胀形变形变形区的应力状态为双向拉伸应力状态,变形主要是材料厚度方向的减薄和板面方向的伸长,变形后材料厚度减薄表面积增大。

（2）胀形变形时由于毛坯受到较大压边力的作用或毛坯的外径大大超过凹模孔径,使塑性变形仅局限于一个固定的变形范围,变形区外的板料不产生变形。

（3）由于胀形变形时材料板面方向处于双向受拉的应力状态,所以变形不易产生失稳起皱现象。

（4）由于毛坯的厚度相对于毛坯的外形尺寸极小,胀形变形时拉应力沿板厚方向的变化很小,因此当胀形力卸除后回弹小,工件几何形状容易固定,尺寸精度容易保证。

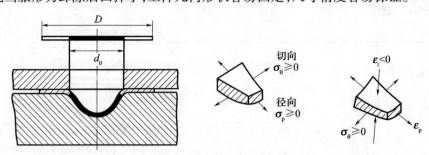

图13-1 胀形变形分析

13.1.2 局部胀形

平板毛坯在模具的作用下发生局部胀形,而形成各种形状的凸起或凹下的冲压方法称为局部胀形,主要用于加工加强筋、局部凹槽、文字、花纹等,如图13-2所示。

1. 胀形系数

平板毛坯胀形的变形程度用式(13-1)胀形系数表示,即

$$K = \frac{d_p + h}{d_p} \tag{13-1}$$

式中:K为胀形系数;d_p为凸模直径;h为胀形后工件的最大深度。

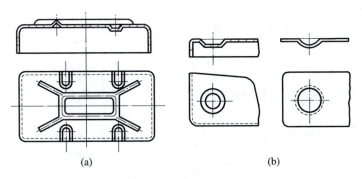

图 13 - 2　局部胀形

（a）加强筋；（b）局部凹坑。

2. 胀形力

用刚性凸模压制加强筋的变形力按式（13 - 2）计算。

$$F = KLt\sigma_b \qquad (13 - 2)$$

式中：F 为变形力（N）；K 为系数，$K = 0.7 \sim 1$，形状窄而深时取大值，宽而浅时取小值；L 为加强筋周长（mm）；t 为毛坯厚度（mm）；σ_b 为材料的抗拉强度（MPa）。

软模胀形的单位压力可按式（13 - 3）近似计算（不考虑材料厚度变薄）。

$$p = \frac{Kt\sigma_b}{R} \qquad (13 - 3)$$

式中：p 为单位压力；K 为形状系数，球面形状 $K = 2$，长条形筋 $K = 1$；R 为球半径或筋的圆弧半径；σ_b 为材料的抗拉强度（考虑材料硬化的影响）。

13.1.3　空心毛坯的胀形

空心毛坯胀形是将空心件或管状坯料胀出所需曲面的一种加工方法。用这种方法可以成形高压气瓶、球形容器、波纹管、自行车三通接头等产品或零件。

图 13 - 3 所示为分瓣凸模胀形，分瓣凸模 1 在向下移动时因锥形芯子 2 的作用向外胀开，使毛坯 3 胀形成所需形状尺寸的工件。胀形结束后，分瓣凸模在顶杆 4 的作用下复位，便可取出工件。刚性凸模分瓣越多，所得到的工件精度越高，但模具结构复杂，成本较高。因此，用分瓣凸模胀形不宜加工形状复杂的零件。

图 13 - 4 所示为软模胀形，凸模 1 将力传递给液体、气体、橡胶等软体介质 4，软体介质再将力作用于毛坯 3 使之胀形并贴合于可以对开的凹模 2，从而得到所需形状尺寸的工件。

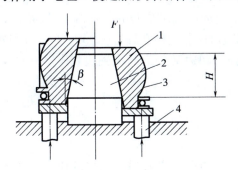

图 13 - 3　分瓣凸模胀形

1—分瓣凸模；2—芯子；3—毛坯；4—顶杆。

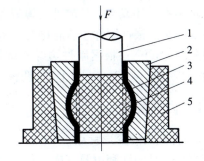

图 13 - 4　软模胀形

1—凸模；2—凹模；3—毛坯；4—软体介质；5—外套。

261

1. 胀形系数

空心毛坯胀形的变形程度用式(13-4)胀形系数表示,即

$$K = \frac{d_{max}}{d_0} \qquad (13-4)$$

式中:K 为胀形系数;d_0 为毛坯直径(mm);d_{max} 为胀形后工件的最大直径(mm)。

2. 胀形力

刚模胀形所需压力的计算公式可以根据力的平衡方程式推导得到,其表达式为

$$F = 2\pi H t\sigma_b \frac{\mu + \tan\beta}{1 - \mu^2 - 2\mu\tan\beta} \qquad (13-5)$$

式中:F 为所需胀形压力;μ 为摩擦因数,一般 $\mu = 0.15 \sim 0.20$;β 为芯子锥角;H 为胀形后高度;t 为材料厚度;σ_b 为材料的抗拉强度。

软模胀形圆柱形空心毛坯时,所需胀形压力 $F = Ap$,A 为成形面积,单位压力 p 可按下式计算

$$p = 2t\sigma_b\left(\frac{1}{d_{max}} + \frac{m}{R}\right) \qquad (13-6)$$

式中:σ_b 为材料的抗拉强度;m 为约束系数,当毛坯两端不固定且轴向可以自由收缩时 $m = 0$,当毛坯两端固定且轴向不可以自由收缩时 $m = 1$;其他符号的意义如图 13-5 所示。

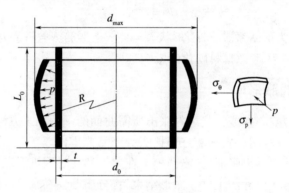

图 13-5 圆柱形空心毛坯胀形时的应力

13.2 翻 边

翻边是将毛坯或半成品的外边缘或孔边缘沿一定的曲线翻成竖立的边缘的冲压方法,如图 13-6 所示。根据制件边缘轮廓性质的不同,翻边可以分为内孔翻边(图 13-6(a))和外缘翻边(图 13-6(b));根据制件边缘轮廓形状的不同,翻边又分为凸缘翻边(图 13-6(b)下图)和凹缘翻边(图 13-6(b)上图)两种。

13.2.1 内孔翻边

1. 内孔翻边的变形特点

图 13-7 是圆孔翻边及其应力应变分布示意图。由图可以看出其变形区在直径 d 和 D_1 之间的环形部分。在翻边后,坐标网格由扇形变成了矩形,可见变形区材料沿切向伸长,越靠近孔口伸长越大,接近于单向拉伸应力状态,切向应变是 3 个主应变中最大的主应变。

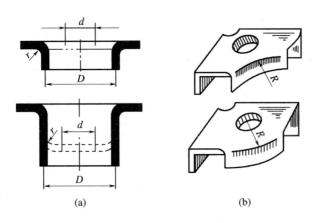

(a)   (b)

图 13 - 6　各种翻边

（a）内孔翻边；（b）外缘翻边。

对于非圆孔的内孔翻边（图 13 - 8），变形区沿翻边线其应力与应变分布是不均匀的。在翻边高度相同的情况下，曲率半径较小的部位，切向拉应力和切向伸长变形较大；而曲率半径较大的部位，切向拉应力和切向伸长变形较小。直线部位与弯曲变形相似，由于材料的连续性，曲线部分的变形将扩展到直线部位，使曲线部分的切向伸长变形得到一定程度的减轻。

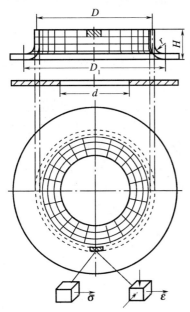

图 13 - 7　圆孔翻边及其应力应变分布示意图

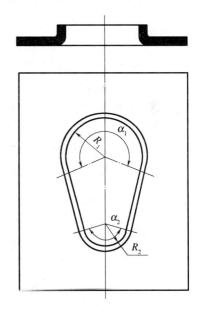

图 13 - 8　非圆孔翻边

2. 极限变形程度

圆孔翻边的变形程度用翻边系数 m 表示，翻边系数为翻边前孔径 d 与翻边后孔径 D 的比值，其表达式为式（13 - 7）。

$$m = \frac{d}{D} \tag{13 - 7}$$

显然，m 值越小，变形程度越大。翻边孔边不破裂所能达到的最小翻边系数为极限翻边系数，用 m_{min} 表示。表 13 - 1 给出了低碳钢的一组极限翻边系数值。

表 13 - 1　低碳钢的极限翻边系数 m_{min}

凸模形状	孔加工法	预制孔相对厚度 t/d									
		0.01	0.02	0.03	0.05	0.07	0.1	0.13	0.20	0.33	1.0
球形凸模	钻孔	0.70	0.60	0.52	0.45	0.40	0.36	0.33	0.30	0.25	0.20
	冲孔	0.75	0.65	0.57	0.52	0.48	0.45	0.44	0.42	0.42	—
平底凸模	钻孔	0.80	0.70	0.60	0.50	0.45	0.42	0.40	0.35	0.30	0.25
	冲孔	0.85	0.75	0.65	0.60	0.55	0.52	0.50	0.48	0.47	—
注:采用表中 m_{min} 值,实际翻边后口部边缘会出现小的裂纹,如果工件不允许开裂,则翻边系数须加大 10% ~15%											

影响极限翻边系数的主要因素有以下几点。

(1) 材料的塑性。材料的延伸率 δ、应变硬化指数 n 和各向异性系数 r 越大,极限翻边系数就越小,有利于翻边。

(2) 孔的加工方法。预制孔的加工方法决定了孔的边缘状况,孔的边缘无毛刺、撕裂、硬化层等缺陷时,极限翻边系数就越小,有利于翻边。目前,预制孔主要用冲孔或钻孔方法加工,如表 13 - 1 中数据显示,钻孔比一般冲孔的 m_{min} 小。

(3) 凸模的形状。如表 13 - 1 所列,球形凸模的极限翻边系数比平底凸模的小。此外,抛物面、锥形面和较大圆角半径的凸模也比平底凸模的极限翻边系数小。

13.2.2　外缘翻边

外缘翻边可分为内凹外缘翻边和外凸缘翻边,由于不是封闭轮廓,故变形区内沿翻边线上的应力和变形是不均匀的。图 13 - 9(a) 所示为内凹外缘翻边,其应力应变特点与内孔翻边近似,变形区主要受切向拉应力作用,属于伸长类平面翻边,材料变形区外缘边所受拉伸变形最大,容易开裂。图 13 - 9(b) 所示为外凸缘翻边,有的书上也称为折边,其应力应变特点类似于浅拉深,变形区主要受切向压应力作用,属于压缩类平面翻边,材料变形区受压缩变形容易失稳起皱。

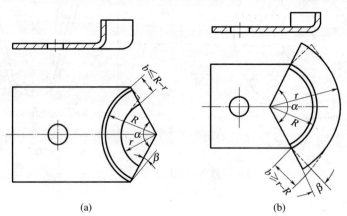

(a)　　　　　　　　　　　　　(b)

图 13 - 9　外缘翻边

(a) 内凹外缘翻边;(b) 外凸缘翻边。

内凹外缘翻边的变形程度用翻边系数 E_n 表示

$$E_n = \frac{b}{R - b} \tag{13 - 8}$$

式中:R、b 的含义如图 13 - 9(a) 所示,内凹外缘翻边时 $b \leqslant R - r$。

外凸缘翻边的变形程度用翻边系数 E_w 表示

$$E_w = \frac{b}{R + b} \qquad (13 - 9)$$

式中:R、b 的含义如图 13 - 9(b)所示,外凸缘翻边时 $b \geqslant R - r$。

13.3　缩　　口

缩口是将预先成形好的圆筒件或管件坯料,通过缩口模具将其口部缩小的一种成形工序,如图 13 - 10 所示。

1. 缩口成形特点

常见的缩口形式如图 13 - 11 所示,有斜口式、直口式和球面式。缩口属于压缩类成形工序,变形区由于受到较大切向压应力的作用易产生切向失稳而起皱,起传力作用的筒壁区由于受到轴向压应力的作用易产生轴向失稳而起皱,所以失稳起皱是缩口工序的主要障碍。

2. 变形程度

缩口变形程度用缩口系数 m_s 表示,其表达式为

$$m_s = \frac{d}{D} \qquad (13 - 10)$$

式中:d 为缩口后直径;D 为缩口前直径。

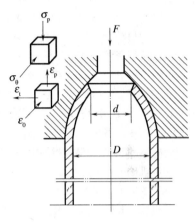

图 13 - 10　缩口变形

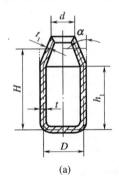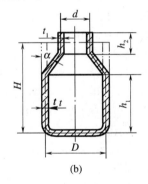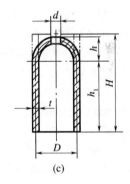

| (a) | (b) | (c) |

图 13 - 11　缩口形式

(a) 斜口形式;(b) 直口形式;(c) 球面形式。

表 13 - 2 是一些材料在不同模具结构形式下的极限缩口系数。当计算出的缩口系数 m_s 小于表中值时,要进行多次缩口。

表 13 - 2　不同模具结构的极限缩口系数

材料	支撑方式		
	无支撑	外支撑	内外支撑
软钢	0.70 ~ 0.75	0.55 ~ 0.60	0.30 ~ 0.35
黄铜 H62、H68	0.65 ~ 0.70	0.50 ~ 0.55	0.27 ~ 0.32
铝 3A21	0.68 ~ 0.72	0.53 ~ 0.57	0.27 ~ 0.32
硬铝(退火)	0.73 ~ 0.80	0.60 ~ 0.63	0.35 ~ 0.40
硬铝(淬火)	0.75 ~ 0.80	0.68 ~ 0.72	0.40 ~ 0.43

参 考 文 献

[1] 吕炎. 锻造工艺学[M]. 北京:机械工业出版社,1995.

[2] 李志刚. 模具 CAD/CAM[M]. 北京:机械工业出版社,2002.

[3] 现代模具技术编委会. 模具 CAD/CAM[M]. 北京:国防工业出版社,1995.

[4] 孙大涌,屈贤明,张松滨,等. 先进制造技术[M]. 北京;机械工业出版社,2000.

[5] 吴澄. 现代集成制造系统导论[M]. 北京:清华大学出版社,2002.

[6] 肖详芷,等. 模具 CAD/CAE/CAM[M]. 北京:电子工业出版社,2004.

[7] 杜志俊. 现代模具技术综述[J]. 机械工程师,1999:3-5.

[8] 梁培志,夏巨谌,等. 汽车前轴精密成形 CAD/CAM 的研究与实践[J]. 模具工业,2003.

[9] 机械工业职业技能鉴定指导中心. 中级锻造工技术[M]. 北京:机械工业出版社,2007.

[10] 中国机械工程学会锻压学会. 锻压手册—第三版第一卷:锻造、第三卷:锻压车间设备[M]. 北京:机械工业出版社,2008.

[11] 王祖唐. 锻压工艺学[M]. 北京:机械工业出版社,1982.

[12] 董湘怀,吴树森,魏伯康,周华民. 材料成型理论基础[M]. 北京:化学工业出版社,2008.

[13] 张彦敏,贺俊光,张学宾. 锻造工作手册[M]. 北京:化学工业出版社,2009.

[14] 韩鹏彪,张双杰,王丽娟. 实用锻工速查手册[M]. 石家庄:河北科学技术出版社,2001.

[15] 姚泽坤. 锻造工艺学[M]. 西安:西北工业大学出版社,1998.

[16] 周大隽. 锻压技术手册[M]. 北京:国防工业出版社,1989.

[17] 李淑红,童放. 浅谈曲轴自由锻造的下料计算[J]. 锻压技术,2005:1-2.

[18] 李青,韩雅芳,肖程波,宋尽霞. 等温锻造用模具材料的国内外发展状况[J]. 材料导报,2004:9-11.

[19] 肖亚庆,谢水生,刘静安,等. 铝加工技术实用手册[M]. 北京:冶金工业出版社,2004.

[20] 谢水生,李雷. 金属塑性成形的有限元模拟技术及应用[M]. 北京:科学出版社,2008.

[21] 谢水生,王祖唐. 金属塑性成形工步的有限元数值模拟[M]. 北京:冶金工业出版社,1997.

[22] Wang Zhutang, Xie Shuiosheng, Jin Qijang. An Elasto - Plastic Finite Element Analysis Hydrostatic Extrusion With Various Mathematically Contoured Dies,Proceedings of 24th Inter. MTDR Conference,Manchester,1983:51-58.

[23] 谢水生,王祖唐,金其坚. 弹塑性有限元法分析不同型线凹模静液挤压时的应力和应变状态[J]. 机械工程学报, 1985:13-27.

[24] 谢水生,刘静安. 应用前景广阔的有色金属锻造[J]. 锻造与冲压,2010.

[25] 李雷,谢水生,米绪军. 金属微塑性成形中的尺度效应及其数值模拟技术[J]. 科技导报, 2008:76-79.

[26] 李名尧. 模具 CAD/CAM[M]. 北京:机械工业出版社,2004.

[27] 李硕本. 冲压工艺学[M]. 北京:机械工业出版社,1982.

[28] 王孝培. 冲压手册[M]. 第 2 版. 北京:机械工业出版社,1999.

[29] 中国模具设计大典编委会. 中国模具设计大典[M]. 第 3 版. 南昌:江西科学技术出版社,2003.

[30] 肖景容. 冲压工艺学[M]. 北京:机械工业出版社, 1999.

[31] 冲模设计手册编写组. 冲模设计手册[M]. 北京:机械工业出版社,2004.

[32] 中国机械工程学会锻压学会. 锻压手册第 2 卷冲压[M]. 北京:机械工业出版社,1993.

[33]　翁其金. 冲压工艺与模具设计[M]. 北京:化学工业出版社,2004.

[34]　陈锡栋,周小玉. 实用模具技术手册[M]. 北京:机械工业出版社,2002.

[35]　湖南省机械工程学会锻压分会. 冲压工艺[M]. 长沙:湖南科学技术出版社,1985.

[36]　肖景容. 板料冲压[M]. 武汉:华中工学院出版社,1986.

[37]　卢险峰. 冲压工艺模具学[M]. 北京:机械工业出版社,2006.

[38]　毛萍莉. 材料成形技术[M]. 北京:机械工业出版社,2007.